Amerikanische und deutsche Großdampfkessel

Eine Untersuchung über den Stand und die neueren Bestrebungen des amerikanischen und deutschen Großdampfkesselwesens und über die Speicherung von Arbeit mittels heißen Wassers

Dr.-Ing. **Friedrich Münzinger**

Mit 181 Textabbildungen

Berlin
Verlag von Julius Springer
1923

ISBN-13: 978-3-642-90139-3 e-ISBN-13: 978-3-642-91996-1
DOI: 10.1007/978-3-642-91996-1

Softcover reprint of the hardcover 1st edition 1923

Vorwort.

Die Arbeiten miteinander konkurrierender Firmen hängen trotz des gesunden Bestrebens, möglichst selbständig zu schaffen und Maschinen eigenen Gepräges herauszubringen, mehr voneinander ab, als es zunächst den Anschein haben mag. Sie und ihre Ingenieure sind eben nur einer von den zahllosen Mitarbeitern bei der Entwicklung des technischen Fortschrittes und müssen sich den Linien anpassen und den Gesetzen unterwerfen, nach welchen er sich vollzieht, wenn sie nicht über kurz oder lang ins Hintertreffen geraten wollen. Denn der einzelne kann nur eine beschränkte Zahl der außerordentlich vielen Lösungsmöglichkeiten für die Konstruktion einer Maschine durcharbeiten, und die Anpassung seiner Konstruktionen an die sich im Laufe der Zeit ändernden Verhältnisse wird oft dadurch gehemmt, daß ihn die Macht der Gewohnheit nicht immer erkennen läßt, was von den Konstruktionselementen und Anordnungen, mit den zu arbeiten er gewöhnt ist, sachlich berechtigt und daher von bleibendem Werte und was zufällig oder gar unzweckmäßig und daher verbesserungsfähig ist. Erst der Wettbewerb zahlreicher, dem gleichen Zweck dienender Lösungen scheidet Überlebtes oder Unzweckmäßiges aus und bildet im Laufe der Zeit einige wenige Standardtypen heraus, die gewissermaßen der Extrakt des Wissens und der Erfahrungen außerordentlich vieler, unter den verschiedenartigsten Verhältnissen und Eindrücken arbeitender technischer Intelligenzen sind.

Es ist daher für den geschäftlichen Erfolg unerläßlich, daß sich die verschiedenen Firmen über ihre gegenseitigen Arbeiten zu unterrichten suchen und sorgsam und leidenschaftslos den Wert der Konstruktionen ihrer Konkurrenz, und was sie von ihr jeweils lernen können, prüfen.

Ganz ähnlich wie zwischen den konkurrierenden Firmen eines bestimmten Landes liegen die Verhältnisse für den betreffenden Industriezweig zwischen verschiedenen Ländern. Genaue Kenntnis fremdländischer Konstruktionen und Bestrebungen ist für die Wettbewerbsfähigkeit im Inlande und auf dem Weltmarkt von fast derselben Bedeutung wie Kenntnis der einheimischen. Auch hier findet gegenseitiges Geben und Empfangen statt und bewirkt eine annähernd parallele Entwicklung in den verschiedenen Staaten, wobei die Fachpresse, Besuche und zahlreiche andere Mittel den erforderlichen Kontakt schaffen.

Im Kriege wurden diese Verbindungen auch zwischen Amerika und Deutschland, den beiden im Bau ortsfester großer Dampfkessel fruchtbarsten Nationen, fast ganz abgebrochen. Da nun während dieser Zeit die deutsche Kesselindustrie mit der Erledigung der dringendsten laufenden Geschäfte vollauf zu tun hatte, die amerikanische aber im wesentlichen freie Hand besaß und beim Aus- und Neubau zahlreicher großer Kraftwerke eine ausgezeichnete Gelegenheit fand, sich zu erproben, ist der Unterschied zwischen dem deutschen und amerikanischen Kesselbau heute größer als vor dem Kriege.

Eine möglichst aktuelle Darstellung des heutigen Standes und der derzeitigen Bestrebungen des amerikanischen Großdampfkesselwesens mußte daher von besonderem Interesse sein. Ich unterzog mich deshalb der mühsamen Aufgabe, aus den mir zur Verfügung stehenden umfangreichen Unterlagen ein Bild hiervon zu geben und das herauszuschälen, was mir als wichtig und wesentlich erschien, indem ich den amerikanischen Konstruktionen und Ansichten deutsche Parallelkonstruktionen und Auffassungen gegenüberstellte.

Da das Buch in erster Linie für deutsche Leser bestimmt ist und bei der ganzen Sachlage gute Vorkenntnisse im Dampfkesselwesen voraussetzen muß, sind deutsche Konstruktionen nur kurz beschrieben. Lediglich an einigen Stellen, so z. B. in den Kapiteln über Kohlenstaubfeuerungen, Luftvorwärmer und Wärmespeicher ist ausführlicher über deutsche Arbeiten berichtet.

In gewisser Beziehung ist vorliegendes Buch eine Ergänzung meiner im gleichen Verlage erschienenen Werke „Kohlenstaubfeuerungen für ortsfeste Dampfkessel“ (1921) und „Die Leistungssteigerung von Großdampfkesseln“ (1922). Ich möchte daher bemerken, daß einige Darlegungen über amerikanische Verhältnisse im letzteren Buche — vorwiegend über Einmauerung und Heizflächenbelastung — durch meine neue Veröffentlichung eine gewisse Berichtigung erfahren. Aus demselben Grunde haben sich Wiederholungen nicht ganz vermeiden lassen. Doch war ich bestrebt, ihre Zahl klein zu halten und habe daher im allgemeinen nur Hinweise auf meine früheren Veröffentlichungen gebracht, wo es sich darum handelte, ohne Wiederholungen dem Leser die Möglichkeit zu geben, sich vollständig zu unterrichten.

Über einige Kapitel habe ich bereits in zwei Vorträgen vor dem Österreichischen Ingenieur- und Architekten-Verein in Wien und vor der Hauptversammlung des Wasserrohrkesselverbandes in Cassel berichtet.

Das vorletzte Kapitel beschäftigt sich mit der Speicherung von Arbeit mittels heißen Wassers, die in den beiden letzten Jahren in Deutschland große Beachtung erlangt hat. Einige Vorzüge von Ruths-Speichern kommen bei reiner Speicherung von Arbeit nicht voll zur Geltung und hauptsächlich dieser Umstand hatte hier und da zu der Auffassung geführt, Wärmespeicher hätten für Kraftwerke nur untergeordnete Bedeutung. In Kapitel XVI ist daher gezeigt, daß diese Ansicht nicht zutrifft und zwar mit verursacht durch die Entwicklung, die Ruths-Speicheranlagen in der Zeit, seit welcher deutsche Firmen ihren Bau aufnahmen, in Deutschland erfahren haben. Im letzten Jahre sind auch über die sog. Speiseraumspeicher mehrere Veröffentlichungen erschienen. Die verschiedenen Speicherarten werden daher kritisch und so ausführlich miteinander verglichen, wie es der heutige Stand ihrer Entwicklung gestattet.

Ich war bestrebt, alles lehrbuchhafte zu vermeiden und die Verhältnisse ähnlich darzustellen, wie es etwa bei der Behandlung solcher Fragen im Rahmen eines industriellen Unternehmens geschehen würde, um beim Leser ein Gefühl dafür zu erwecken, wie sehr in der Technik alles dauernd in Fluß ist und welch scheinbare Nebensächlichkeiten die Entwicklung einer Maschine beeinflussen. Wirtschaftlichen und betriebstechnischen Forderungen und Rücksichten wurde die Bedeutung eingeräumt, die ihnen zugemessen werden muß, wenn eine Maschine sich als lebensfähig erweisen soll.

Die Zeichnungen wurden besonders sorgsam durchgearbeitet. Die meisten Abbildungen sind noch mehr als in meinem Buche „Die Leistungssteigerung von Großdampfkesseln" mit ausführlichen Legenden versehen, die die Konstruktion oder Arbeitsweise kurz erläutern und das Bemerkenswerte in wenigen Worten hervorheben. Im übrigen ist alles irgendwie Entbehrliche weggelassen und auf möglichst knappe Darstellung geachtet worden.

Es wird sich nunmehr zu zeigen haben, was von den neueren amerikanischen Konstruktionen für Deutschland brauchbar ist und umgekehrt, und wenn das kleine Buch sein Teil dazu beitragen sollte, daß gegenseitige gerechte Würdigung der Leistungen eines fremden Volkes wieder Selbstverständlichkeit wird, so wäre auch damit ein schöner Zweck erreicht.

Berlin, Mai 1923.

Münzinger.

Inhaltsverzeichnis.

I. Einleitung.

Schon bei der Abfassung meines Buches „Die Leistungssteigerung von Großdampfkesseln“ hatte ich die Absicht, amerikanische Dampfkessel mit in den Kreis der Betrachtungen zu ziehen. Aus Mangel an Unterlagen und an Zeit mußte ich mich aber jenesmal mit wenigen Mitteilungen über amerikanische Konstruktionen begnügen. Den unmittelbaren Anstoß zu vorliegendem Buche gab das Ersuchen der Schriftleitung der Zeitschrift des Vereines deutscher Ingenieure im Herbst 1922, die ihr von der National Electric Light Association in New York übersandten „Reports of Prime Movers Committee“ zu besprechen. Die „National Electric Light Association“, die etwa unserer „Vereinigung der Elektrizitätswerke“ entspricht, gibt jährlich Berichte über den Stand der Technik auf den verschiedenen, Besitzer von Elektrizitätswerken interessierenden Fachgebieten heraus, auch solche über die sog. „Prime Movers“, worunter in Amerika alle Maschinen und Apparate verstanden werden, die bis zur Kupplung mit dem elektrischen Generator für den Betrieb eines Kraftwerkes nötig sind, also Kessel, Feuerungen, Ekonomiser, Bekohlungs- und Entaschungsanlagen, Kondensatoren, Turbinen usw. In diesen Reports berichten sowohl die Leiter von Elektrizitätswerken als auch die Hersteller von Maschinen über ihre Erfahrungen bzw. Erzeugnisse.

Die wieder auflebenden Beziehungen mit Amerika gaben mir vielfach Gelegenheit zu regem mündlichem und schriftlichem Gedankenaustausch mit zahlreichen hervorragenden amerikanischen Ingenieuren über Fragen des Baues und Betriebes großer Dampfkesselanlagen und der Liebenswürdigkeit amerikanischer Geschäftsfreunde verdanke ich eine außerordentlich große Zahl von Katalogen, Propagandaschriften und anderer wertvoller Unterlagen. Bei der Sichtung des umfangreichen Materiales gewann ich die Überzeugung, daß es eine interessante und lohnende Aufgabe wäre, zu versuchen, mit seiner Hilfe und an Hand des vorerwähnten Gedankenaustausches sowie der Mitteilungen einiger amerikanischer Fachzeitschriften, vor allem der schönen Zeitschrift „Power“, den gegenwärtigen Stand und die derzeitigen Bestrebungen des amerikanischen Dampfkesselbaues darzustellen. Auch die „Reports“ konnte ich hierbei mit Vorteil verwerten und zwar besonders insoweit, als in ihnen die Ansichten erfahrener amerikanischer Ingenieure über gewisse dampfkesseltechnische Fragen zum Ausdruck kamen.

In vielen Fällen habe ich die amerikanischen Bestrebungen und Ansichten mit den deutschen verglichen und die wesentlichsten Unterschiede so zu zeigen versucht, wie sie sich mir darstellen. Daß hierbei eine zurückhaltende Beurteilung geboten war, braucht nicht besonders hervorgehoben zu werden. Bedenkt man, wie schwer es schon ist, die Erzeugnisse des eigenen Landes objektiv gegeneinander zu werten, so wird man Zurückhaltung im vorliegenden, weit schwierigeren Fall berechtigt finden. Ich möchte auch keine Unklarheit darüber lassen, daß es bei der ganzen Art der mir zur Verfügung stehenden Unterlagen wohl möglich ist, daß meine Ausführungen sich vielleicht nicht immer ganz mit den tatsächlichen Verhältnissen decken, um so mehr da mir die wertvollen Eindrücke und Erfahrungen einer Besichtigung an Ort und Stelle fehlen. Schließlich ist persönliche Inaugenscheinnahme eben ein schwer zu ersetzender Lehrmeister.

Doch dürfte es sich im allgemeinen nur um Korrekturen untergeordneter Natur handeln, und ich möchte hoffen, daß vorliegende Arbeit recht viel Leser zur Prüfung des Wertes ihrer Erzeugnisse und zu weiteren Fortschritten und Verbesserungen anregen wird. Es ist ferner zu bedenken, daß man über manche Konstruktionen und Bestrebungen sehr wohl verschiedener Meinung sein kann. Vor allem jüngere Ingenieure tun daher gut daran, sich beim Lesen zu vergegenwärtigen, daß besonders bei neuartigen Konstruktionen oder bei in der Entwicklung befindlichen Bestrebungen eine objektiv richtige Wertung etwas sehr Schweres, wenn nicht fast Unmögliches ist. Viele über neuere Erscheinungen in gewissen Veröffentlichungen mit apodiktischer Sicherheit ausgesprochene Werturteile erwecken in manchem Leser eine durchaus falsche Vorstellung vom Wesen technischen Schaffens und Denkens und sind oft alles andere als ein Zeichen gediegenen Wissens und großer Erfahrung.

II. Allgemeines.

In amerikanischen Kraftwerken fällt vor allem das Streben nach sehr großen Kesseleinheiten und im Zusammenhang damit nach für unsere Begriffe außerordentlich großen Einzelrostflächen auf. Kessel von 1000 m² Heizfläche und mehr sind sehr häufig, den Rekord halten zur Zeit die für das Marysville-Kraftwerk in Ausführung begriffenen 2620 m²-Steilrohrkessel und die gleichfalls der Detroit Edison Co. für das Heizwerk in der Congress Street gelieferten Connelly-Kessel von 2755 m² Heizfläche, sowie die mit Gas- und Kohlenstaubfeuerungen ausgerüsteten Ladd-Steilrohrkessel von 2460 m² im River-Rouge-Kraftwerk der Ford Motor Co. in Detroit.

Über die Hauptabmessungen einiger bemerkenswerter großer amerikanischer Kesselanlagen gibt Zahlentafel 1 Auskunft.

Von 36 großen Werken arbeiten 10 mit einem Dampfdruck zwischen 15,8—17,6 at, 16 zwischen 17,6 und 19,4 at, 6 zwischen 19,4 und 21,1 at und 8 zwischen 21,1 und 24,6 at. Es besteht also ebenso wie in Deutschland die Neigung, zu höheren Drücken überzugehen. Dagegen ist, worauf später ausführlicher eingegangen werden soll, die Dampftemperatur in Amerika im allgemeinen noch nicht so hoch wie in Deutschland, wo die meisten neuzeitlichen Elektrizitätswerke mit 350—375° C am Überhitzeraustritt arbeiten. Im allgemeinen wird zur Zeit in amerikanischen Werken eine Kesselspannung von 17—19 at bevorzugt. Ekonomiser werden nicht in dem Umfang wie in Deutschland verwendet. Alles in allem gewinnt man aber den Eindruck, daß die Amerikaner im Dampfkesselbau in theoretischer und in praktischer Beziehung in den letzten Jahren Außerordentliches geleistet haben.

Neben der Erhöhung der Einzelleistung von Kesseln und Maschinen fällt das Streben nach möglichst einfacher, betriebssicherer Durchbildung der Kesselanlagen auf. Der Verfeuerung (für amerikanische Verhältnisse) minderwertiger Kohle wird in den letzten Jahren besondere Aufmerksamkeit gewidmet. Auch auf dem Gebiete der Kesseleinmauerung, der Reinigung und Freihaltung der Heizfläche von Ruß und Flugasche, der Vermeidung von Schlackenansätzen an der Einmauerung des Feuerraumes, der selbsttätigen, staub- und geruchlosen Aschenabfuhr, der Speisewasseraufbereitung usw. ist viel erfolgreiche Arbeit geleistet worden.

Großen Wert scheint man in Amerika auf sorgsame Betriebsüberwachung zu legen und dafür ganz beträchtliche Summen anzulegen. Von registrierenden Apparaten, wie Wassermessern, Temperatur- und Druckschreibern usw. scheint in höherem Maße, als es in Deutschland im allgemeinen der Fall ist, Gebrauch gemacht zu werden. Öfters werden alle diese Apparate in einem besonderen Raum einheitlich zusammengefaßt, von welchem aus die Kesselwärter mittels Signalapparaten ihre Anweisungen erhalten.

III. Rostfeuerungen.

a) Allgemeines.

In deutschen größeren Kraftwerken sind Wanderroste die bei weitem verbreitetste Feuerung für Steinkohle; Schrägroste bürgern sich nur allmählich ein und werden vorzugsweise für minderwertige Steinkohle

Hauptabmessungen der Kesselanlagen einiger bemerkens-

(Die Anlagen sind nach der Größe der Kesselheiz-

Nr.	Name, Baujahr und Ort des Werkes	Zahl, Bauart und Hersteller der Kessel	Größe der Heizfläche[13]) Kessel m²	Überhitzer m²	Ekonomiser m²	Rost Bauart	Rost Fläche m²	Verhältnis: Kesselheizfl./Rostfläche
1	Lakeside, 1921 Milwaukee	8×Schrägrohr Edge Moor	1210	374	706 Gußeisen	Lopulco, Kohlenstaubfeuerung		—
2	South Meadow, 1921 Hartford	Steilrohr Bigelow-Hornsby	1293	580	256	Riley-Stoker	26,8	48,3
3	Waukegan, 1922/23 Chicago	Schrägrohr Sargent & Lundy	1307	231	820 Schmiedeeisen	Babcock & Wilcox Unterwind-Wanderrost	35,5	36,8
4	Delaware, 1921 Philadelphia	8×Steilrohr Stirling	1400	166	365	Taylor-Stoker	29,9	46,7
5	Calumet, 1921 Chicago	7×Schrägrohr Babcock & Wilcox	1400	376	891 Schmiedeeisen	Coxe Unterwind-Wanderrost	41,4	**33,8**
6	Springdale, 1920 Pittsburgh	4×Schrägrohr Babcock & Wilcox	1420	—	—	Stoker	—	—
7	Seward, 1921 Johnstown	Schragrohr Babcock & Wilcox	1480	465	ohne	Taylor-Stoker	24,6	60,2
8	Hell Gate, 1921 New York	12×Schrägrohr Springfield	1755	199	ohne	Taylor-Stoker	**43,8**	40,0
9	Fort Worth	Schrägrohr Babcock & Wilcox	1885	—	—	Ölbrenner		—
10	Colfax, 1920 Pittsburgh	7×Schrägrohr Babcock & Wilcox	1940	622	ohne	Westinghouse-Stoker	37,5	51,7
11	Connor's Creek, Detroit	14×Steilrohr Stirling	2200	—	—	Taylor-Stoker	—	—
12	Delray, 1922 Detroit	Steilrohr Stirling	2200	—	—	Riley-Stoker	**43,6**	—
13	River Rouge, Detroit	2×4 Steilrohr Ladd	**2460**	—	ohne	Kohlenstaub- und Gasfeuerung		—
14	Marysville, 1923 Detroit	4×Steilrohr Stirling	2620	295	—	Taylor-Stoker	36,4	72
15	Congress Street, Detroit	Steilrohr Connelly	**2755**	ohne	—	—	—	—

[1]) Bezogen auf Dampf von 639 $WEkg^{-1}$ Erzeugungswärme. [2]) Werte von $24^1/_2$-Power 1922, S. 418. [4]) Bei den „angenommenen" Werten für die Rostbelastung S. 850 und nach mündlichen Mitteilungen. [6]) Kohlenheizwert 5560 $WEkg^{-1}$, Power 1922, 1921, S. 688. [9]) Nach Power 1921, S. 686 ff. [10]) Kohlenheizwert 7222 $WEkg^{-1}$. [11]) Nach sind in verschiedenen Veröffentlichungen nicht ganz übereinstimmend angegeben.

werter, großer, neuzeitlicher, amerikanischer Kraftwerke.

fläche geordnet. Die fetten Zahlen sind Rekordwerte.)

Verhältnis: Ekonom.-Heizfläche / Kesselheizfl. v H	Länge u. Durchmesser d. Wasserr. mm	Dampfdruck at	Dampftemperatur °C	Volumen des Feuerraumes m^3	Rostbelastung $kgm^{-2} st^{-1}$	Heizflächenbelastung[1]) $kgm^{-2} st^{-1}$	Auf 1 m^3 Feuerraum std. verbranntes Kohlengewicht $kgm^{-3} st^{-1}$
58,5	**6400;** 100	18.6	320	257	—	19,6 [2]) 38,9 [2])	9,8 19,6
19,8	—	19,3	338	180	Angenommen zu[4]) norm. = 125 max. = 175	norm. = 23,8 max. = 34,3	norm. = 18,6 max. = 26,9
62,7	4500; 82 u. 50,4 **23** Rohrreihen	**28,1**	**370**	—	norm. = 160 [3]) max. = 223 [3])	norm. = 41,8 [3]) max. = 57,0 [3])	— —
26,0	—; 82,5	18,6	332	204	Angenommen zu[4]) norm. = 125 max. = 175	norm. = 24,5 max. = 34,4	norm. = 18,3 max. = 26,7
63,6	6100; 100	24,6	363	190	— max. = **290** [5])	— max. = 53,5 [6])	— max. = **63,0**
—	—	24,6	355	—	norm. = 27,8 [7]) max. = 40,5 [7])	—	—
—	—; 100	19,7	313	147	Angenommen zu norm. = 125 max. = 175	norm. = 19,1 [4]) max. = 24,9 [4])	norm. = 20,9 max. = 29,2
—	6100; 100 **20** Rohrreihen	17,6	320	227	min. = 72,5 max. = **290**	min. = 17,0 [4]) max. = 65,6 [4])	min. = 14 [12]) max. = 56 [12])
—	—	—	—	—	—	—	—
—	6100; 100 **20** Rohrreihen	19,4	312	204	norm. = 174 max. = 253 [8])	norm. = 31,7 [9]) max. = 42,0 [9])	norm. = 32,1 max. = 46,6 [8])
—	—	15,8	315	—	—	norm. = 25,7	—
—	—	—	—	—	—	—	—
—	—	17,0	315	rd. **400**	—	norm. = 41,5[10]) max. = **71,5**[10])	norm. = rd. 30 max. = rd. 53
—	—	21,5	370	275	—	—	—
—	—	11,2	gesättigt für Heizzwecke	324	—	norm. = 48,6[4]) max. = 53,1[4])	norm. = 47[11]) max. = 55[11])

und $27^1/_2$ stündigen Abnahmeversuchen, Kohlenheizwert = 6600 $WEkg^{-1}$. [3]) Nach wurde der Kohlenheizwert zu 7500 $WEkg^{-1}$ eingesetzt. [5]) Nach Power 1922, S. 845. [7]) Nach Literaturangaben. [8]) Kurzzeitige Höchstleistung. Nach Power Reports 1922 T. 3, S. 34. [12]) Nach Power 1922, S. 719. [13]) Einzelne Werte benutzt, Unterschubroste haben fast keinen Eingang gefunden. Nur für minderwertige Braunkohle werden Schrägroste bzw. Treppenroste in Deutschland fast ausschließlich verwendet; hierfür besitzen die Amerikaner keine Parallelkonstruktionen. Indes wird auch der Verfeuerung von Braunkohle jetzt in Amerika Aufmerksamkeit zugewendet, sie hat aber meist 3000—3200 $WEkg^{-1}$ und mehr Heizwert. Der mitteldeutschen Rohbraunkohle ähnliche Brennstoffe sollen zwar in einigen Staaten in großen Mengen vorkommen, bisher aber nicht verwertet worden sein, weil sie den Wettbewerb mit Steinkohle nicht aushalten.

Im nachfolgenden werden der Einfachheit wegen Schrägroste und ausgesprochene Unterschubroste unter dem Namen „Stoker“ zusammengefaßt, weil bei beiden die Kohle nicht mit gleichmäßiger Geschwindigkeit durch den Feuerraum bewegt wird und weil sie auch sonst einige konstruktive Einzelheiten miteinander gemein haben. Nur da, wo die Art der Brennstoffzufuhr eine wesentliche Rolle spielt, wird zwischen Unterschubrosten (underfeed stoker, d. h. der Brennstoff wird unterhalb der brennenden Schicht zugeführt) und Schrägrosten schlechtweg (overfeed stoker, d. h. der Brennstoff wird oberhalb oder in der brennenden Schicht zugeführt) unterschieden.

In Amerika machen sich Wanderroste und Stoker das Feld streitig, zur Zeit sind aber Stoker noch die verbreitetere Feuerung und Wanderroste scheinen sich erst allmählich in großem Ausmaße einzuführen. Die Amerikaner meinen, es lasse sich zur Zeit noch nicht übersehen, wie sich der Bau von Rosten weiter entwickeln wird. Obgleich beide Rostbauarten schon auf einen sehr hohen Stand der Vollkommenheit gebracht seien, habe es doch den Anschein, als harre die wirtschaftliche Verbrennung von Kohle noch ihrer endgültigen Lösung und als seien sämtliche Roste noch verbesserungsfähig. Sie empfehlen daher, neue Kesselhäuser so anzulegen, daß gegebenenfalls später ein anderes Rostsystem eingebaut werden kann. Stoker werden fast ganz allgemein mit Unterwind betrieben, die Brennstoffschicht auf ihnen ist auch bei hochwertiger Steinkohle größer als die bei uns auf Wanderrosten übliche und scheint bei Underfeed-Stokern Beträge bis zu etwa 700 mm zu erreichen. Deshalb und mit Rücksicht auf den ganzen Aufbau der Stoker geht man mit der Pressung des Unterwindes ziemlich hoch. Sie beträgt bei einer Heizflächenbelastung von 20 $kgm^{-2}st^{-1}$ ungefähr 60 mm WS, bei 40 $kgm^{-2}st^{-1}$ ungefähr 120—150 mm WS.

Ähnlich wie in Deutschland ist man bestrebt, auch Wanderroste für Unterwind einzurichten und hat mit einigen Bauarten vorzügliche Erfolge erzielt. Der Coxe-Wanderrost der Combustion Engineering Corporation gibt mit Unterwind kurzzeitige Leistungen bis 290 $kgm^{-2}st^{-1}$, und die Schwierigkeit beim Arbeiten mit so hoher Rostbelastung wird weniger im Rost selbst als darin erblickt, daß infolge der hohen Feuerraumtemperaturen unangenehme Schlackenansätze an den Wasserrohren und Schäden an der Ausmauerung des Feuerraumes auftreten[1]). Der Antrieb mancher amerikanischer Wanderroste erfolgt durch die hintere Rostwelle.

Während bei uns Roste über 2500 mm Breite zu den Ausnahmen gehören und solche von 3000 mm Breite nur vereinzelt vorkommen, lieferte die Illinois Stoker Co. im Jahre 1921 der Standard Oil Co. in Bayway für 4 Bigelow-Hornsby-Kessel von 1300 m² Heizfläche Unterwindwanderroste von 7300 mm Breite und 5200 mm Länge.

Die Coxe-Unterwindwanderroste im Calumet-Kraftwerk sind 7300 mm breit und 5670 mm lang, die zusammenhängende Rostfläche von 41,4 m² besteht aber aus 2 Kettenbahnen, deren Antriebswellen in der Mitte miteinander fest gekuppelt sind und an jedem freien Ende einen Antriebsmotor mit für beide Motoren gemeinsamen Schalt- und Anlaßvorrichtungen haben. Die freie Rostfläche soll 7 v. H. betragen. Zur Zeit werden Wanderroste bis zu 9000 mm Breite angeboten. Zur Erzielung guten Laufens werden die seitlichen Kanten der Roststäbe zuweilen abgehobelt.

Der Bau so breiter Roste hängt mit der sehr großen Heizfläche zusammen, die heutzutage die Kessel großer amerikanischer Werke erhalten und greift in den Aufbau des ganzen Kessels tief ein. Beispielsweise kann dann im Kessel keine Mittelwand hochgeführt werden, die zur Unterstützung des Überhitzers und der Kesseldecke, sowie zum Schutz der Rundnähte der Kesseltrommeln bei manchen Kesselsystemen erwünscht bzw. notwendig ist, obgleich sie größere Unterhaltungskosten für das Mauerwerk und eine gewisse Erhöhung der Feuerraumtemperatur bewirkt[2]). Die Folge davon sind dann wieder Mauerwerkskonstruktionen, die bei uns unbekannt sind und andere Maßnahmen, die uns für sich allein betrachtet zunächst überraschen.

Die Frage ist daher meines Erachtens weniger die, wie weit man zweckmäßigerweise mit der Rostfläche, als vielmehr wie weit man mit der Kesselheizfläche gehen soll. Bleibt man, wie in Deutschland, unter 600 bis 700 m² Heizfläche, so kommt man im allgemeinen mit 2 Rosten von etwa 2500 mm Breite aus und kann die ganze Breite der Roste noch sicher überblicken und mit Schüreisen durch Öffnungen im seitlichen Mauerwerk bestreichen. Bei breiteren Kesseln ist Zugänglichkeit des Rostendes unerläßlich. Andernfalls ist es, besonders bei 3 oder mehr durch Zwischenwände voneinander getrennten Rosten unmöglich, sich vom Zustand der mittleren Roste ein Bild zu machen, sehr zum

[1]) Siehe Münzinger: „Leistungssteigerung von Großdampfkesseln" (Abb. 16 und 17), im folgenden kurz „Leistungssteigerung" genannt. Berlin: J. Springer 1923.

[2]) Münzinger: „Leistungssteigerung" S. 24.

Schaden des Wirkungsgrades im normalen Betriebe. Ist aber das hintere Rostende frei, so können sehr breite Einzelroste offenbar merkliche Ersparnisse an Anlagekosten und wohl auch an Unterhaltungskosten für das Mauerwerk bringen und, falls ihre Durchbildung den Schwierigkeiten so großer Breiten gerecht wird, den Betrieb erheblich vereinfachen. Auf einige andere Einflüsse wird noch zurückgekommen.

Durch über die ganze Breite des Feuerraumes durchgehende Wanderroste kann auf derselben Grundfläche und mit derselben Kesselheizfläche erheblich mehr Dampf erzeugt werden. Im allgemeinen geht durch

Abb. 1. Jones-Unterschubrost.
1 = Mulde der Retorte, *2* = Luftschlitze, *3* = Vortreiber für Kohle, *4* = Kühlkästen gegen Schlackenansatz, *5* = Ausbrenn- und Schlackenkipprost.

eine Zwischenwand 380 bis 510 mm Stirnbreite verloren, das sind bei 2 Rosten von je 2500 mm Breite immerhin 8 bis 10 v. H. der gesamten Rostfläche, deren Wegfall infolge des großen Einflusses der Wärmeübertragung durch Strahlung fühlbar ins Gewicht fällt.

Große, mit Stokern ausgestattete Kessel haben häufig 2 einander gegenüberliegende Feuerungen mit einem zwischen ihnen liegenden Schacht für die Abfuhr der Schlacke, Abb. 33, 35, 75. Diese Anordnung vermindert aber m. E. bei breiten Kesseln die Übersichtlichkeit der Roste, und es ist kaum anzunehmen, daß sie im normalen Betrieb denselben Wirkungsgrad erzielt wie Kessel mit freiem Rostende, Abb. 32, 103, 111, 115.

Seit neuestem werden daher „Einender“-Stoker von ungewöhnlicher Länge geliefert, wie z. B. die 65 t schweren 43,6 m²-Riley-Stoker für die 2200 m²-Kessel des Delray-Kraftwerkes der Detroit Edison Co. Als besonderen Vorteil dieser Roste bezeichnet die Edison Co. außer der Erzielung anderer Ersparnisse und Vereinfachungen den Umstand, daß bei zweireihigen Kesselhäusern statt 3 Kohlenbunkern samt den zugehörigen Kohlenförderanlagen nur noch einer nötig ist. Aus denselben Gründen hat es auch die A E G. in den von ihr erbauten Werken seit jeher vermieden, Kessel mit Doppelender-Feuerungen aufzustellen, besonders auch wegen der einfacheren, übersichtlicheren und billigeren Bedienung und Überwachung von Kesseln mit Einender-Rosten. Während der Übergang zu sehr großen Rostbreiten an die Durchbildung der Wanderroste hohe Anforderungen stellt und die Gefahr von Klemmungen erhöht, können bei Stokern ohne wesentliche Änderung der normalen Konstruktion fast beliebig breite Roste durch eine entsprechende Zahl aneinandergereihter Einzelelemente (Retorten) auf einfache Weise erzielt werden. Man trifft z. Zt. bis zu 28 nebeneinanderliegende Retorten unter einem Kessel.

b) Unterschubroste.

Die zahlreichen Bauarten von Unterschubrosten unterscheiden sich hauptsächlich im Rostantrieb, in der Neigung und Ausbildung der Retorten, in der Zufuhr und Verteilung der Kohle auf dem Rost, in den Ausbrennrosten und in der Schlackenbeseitigung. Der Antrieb der Roste erfolgt entweder durch Dampfzylinder wie beim Jones-Unterschubrost, Abb. 1, oder durch direkt oder durch mittels Ketten oder Riemen gekuppelte Elektromotoren oder kleine Dampfmaschinen, Abb. 2, 3. Elektrischer Antrieb verbraucht weniger Wärme als dampfgetriebene Kolben. Die große Einfachheit des direkten Dampfantriebes, bei dem Übersetzungen, Getriebe usw. wegfallen, bietet aber doch viele Vorteile, u. a. den, daß durch ein einfaches Dampfventil die vorteilhafteste Vorschubgeschwindigkeit in jeder einzelnen Retorte überaus bequem eingestellt werden kann.

Beim Westinghouse-, Riley- und Taylor-Rost wird die Luft zwischen aufeinandergeschichteten, eigenartig geformten Platten durch die hohlen Plattenträger zugeführt, Abb. 2, 3, 4, 5, beim Jones-Rost durch Schlitze in den glatten Retortenwandungen, Abb. 1, 6, 8. Zufuhr und Verteilung der Kohle geschieht durch einen oder mehrere Kolben oder als Vorschuborgane ausgebildete Rostteile, Abb. 1, 2, 3, 7, 8. Die Luftzufuhr nach den verschiedenen Rostteilen kann vom Heizerstand aus durch Klappen geregelt werden, Abb. 2, 3, 9. Einige Firmen hängen an das untere Ende der Stoker, da wo die Retorten aufhören, geneigte Planroste oder kleine Stufen-

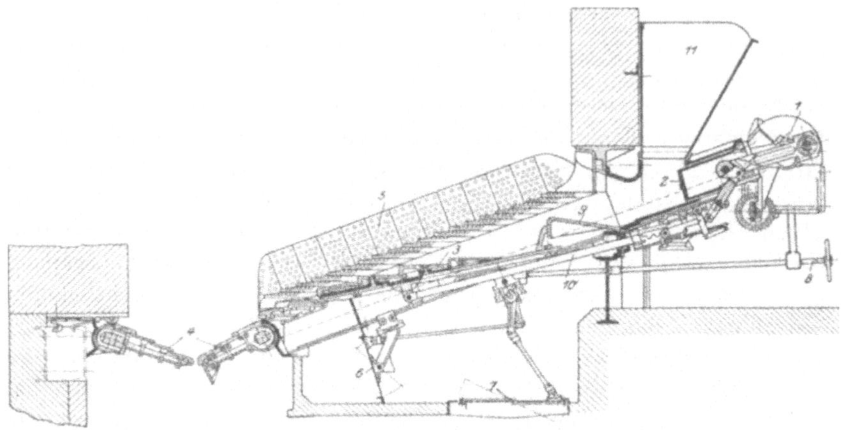

Abb. 2. Westinghouse-Unterschubrost. (Siehe Abb. 5 u. 7.)
1 = Antriebsvorgelege, *2* = Vorschubkolben, *3* = beweglicher Boden der Retorte, *4* = Ausbrenn- und Schlackenkipproste, *5* = Kühlkästen gegen Schlackenansatz, *6* u. *7* = Regelklappen für Unterwind, *8* = Betätigung für *6* u. *7*, *9* = Stauplatte für Kohle, *10* = Antrieb für *3*, *11* = Kohlentrichter.

roste an, die das gute Ausbrennen vieler Kohlen sehr begünstigen sollen, Abb. 3, 7, 9. Zum Vermeiden des Anbackens von Schlacke an den Feuerraumwandungen erhalten die an sie anschließenden Retorten einen schrägen Ansatz, der etwas höher als das Brennstoffbett ist und

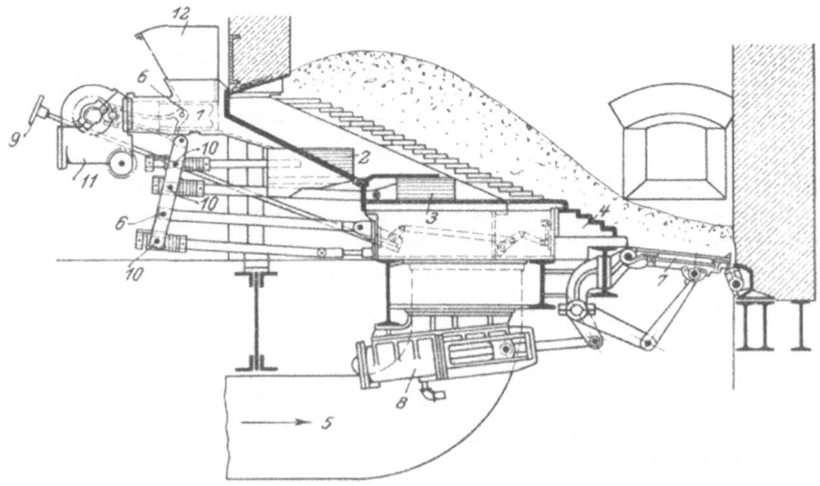

Abb. 3. Taylor-Unterschubrost.
1 = oberer Vorschubkolben, *2* u. *3* = untere Vorschubkolben, *4* = bewegliche Rostplatten, *5* = Unterwindzufuhr, *6* = feste Drehpunkte für Antriebsmechanismus von *2*, *3* u. *4*, *7* = Ausbrenn- und Schlackenkipprost, *8* = hydraulischer Antrieb von *7*, *9* = Betätigung der Luftregulierklappen zum unteren Rostteil, *10* = Anlenkpunkte der Antriebstangen zu *2*, *3* u. *4*, *11* = Antriebsvorgelege, *12* = Kohlentrichter.

durch welchen Kühl- und Verbrennungsluft eingeblasen wird, Abb. 1, 2, 6, 8. Derartige Ansätze sollen sich ausgezeichnet bewährt haben. Infolge der hohen Brennstoffschicht über den Rosten und der wirksamen Kühlung durch die Luft sollen Unterschubroste auch bei dauernd starker Beanspruchung oder bei langen Perioden mit gedämpftem Feuer nur wenig leiden.

Beim Jones-Unterschubrost mit Querretorten in Abb. 8 wird die Kohle durch eine in der Rostmitte gelegene Rinne zugeführt, von welcher aus sie sich auf die zu beiden Seiten senkrecht anschließenden Retorten verteilt. Im Gegensatz zu Abb. 1 sitzen bei dieser Konstruktion die Ausbrennroste senkrecht zur Kesselstirnwand. Der Dampfzylinder für den Antrieb der Brennstoffvorschieber in der Hauptretorte *1* ist getrennt von dem Zylinder, der die Vorschieber *4* in den Querretorten *3* gemeinsam antreibt. Die Anzahl der bewegten Teile ist besonders klein und der Rost besonders einfach.

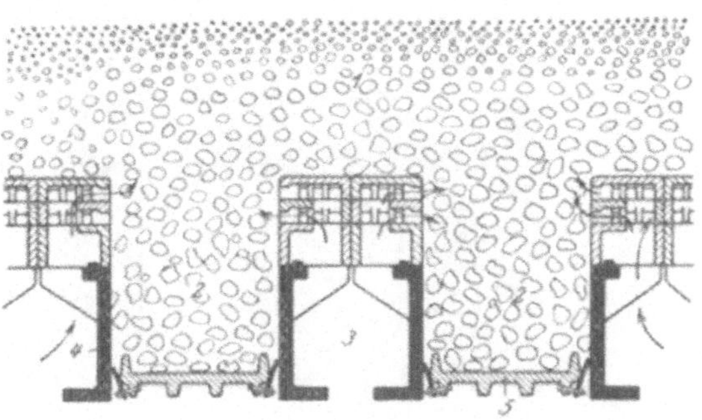

Abb. 4. Querschnitt durch zwei Retorten eines Riley-Unterschubrostes. *1* = brennende Kohlenschicht, *2* = frische Kohlenschicht, *3* = Unterwindraum, *4* = bewegliche Seitenwände der Retorten, *5* = feststehender Retortenboden.

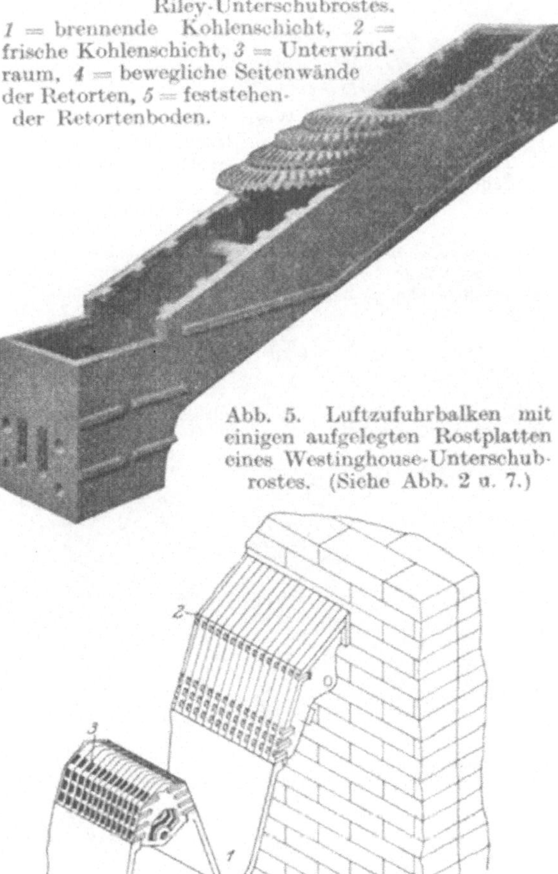

Abb. 5. Luftzufuhrbalken mit einigen aufgelegten Rostplatten eines Westinghouse-Unterschubrostes. (Siehe Abb. 2 u. 7.)

Abb. 6. Schnitt durch Retorte und Kühlkasten gegen Schlackenansatz eines Jones-Unterschubrostes. *1* = Retortenmulde, *2* = Kühlkasten, *3* = Luftschlitze.

Abb. 7. Ansicht eines Westinghouse-Unterschubrostes vom Rostende aus gesehen. (Siehe Abb. 2 u. 5.)
1 = Vorschubkolben, *2* = beweglicher Boden der Retorte, *3* = Ausbrenn- und Schlackenkipprost, *4* = wie *2*, *5* = Rostplatten der Luftzufuhrbalken, 6 = Stauplatte für Kohle, *7* = Kühlluftzufuhr, *8* = untere Rostplatten.

Abb. 8. Aufsicht auf einen Jones-Unterschubrost mit Querretorten der Underfeed Stoker Co.
1 = Mittelretorte, *2* = Eintritt der Kohle, *3* = Querretorten, *4* = Verteiler in Querretorten, *5* = Schlitze für Unterwind, *6* = Kühlkasten für Feuerraumrückwand, *7* = Ausbrennroste.

Die Neigung der Rostbahn und die Zahl der beweglichen Rostteile ist bei den einzelnen Fabrikaten verschieden. Beim Jones-Rost bewegen sich nur die Kohlenzufuhrkolben und einige Verteiler auf dem Retortenboden, Abb. 1 und 8, beim Taylor-Rost mehrere Kolben und der unterste, als Stufenrost ausgebildete Rostteil, Abb. 3, beim Westinghouse-Rost der Kohlenzufuhrkolben und ein Teil des Retortenbodens, Abb. 2, beim Riley-Rost der Kohlenzufuhrkolben, die als Luftzufuhrkasten ausgebildeten Retortenwände und die an sie angehängten Schlackenfallplatten, Abb. 9. Letztere haben zackenförmige Rippen und gleiten mit dem unteren Ende über eine verstellbare Rolle. Dadurch machen sie eine

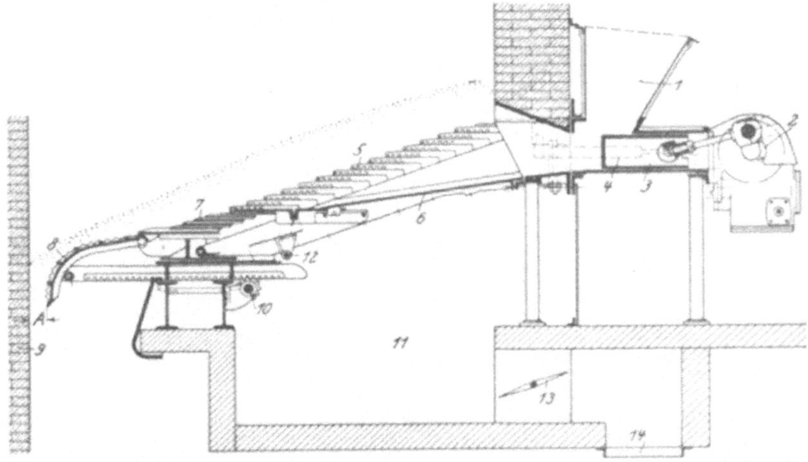

Abb. 9. Unterschubrost der Sanford Riley Stoker Co., ohne rotierenden Schlackenquetscher.

1 = Kohlentrichter, *2* = Rostantrieb, *3* = Vorschubkolben für Kohle, *4* = Antriebstange für Seitenwangen der Retorten, *5* = beweglicher Unterschubteil des Rostes, *7* = beweglicher Überschubteil des Rostes, *8* = Schlackenquetscher, *9* = Feuerraumrückwand, *10* = Antrieb für Einstellung von *A*, *11* = Unterwindraum, *12* = Unterwindregulierklappe für unteren Rostteil, *13* = Regulierklappe, *14* = Unterwindeintritt.

Beachte: Verstellbarkeit von Spaltweite *A* je nach Rostbelastung. Zerquetschen von Schlackenstücken durch *8*.

mahlende Bewegung und lockern und zerquetschen Schlackenkuchen. Durch Vorschieben der Zahnstange kann der Abstand A zwischen Feuerraumrückwand und Schlackenfallplatte entsprechend der anfallenden Rückstandmenge verstellt werden.

Bei sämtlichen Systemen von Unterschubrosten ist übereinstimmend, wenn auch auf verschiedene Weise, Vorsorge getroffen, daß die Kohle über die ganze Retortenlänge gleichmäßig verteilt wird. Je nach dem Charakter des Brennstoffes muß aber den verschiedenen Rostteilen eine wechselnde Kohlenmenge zugeführt werden, wenn die Roste gleichmäßig bedeckt sein und Asche und Schlacke nicht schon auf dem eigentlichen

Rost, sondern erst auf den Totbrennrosten abgelagert werden sollen. Zu diesem Zwecke kann die Bewegung der sekundären Verteilorgane unabhängig von derjenigen der primären Zufuhrkolben verstellt werden und dadurch dem oberen oder dem unteren Teil der Retorten mehr Kohle zugeführt werden.

Die kippbaren Ausbrennroste werden vielfach durch rotierende, mit messerartigen Vorsprüngen versehene Schlackenbrecher ersetzt, in denen die Amerikaner einen großen Fortschritt erblicken, Abb. 10. Sie sollen insbesondere bei Kohle mit hohem Aschengehalt die Aschen-

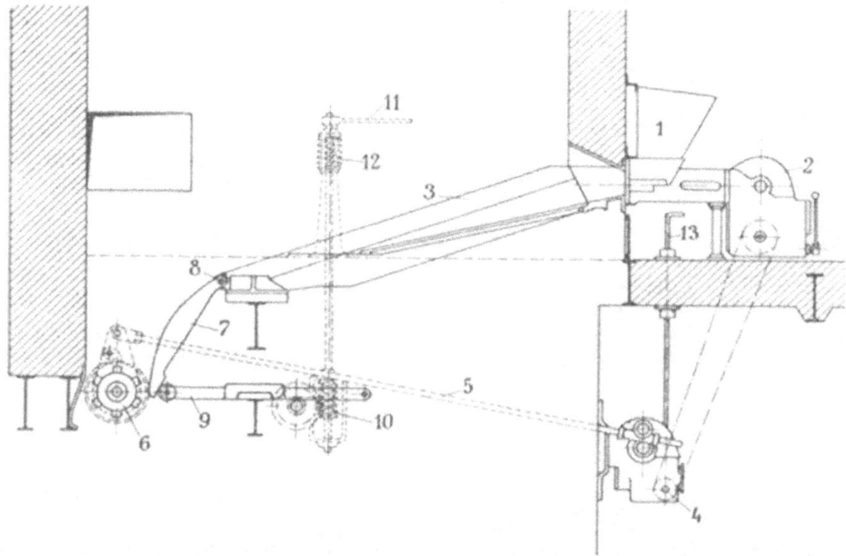

Abb. 10. Antrieb des rotierenden Schlackenquetschers und Verstellvorrichtung der schwingenden Schlackenfallplatte bei einem Riley-Unterschubrost. *1* = Kohlentrichter, *2* = Antriebsvorgelege, *3* = bewegliche Rostbahn, *4* u. *5* = Antrieb des Schlackenquetschers, *6* = Schlackenquetscher, *7* = schwingende Aschenfallplatte, *8* = Drehpunkt von *7*, *9* = Zahnstange zum Verstellen von *7*, *10* u. *11* = Betätigungsvorrichtung für *9*, *12* = Feder als elastisches Zwischenglied zwischen Handhebel *11* und schwingende Aschenfallplatte *7*.

abfuhr sehr erleichtern. Die Schlackenbrecher sitzen zum Schutz vor der Hitze in einem ziemlich tiefen Sack, öfters findet man 2 parallele Schlackenbrecher, Abb. 32, 33, 35. Die Schlackenbrecher werden manchmal durch eingespritztes Wasser oder durch ihre hohlen Wellen zugeführte Luft gekühlt. Zuweilen finden sich auch Vorrichtungen für selbsttätige Kühlwasserzufuhr bei drohender Überhitzung der Brecher.

In Deutschland bürgern sich — wie gesagt — Schrägroste für Steinkohle erst allmählich ein. Nur der mit Unterwind arbeitende Pluto-Rost hat auf dem Kontinent, besonders in Österreich und der Tschechoslowakei, größere Verbreitung gefunden. Er besteht aus beweglichen, schrägen, über die ganze Rostlänge durchgehenden Hohlbalken, durch die der Unterwind eingeblasen wird.

Das Neuartige des von der Linke-Hofmann-Lauchhammer A.-G. und der Bamag gebauten Kablitz-Unterwindrostes besteht darin, daß durch einen drehbaren Widerstand 4 und durch die sägezahnartig gestaltete Rostbahn der untere Teil der Brennstoffschicht sich langsamer

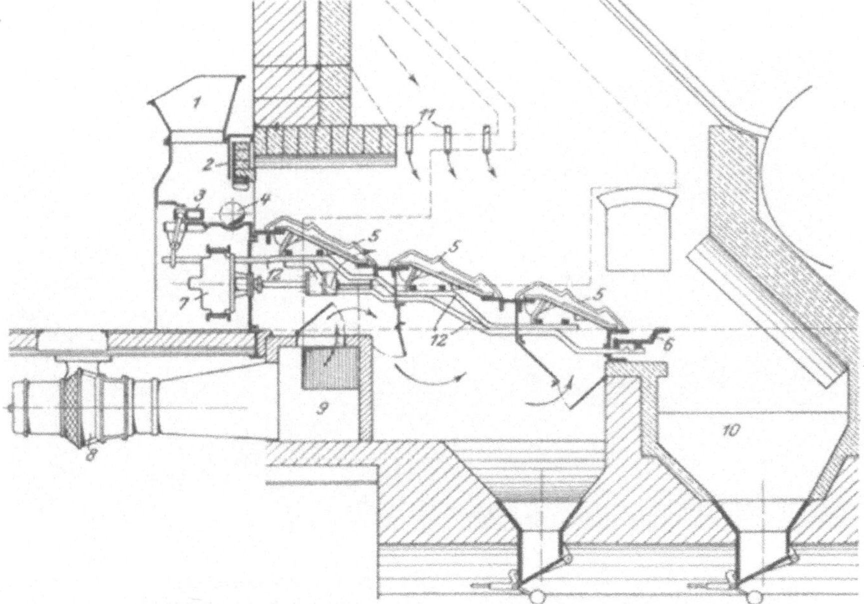

Abb. 11. Kablitz-Rost der Linke-Hofmann-Lauchhammer A. G., Breslau, und der Bamag, Berlin-Dessau.
1 = Kohlentrichter, *2* = Kohlenschieber, *3* = Vorschubkolben, *4* = drehbarer Widerstand, *5* = Roststäbe, 6 = Schlackenrost, *7* = Rostantrieb, *8* = Unterwindgebläse, *9* = Unterwindverteilkanal, *10* = Schlackenfall, *11* = Zutritt von Sekundärluft, *12* = Übertragungsstangen für Rostantrieb.

Beachte: Infolge drehbaren Widerstandes *4* und Sägezahnform der Roststäbe *5* wandern untere Brennstoffschichten langsamer als obere zwecks Aufrechterhaltung sicherer Zündung.

über den Rost bewegt als der obere, um dauernd eine sichere Zündung der frisch zugeführten Kohle zu gewährleisten, Abb. 11 und 12. Jeder zweite Roststab ist beweglich. Zur Erzielung einer kräftigen Schürwirkung und um das Verbrennen der in die Brennstoffschicht vorgeschobenen Stäbe zu verhindern, erfolgt Vorschub und Zurückziehen stoßartig, worauf eine Pause in der Bewegung eintritt. Während der meisten

Zeit bilden daher die Roststäbe eine glatte Oberfläche und verhindern dadurch das Verbrennen vorstehender Rostkanten.

Zwei besonders für Braunkohle bestimmte Feuerungen suchen gutes Ausbrennen der Kohle auf neuartige Weise zu erreichen. Beim Schrägrost der Evaporator A.-G. erfolgt die Verbrennung „zweistufig“. Die Rückstände des Hauptrostes werden einem unter ihm gelegenen Hilfsrost zugeführt und mit verhältnismäßig hohem Luftüberschuß vollends verbrannt. Die Verbrennungsprodukte strömen zum Hauptrost und mischen sich dort mit den übrigen Feuergasen.

Abb. 12. Ansicht eines Kablitz-Unterwindrostes.
1 = drehbarer Widerstand, *2* u. *3* = Einsenkungen bzw. Erhöhungen der Roststäbe.

Der Kaskadenrost der Vesuvio-A.-G. weicht vom Aufbau normaler Roste völlig ab. Er ist aus den Erfahrungen entstanden, welche die Gesellschaft in den von ihr gebauten Müllverbrennungsanlagen gesammelt hat. Der Brennstoff ruht in einer Mulde, deren Boden von der eigentlichen Rostbahn gebildet wird, und deren ziemlich stark hochgezogene Seitenwangen aus hohlen Gußkörpern bestehen, die von Unterwind durchströmt und gekühlt werden. Dadurch soll das lästige Anbacken leichtflüssiger Schlacken verhindert werden.

Ein Teil der treppenartig gestalteten Roststufen ist fest, die vor und hinter ihnen liegenden Stufen bewegen sich gegenläufig, wenn die einen aufwärts gehen, gehen die anderen abwärts. Die Stufen bilden den Boden der Rostmulde. Durch diese Anordnung wird der Brennstoff gleichzeitig vorgeschoben und durchgerührt. Alle bekannten Vorschubroste haben eine nach dem Rostende zu fallende Neigung. Nur wenn diese Neigung etwas größer als 30° ist, bewegen sich die oberen Brennstoffschichten rascher als die unteren. Es kann dann aber leicht vorkommen, daß der „Rost abrutscht“. Würde man nun einen Vesuvio-Rost horizontal legen, so würden die verschiedenen Kohlenschichten

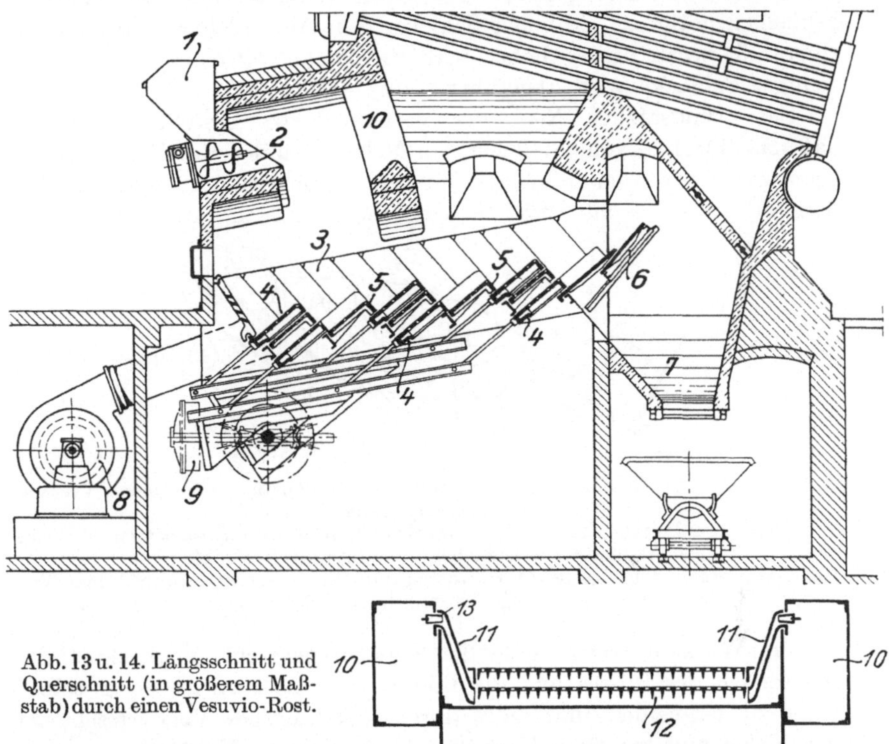

Abb. 13 u. 14. Längsschnitt und Querschnitt (in größerem Maßstab) durch einen Vesuvio-Rost.

Zu Abb. 13: *1* = Kohlentrichter, *2* = Zuteilschnecke, *3* = luftgekühlte Seitenwangen des Rostes, *4* = bewegliche Rostplatten, *5* = feste Rostplatten, *6* = einstellbarer Stauschieber, *7* = Schlackentrichter, *8* = Unterwindgebläse, *9* = Rostantrieb, *10* = Zündgitter.

Zu Abb. 14: *10* = Unterwindverteilkasten, *11* = luftgekühlte Seitenwangen des Rostes, *12* = Rostplatten, *13* = Regelventile für den Zutritt des Unterwindes nach 3 in Abb. 13 bzw. 11 in Abb. 14.

Beachte: Sehr große Stufenhöhe der einzelnen Rostplatten. Nach dem hinteren Rostende zu ansteigende Neigung der Rostbahn. Feststehende Rostplatten liegen zwischen gegenläufigen, beweglichen Rostplatten. Hohe Brennstoffschicht. Kühlung der vom Brennstoff berührten Seitenwände der Feuerung.

nicht gegeneinander verschoben, sondern durch die beweglichen Stufen würde die Kohle lediglich nach vorwärts geschoben. Wenn man aber den Rost nach seinem Ende zu steigend anordnet, so gibt es eine Neigung, von welcher an nur noch die unteren Brennstoffschichten vorwärts wandern, während die oberen zurückrutschen, Abb. 15. Die Kohle wird dann fast nicht mehr gefördert, sondern nur noch durchgerührt. Die Vesuvio-Roste haben gegen das Rostende zu eine Steigung von 10°, weil sich gezeigt hat, daß dann die Kohle noch kräftig durchgerührt und so stark vorwärts geschoben wird, als zum Austragen der Schlacken nötig ist. Je höher Schieber *6* in Abb. 13 bzw. *4* in Abb. 15 eingestellt wird, um so höher wird die Brennstoffschicht und um so weniger Schlacke wird abgeführt.

Das grundsätzlich Neue des Vesuvio-Rostes besteht also darin, daß das einzelne Kohlenteilchen ein Mehrfaches der Rostlänge zurücklegen muß, bevor seine Schlacke in den Schlackenfall gelangt und daß dauernd andere Kohlenstückchen an die Oberfläche kommen. Es ist

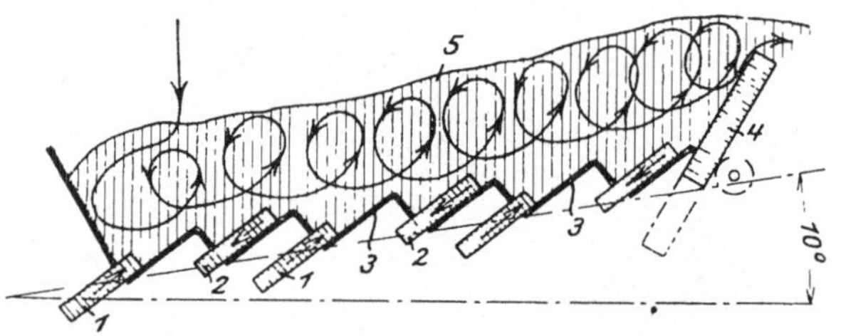

Abb. 15. Schema der Arbeitsweise und des Kohlenvorschubes eines Vesuvio-Unterwindrostes.
1 u. *2* = gegenläufige, bewegliche Rostplatten, *3* = feste Rostplatten, *4* = einstellbarer Stauschieber, *5* = Brennstoffschicht.
Beachte: Nach dem Rostende zu ansteigende Rostneigung. Umwälzende Vorwärtsbewegung der einzelnen Kohlenstücke.

hier m. W. zum ersten Male der Versuch gemacht, ungleichmäßiges Abbrennen des Rostes und die Bildung von Löchern im Feuer selbsttätig zu vermeiden und zwar durch gleichzeitiges Vorwärtsschieben der Kohle und kräftiges Umwälzen der gesamten Kohlenmenge.

Die Verfeuerung von Braunkohle spielt in Amerika bisher nur eine untergeordnete Rolle, was die Amerikaner der fehlenden Erfahrung in der Speicherung und Verbrennung solcher Kohlen zuschreiben. Aber auch der Überfluß an billiger, hochwertiger Steinkohle hat hierzu beigetragen. Was die Amerikaner mit „Lignite“ bezeichnen, ist ein von mitteldeutschen und rheinischen Braunkohlen stark verschiedener Brennstoff. Von letzteren hat ein hervorragender amerikanischer Sachverständiger kürzlich gesagt, jeder amerikanische Heizer würde sie als Brennstoff für völlig „unmöglich“ ansehen. Amerika soll ungeheuere Vorkommen von „Lignite“ besitzen, die jedoch nur in North-Dakota und Kanada in nennenswertem Maße verfeuert werden. Die mittlere Zusammensetzung von Texas-Lignite ist 34 v. H. Wasser, 9 v. H. Asche, 29 v. H. flüchtige Bestandteile und 27 v. H. fixer Kohlenstoff, der Heizwert beträgt rund 3900 $WEkg^{-1}$.

Zur Zeit untersucht die Texas Power and Light Co. die Verwertbarkeit von Texas-Lignite, der in Bastrop in guter Beschaffenheit und fast unbegrenzten Mengen vorkommt. Bei befriedigendem Ausfall will die Gesellschaft ein mit diesem Brennstoff gefeuertes Werk bauen, das weite Gebiete mit Strom versorgen soll[1]).

c) Wanderroste.

Abb. 16 zeigt einen Längsschnitt durch den Wanderrost der Illinois Stoker Co. Er ist in 7 parallele Luftkammern unterteilt, von denen

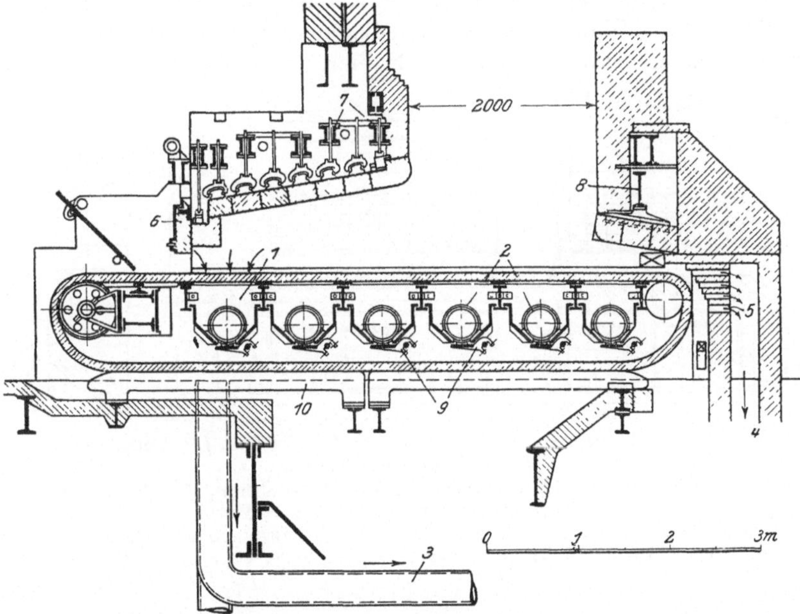

Abb. 16. Schnitt durch einen Illinois-Unterwindwanderrost.
1 = Kammer zum Rücksaugen von Verbrennungsgasen, *2* = Unterwindanschluß, *3* = Verbindung von Kammer *1* mit Schornstein, *4* = Verbindung zum Schornstein, *5* = Schlitze im Mauerwerk, *6* = Einstellschieber, *7* = Aufhängung der Zündgewölbe, *8* = Aufhängung des hinteren Gewölbes, *9* = Klappen zum Entfernen durchgefallener Kohle aus den Unterwindkammern, *10* = Gleitschienen zum Tragen der Rostkette.
Beachte: Durchsaugen heißer Gase durch vordersten Teil der Brennstoffschicht zwecks guter Zündung. Aufhängung der Feuergewölbe an kaltliegenden, eisernen Trägern.

jede durch ein besonderes, mit einer kleinen Dampfturbine gekuppeltes Propellergebläse mit Luft versorgt wird. Dadurch braucht im Gegensatz zu zentraler Luftversorgung nur noch ein Teil der zugeführten Luftmenge mit dem höchsten, für gute Verbrennung auf dem betreffenden Rostteil erforderlichen Luftdruck erzeugt zu werden und die Reibungs-

[1]) Power: 1922, S. 863.

verluste in den Verbindungsleitungen zwischen einem zentralen, für mehrere Kessel bestimmten Ventilator und den verschiedenen Feuerungen fallen weg. In Deutschland werden aus ähnlichen Bestrebungen heraus seit einiger Zeit Reihenventilatoren, Inflammatorgebläse genannt, auf den Markt gebracht. Sie bestehen aus mehreren auf einer Welle sitzenden Ventilatoren, die dicht vor dem Rost, meist unter der Decke des Aschenkellers, aufgestellt werden und ganz kurze Verbindungsleitungen ergeben. Im Wegfall der weiten, oft nur schwer unterzubringenden Luftleitungen ist der Hauptvorteil solcher Konstruktion zu erblicken, Abb. 17, 18, 123. Die durchgefallene Kohle kann aus den einzelnen Windkasten des Illinois-Rostes durch Bodenklappen abgelassen werden. Bei gasarmen, schwer zündenden Kohlen wird der vorderste Wind-

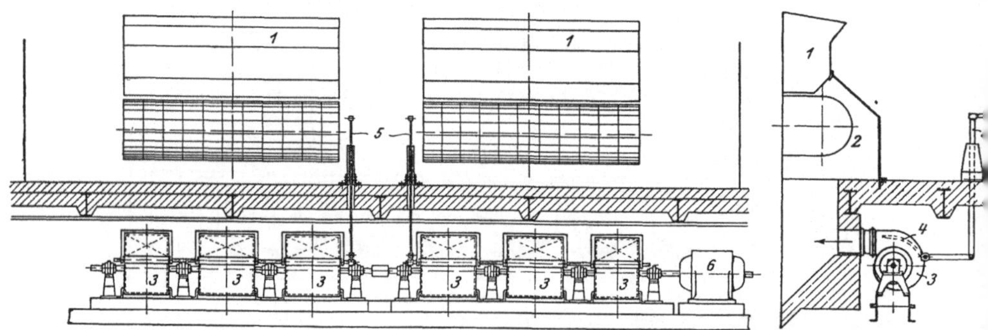

Abb. 17 u. 18. Inflammator-Reihengebläse der Gesellschaft für Ventilatorzug für einen Doppelwanderrost.
1 = Kohlentrichter, *2* = Unterwindraum, *3* = Ventilatoren, *4* = Regulierklappe, *5* = Verstellvorrichtung für *4*, *6* = Motor.
Beachte: Unterteilung in mehrere gleichachsige Einzelgebläse. Dadurch Wegfall aller Unterwindleitungen und Drosselverluste, sehr kleine Bauhöhe.

kasten 1 des Rostes in Abb. 16 mit dem Fuchs in Verbindung gebracht und ein kleiner Teil heißer Gase durch die frische Brennstoffschicht hindurchgesaugt, wodurch auch sehr ungünstige Kohlen sicher zünden sollen.

Der Coxe-Rost hat nur 2 oder 3 Luftzufuhrkammern, erzielt aber durch seine eigenartige Durchbildung 4 bzw. 6 Zonen verschiedener Unterwindpressung, Abb. 19.

Der Harrington-Wanderrost hat zahnartig ineinandergreifende Rostglieder, um die Luftspalten zwischen den Roststäben beim Übergang über die hintere Trommel selbsttätig zu reinigen. Zur Verkleinerung des Durchfalles feiner Kohle überdecken sie sich wechselseitig an den Berührungsstellen, Abb. 20. Eine ähnliche Vereinigung der Vorteile der alten Kettenroste — gute Selbstreinigung — mit denen der Wanderroste — bequeme Auswechselung schadhafter Rostglieder — erstrebt der neue Bamag-Wanderrost der Berlin-Anhaltischen Maschinenbau A.-G., Abb. 21 u. 22.

Für unsere Begriffe etwas primitiv ist die hintere Abschlußvorrichtung der amerikanischen Wanderroste, die meist nur aus einem oder

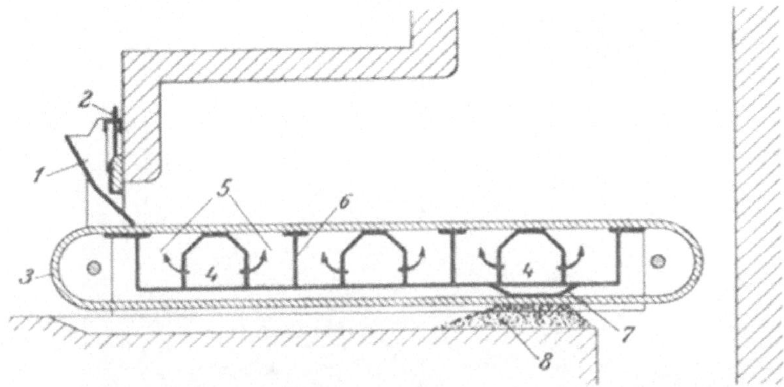

Abb. 19. Schnitt durch einen Coxe-Unterwindwanderrost.
1 = Kohlentrichter, *2* = Abschlußschieber, *3* = Wanderrostkette, *4* = Unterwindkammern, *5* = absperrbare Luftzufuhrkammern, *6* = Trennwände, *7*=Blechabdichtung, *8* = Aschenverschluß.

zwei wassergekühlten, in passender Entfernung über der Rostfläche angeordneten Rohren besteht, die den Feuerraum gegen die Außenluft abschließen, Abb. 80, 81. Beim Green-Wanderrost wird das Rostende gegen den Schlackenfall durch ein in etwa 150 bis 250 mm über der Rostbahn fest gelagertes, horizontales Rohr und einen vor ihm liegenden, zu ihm parallelen, gleichfalls wassergekühlten, aber in der Höhe verstellbaren Balken abgeschlossen, der je nach der Kohlensorte und der Kesselbelastung in passende Entfernung vom Rost gebracht wird, Abb. 23. Ähnliche Anordnungen wurden auch in Deutschland versucht, haben sich

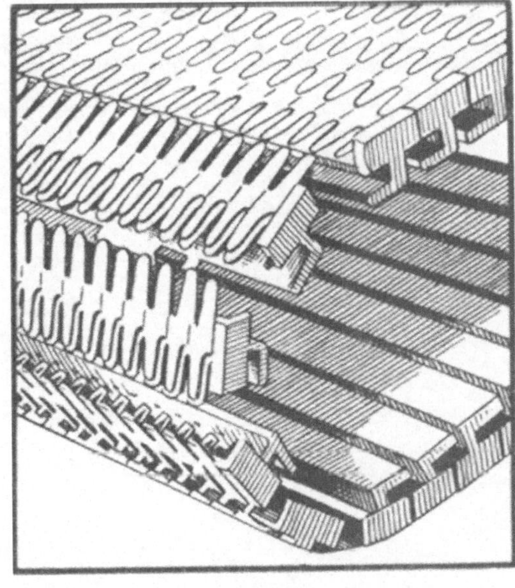

Abb. 20. Kette des Harrington-Wanderrostes.

Abb. 21 u. 22. Wanderrost mit auswechselbaren Rostgliedern der Berlin-Anhaltischen Maschinenbau A. G.
1 = Rostglieder mit offenen Augen, *3* = Rostglieder mit geschlossenen Augen, *2* = Abschlußrostglieder an den Seiten.

aber wenig bewährt, weil sie von rückwärts keine Luft durchlassen, also auch eine gesteigerte Verbrennung größerer Mengen unverbrannter, aus irgendwelchen Gründen vor ihnen angestauter Kohle nicht ermöglichen und weil sie sich dem über die Rostbreite ziemlich stark wechselnden Widerstand größerer oder kleinerer, lose aufliegender oder festgebackener Schlackenkuchen nicht genügend anpassen. Während Amerika der Ausbildung der Schlackenabfuhrorgane von Stokern große Aufmerksamkeit gewidmet hat, ist in Deutschland an der Vervollkommnung der entsprechenden Vorrichtungen bei Wanderrosten mit viel Erfolg gearbeitet worden. Besonders bekanntgeworden ist die Feuerbrücke von Steinmüller, die gegenüber Schlackenabstreifern einen großen Fortschritt bedeutet und durch schwingende, voneinander unabhängige, als kleine, vertikale Roste ausgebildete Staupendel eine weitgehende Anpassung an die Haftfähigkeit verschiedener Schlacken auf der Rostbahn gestattet, Abb. 24. Mit wachsender Größe der Schlackenkuchen wandert der Angriffspunkt der von ihnen auf die Pendel ausgeübten Schubkraft immer weiter nach oben. Dadurch kann ein Zustand eintreten, bei welchem das von den Schlackenkuchen ausgeübte Drehmoment gleich dem vom Pendelgewicht herrührenden ist, was vor den Pendeln eine wälzende Bewegung der Schlacke auf dem Rost und ein Aufhören ihrer Abfuhr zur Folge hätte. Die Anordnung in Abb. 25—28, bei der das auf Schließen der Pendel wirkende Drehmoment mit zunehmendem Pendelausschlag ab-

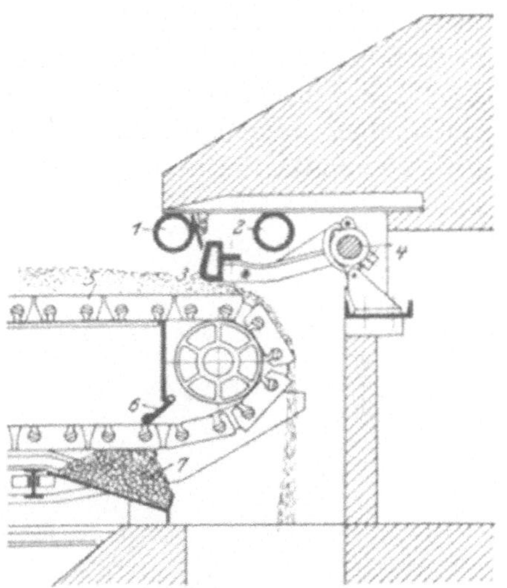

Abb. 23. Schlackenstauer der Green Engineering Co.
1 u. *2* = Kühlbalken (waterback), *3* = Schlackenstauer (fuel-retarder), *4* = Achse zum Verstellen von *3*, *6* = Luftabschluß durch Bleche, *7* = Luftabschluß durch Asche.

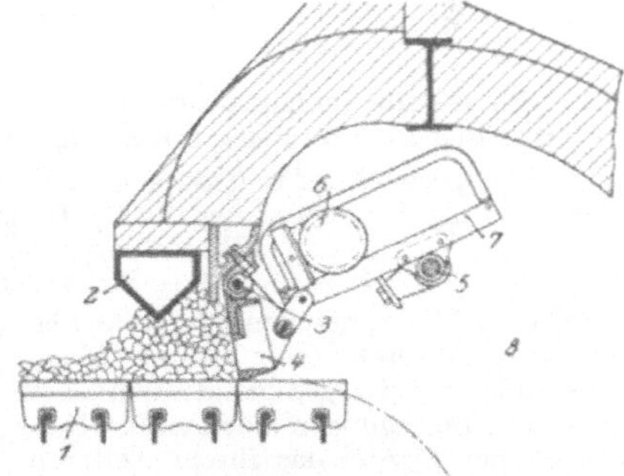

Abb. 24. Steinmüller-Feuerbrücke mit Schlackenkammer.
1 = Kette des Wanderrostes, *2* = wassergekühlter Balken, *3* = Drehpunkt von *4*, *4* = Staupendel, *5* = Anhebevorrichtung für Kraftausgleicher, *6* = Rollgewicht, *7* = Rollbahn.

nimmt, vermeidet diese Gefahr. Auf anderem Wege bewirkt der Schlackengenerator von Walther & Co. gutes Ausbrennen der Kohlenrückstände. Er besteht aus einem kleinen, mit Wasserkühlmantel versehenen Schachtofen, in welchen die Rückstände vom hinteren Rostende niederfallen und wo sie durch Zufuhr von Unterwind vollends ausbrennen. Die Schlacke wird aus dem Generator durch Brecher ausgetragen, die ähnlich ausgebildet sind wie die Brecher amerikanischer Stoker, Abb. 29 und 30. Es wird über recht günstige Erfahrungen mit solchen

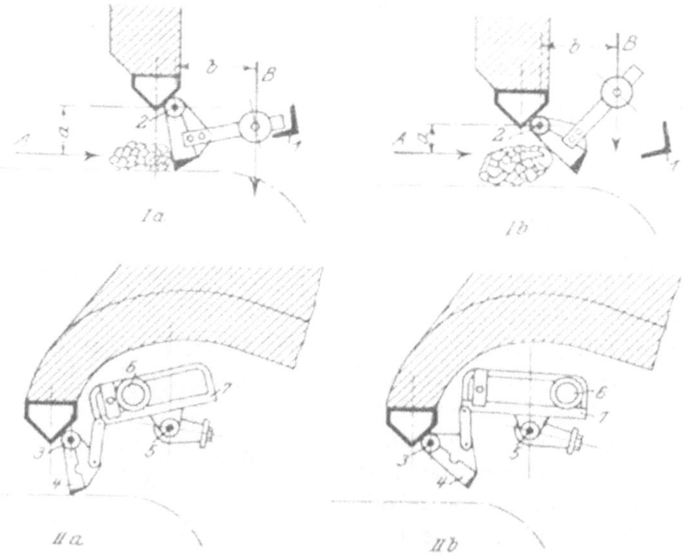

Abb. 25 bis 28. Schema des Kräftespieles beim Anheben der Staupendel von Steinmüller-Feuerbrücken durch auf der Rostbahn haftende Schlackenkuchen.
1 = Auflagerwinkel für Staupendel, *2* = bzw. *3* Drehpunkt von *4*, *4* = Staupendel, *5* = Anhebevorrichtung für Kraftausgleicher, *6* = Rollgewicht, *7* = Rollbahn.
I a u. *I b* = Staupendel ohne Kraftausgleicher,
II a u. *II b* = Staupendel mit Kraftausgleicher.
Beachte: Mit zunehmendem Ausschlag der Staupendel wird das auf ihr Anheben einwirkende Drehmoment immer kleiner, Schlackenkuchen sind daher u. U. nicht imstande, Pendel genügend anzuheben und bleiben vor ihnen liegen, indem sie wälzende Bewegungen machen. Kraftausgleicher verkleinert mit zunehmendem Ausschlag der Pendel das ihrem weiteren Anheben entgegenwirkende Drehmoment.

Schlackengeneratoren bei Kohle von hohem Aschengehalt berichtet, sowohl was die Güte der Verbrennung als auch die Höhe der erreichbaren Rostbelastung betrifft.

Bei einigen amerikanischen Wanderrosten findet man ähnlich wie in Deutschland Vorrichtungen zum Abdecken des hinteren Teiles der Rostfläche zwecks Verringerung der Luftzufuhr. Die Meinungen über den Wert solcher Vorrichtungen sind geteilt, in manchen Fällen haben sie befriedigt, in anderen nicht. Von Nutzen sind sie besonders bei hochwertiger Braunkohle oder leicht zündenden Braunkohlenbriketts, kurz bei Brennstoffen, die keine sehr hohe Anfangstemperaturen geben und den Rost wenig angreifen. Selbstverständlich hängt ihre Bewährung sehr von richtiger Durchbildung und sachgemäßer Wartung ab.

In Amerika sind eingehende Versuche im Gange, um mit kleiner Windpressung recht hohe Rostleistungen zu erzielen. Mehrere Firmen

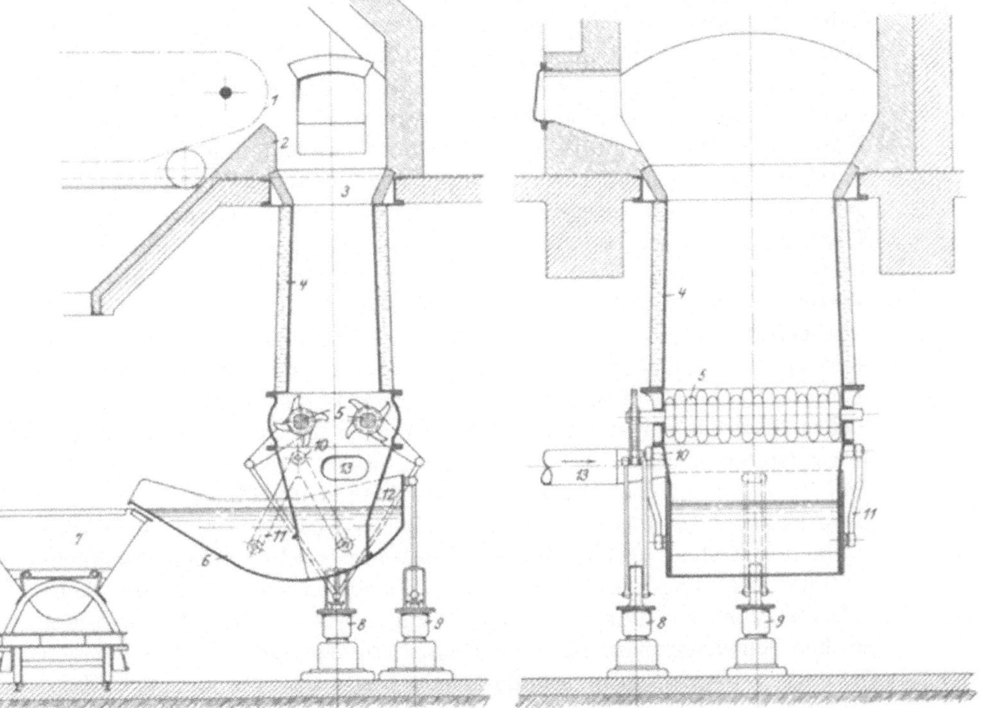

Abb. 29 u. 30. Schlackengenerator für Wanderroste von Walther & Co., Cöln-Dellbrück.
1 = hinteres Ende des Wanderrostes, *2* = Zunge aus Schamottesteinen, *3* = Kopf des Generators, *4* = Kühlmantel des Generators, *5* = Schlackenquetscher, *6* = Wassertasse, *7* = Schlackenwagen, *8* = Antrieb von *5*, *9* = Kippvorrichtung für *6*, *10* u. *11* = Aufhängung von *6*, *12* = Abstreiferplatte für die Schlacke, *13* = Unterwindzufuhr.
Beachte: Schlacke und nicht ganz ausgebrannte Rückstände fallen von *1* in Schlackengenerator und brennen dort vollends aus.

geben als sicher erreichbare Höchstleistung von 1 m² Wanderrostfläche 300 kgst^{-1} an, hierbei scheint die Pressung des Unterwindes 100 bis 150 mm WS zu betragen.

Um das Anbacken von Schlacke an die Feuerraumwände zu vermeiden, werden an den Längsseiten der Roste wassergekühlte Kästen angeordnet, die auch bei uns zuweilen benutzt werden. Während wir aber zur Kühlung Kondensat oder anderes reines Wasser verwenden, schalten die Amerikaner die Kühlkästen in den Wasserkreislauf des Kessels ein, was besonders bei den in Amerika weitverbreiteten Sektionalkesseln einfach möglich ist. Das Zufuhrrohr für das Kesselwasser liegt nicht in der Hitze, das Abfuhrrohr dagegen ist ihr ganz oder teilweise ausgesetzt. Häufig werden die Roste nicht horizontal, sondern etwas schräg eingebaut, damit die Kühlbalken eine kleine Neigung haben und der gebildete Dampf leichter abströmen kann. Da das Wasserabflußrohr auf einem großen Teil seiner senkrechten Erstreckung im Gegensatz zum Zuflußrohr mit Dampfwassergemisch gefüllt ist, stellt sich zweifellos ein sehr lebhafter Wasserumlauf und eine sehr wirksame Kühlung der Balken ein, Abb. 80. Diese Art der Kühlung ist derjenigen durch besonderes, nicht zur Verdampfung gelangendes Wasser zweifellos grundsätzlich weit überlegen, weil in größeren Kraftwerken meist ohnehin Überfluß an Wasser von verhältnismäßig niederer Temperatur herrscht (unter 40 bis 80 ° C). Es ist daher nicht richtig, wenn behauptet wird, die Wärme derartiger Kühlwasser werde restlos wiedergewonnen, da es sich tatsächlich um unmittelbar aus der Kohle gewonnene, aber nicht vollwertige Wärme handelt. Über die Bewährung vom Kesselwasser durchströmter Kühlbalken liegen sehr günstige Berichte vor, und es ist sicher, daß sie bei sauberem Wasser und sachgemäßer Durchbildung der Kasten eine große Verbesserung sind. Es ist aber selbstverständlich, daß die Kasten auf das sorgsamste ausgeführt und mit allen Vorrichtungen ausgerüstet sein müssen, die bei so lebenswichtigen und hochbeanspruchten Teilen unerläßlich sind. Ein weiterer schwerwiegender Nachteil der Kühlung durch besonderes Wasser ist vor allem der hohe Wasserverbrauch und der Zwang, reines Wasser, das oft nur unter großen Schwierigkeiten zu beschaffen ist, zu verwenden. Er macht sich besonders in Werken mit ungünstigen Wasserverhältnissen und dann störend geltend, wenn von Kohle mit unangenehmer, aggressiver Schlacke zu gutartiger übergegangen wird, bei der Kühlung nicht nötig ist.

d) Bemessung der Rostfläche und des Feuerraumes bei mechanischen Rosten.

Nach Zahlentafel 1 liegt auch bei den modernsten und größten amerikanischen Dampfkesseln das Verhältnis $\frac{\text{Kesselheizfläche}}{\text{Rostfläche}}$ im Durchschnitt zwischen 40 und 60; ein Verhältnis von 33,8, wie im Calumet-Kraftwerk, gehört offenbar zu den Ausnahmen. Auch bei zahlreichen anderen in der amerikanischen Fachliteratur beschriebenen Anlagen herrscht der Wert 40 bis 60 vor. Im Gegensatz hierzu ist in deutschen großen Elektrizitätswerken die Heizfläche von Wasserrohrkesseln mit Wanderrosten im allgemeinen nur 20 bis 30 mal größer als die Rostfläche. Es wäre aber nicht zutreffend, wenn man hieraus den Schluß ziehen würde, die Heizflächenbelastung amerikanischer neuzeitlicher Kessel in Spitzenwerken liege nennenswert unter derjenigen deutscher. Während nämlich in Deutschland bei hochwertiger Steinkohle auf Wanderrosten eine Rostbelastung von 150 bis 175 $kgm^{-2} st^{-1}$ im allgemeinen nicht überschritten wird, gehen die Amerikaner jetzt bis auf 250 bis 290 $kgm^{-2} st^{-1}$. Es handelt sich hierbei allerdings ausschließlich um Roste mit Unterwind und um kurzzeitige Spitzenwerte. Die hohe Überlastbarkeit ist aber trotzdem recht kennzeichnend und wäre, falls sie tätsächlich im regelmäßigen Betriebe täglich während 2 bis 3 Stunden erreicht wird, für viele Spitzenkraftwerke ein großer wirtschaftlicher und betriebstechnischer Vorteil. Die starke Steigerung der spezifischen Rostbelastung hat eine entsprechende Gestaltung und Vergrößerung des Feuerraumes über die bei uns üblichen Abmessungen hinaus zur Voraussetzung, und in der Tat haben die Amerikaner auf die Erforschung der einschlägigen Verhältnisse viel Arbeit verwendet. Nach Zahlentafel 1 werden bei 125 bis 175 $kgm^{-2} st^{-1}$ Rostbelastung auf 1 m^3 Feuerraum nur 15 bis 30 $kgst^{-1}$ Kohle und bei den extremen Spitzenbelastungen von 290 $kgm^{-2} st^{-1}$ erst 45 bis 60 $kgst^{-1}$ verbrannt, gegenüber durchschnittlich 50 bis 100 $kgst^{-1}$ bei 125 bis 175 $kgm^{-2} st^{-1}$ Rostbelastung in deutschen Werken. Die relativen Feuerräume sind also in den angeführten amerikanischen Kesseln erheblich größer.

Die reichlichere Bemessung dürfte zwar — zum Teil vielleicht unbewußt — mit davon herrühren, daß die Amerikaner bis in die letzte Zeit hinein unter Spitzenkesseln vorwiegend Stoker verwendet und Feuergewölbe fast gänzlich weggelassen haben, die infolge der Durchmischung der brennbaren Gase mit der Verbrennungsluft bewirken, daß unter sonst gleichen Verhältnissen kleinere Feuerräume ausreichen, als wenn die Mischung in einem freien Schacht von großem Querschnitt ohne ihre Nachhilfe erfolgen müßte.

Die Ermittlung des Zusammenhanges zwischen der Feuerraumgröße und dem Verlust durch unverbrannte Gase ist in Amerika wiederholt Gegenstand von Untersuchungen gewesen.

Wenngleich die hierbei ermittelten Zahlenwerte zunächst nur für einen bestimmten Rost und für die besonderen Bedingungen des Versuches gelten, so gibt doch ihr Verlauf wertvolle Anhaltspunkte für die Bemessung von Feuerräumen.

Die Ergebnisse einer solchen Versuchsreihe an einem Heine-Zweikammerwasserrohrkessel mit Murphy-Rost (der eine gewisse Ähnlichkeit mit Fränkel-Muldenrosten hat) zeigen die schnelle Zunahme der Verluste durch unvollkommene Verbrennung, wenn die spezifische Belastung des

Feuerraumes ein gewisses Maß übersteigt[1]), Abb. 31. Es wurden verschiedene Kohlensorten bei 120 und 240 $kgm^{-2} st^{-1}$ Rostbelastung und gleichbleibendem Luftüberschuß verfeuert. Wie zu erwarten war, muß das spezifische Volumen des Feuerraumes unter sonst gleichen Verhältnissen um so größer sein, je gasreicher ein Brennstoff und je höher die Rostbelastung ist. Außer durch unverbrannte Gase treten noch Verluste

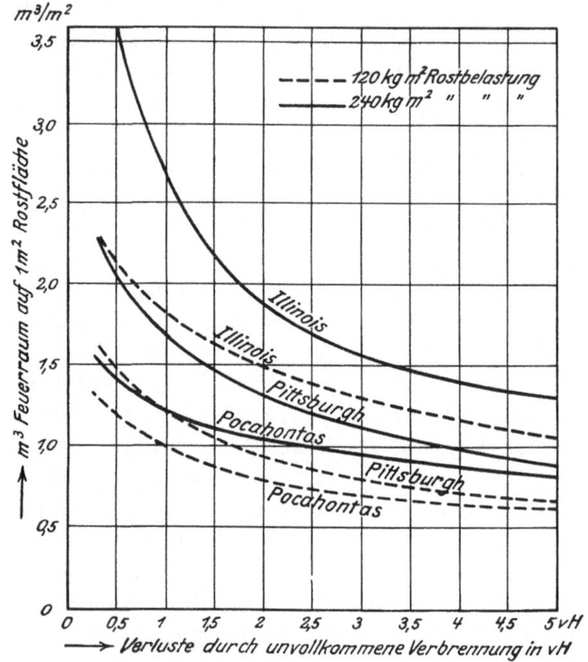

Abb. 31. Einfluß der spezifischen Größe des Feuerraumes auf den Verlust durch unvollkommene Verbrennung.

Zusammensetzung der Kohle	Kohlensorte Illinois	Pittsburgh	Pocahontas
Gehalt an Wasser . . . . v. H.	16,16	2,51	2,21
„ „ Asche . . . . v. H.	10,56	10,39	10,36
„ „ flüchtigen Bestandteilen . . . v. H.	34,09	30,28	15,78
Heizwert . . . . WE kg^{-1}	5460	7165	7425

Beachte: Verluste wachsen schnell mit zunehmendem Gehalt an flüchtigen Bestandteilen und zunehmender Rostbelastung.

durch Flugkoks und in den Rückständen auf, die von der Korngröße eines Brennstoffes, der Rostbelastung und dem Feuerraumvolumen abhängen. Der Wirkungsgrad einer Feuerung wird also beeinflußt von:

1. dem Gasgehalt eines Brennstoffes,
2. der Korngröße eines Brennstoffes,

[1]) Helios: Steam Boiler Engineering 1920, S. 89.

3. dem Luftüberschuß,
4. der spezifischen Rostbelastung,
5. dem spezifischen Feuerraumvolumen und, wie an anderer Stelle[1]) gezeigt wurde, von
6. der Formgebung und Anordnung des Feuerraumes und des ersten Zuges.

Reichlicher Abstand zwischen Rost und Heizfläche hat endlich noch einen weiteren Vorteil. Infolge der hohen Feuerraumtemperatur bei großer Rostbelastung schmilzt nämlich mitgerissene Flugasche und setzt sich aus den auf S. 60 angegebenen Gründen an den Wasserrohren fest, wenn nicht geeignete Maßnahmen, zu denen großer Abstand zwischen Rost und unterster Wasserrohrreihe gehört, getroffen werden.

Es finden sich zwar auch in Amerika Ingenieure, die die in Deutschland übliche Verwendung verhältnismäßig schwach belasteter, großer Roste für gesünder halten als das amerikanische Streben nach sehr hohen Rostleistungen und möglichst geringen Anlagekosten[2]), und ihre Auffassung trifft zweifellos für viele Werke mit annähernd konstanter Dampfleistung zu. Für Elektrizitätswerke und ähnlich belastete Anlagen sind aber die heute bei uns üblichen Höchstbelastungen mechanischer Roste meines Erachtens zu niedrig und überlastungsfähigere Roste zeitgemäß und anzustreben. Neben sorgfältiger Konstruktion und Ausführung derartiger Roste müssen aber zur Erzielung eines sicheren Betriebes die Feuerräume entsprechend bemessen und angeordnet werden, würden doch schon bei den bei uns üblichen Rostbelastungen in manchen Fällen reichlicher bemessene Feuerräume vorteilhaft sein. Übrigens soll, um Mißverständnisse zu verhüten, erwähnt werden, daß auch in Amerika sehr viele Feuerräune für Wanderroste — besonders in industriellen Anlagen — kaum größer sind als bei uns. Auf jeden Fall steht aber fest, daß im neuzeitlichen Dampfkesselbau Bemessung und Formgebung der Feuerräune großer Kessel eine überwiegende, bisher nur von Wenigen gewürdigte Bedeutung haben. Es wäre zu wünschen, daß diese Erkenntnis sich schnell und gründlich bei uns durchsetzt.

e) Schlackenabfuhr.

Bemerkenswert sind die sehr hohen Aschenkeller neuzeitlicher amerikanischer Kraftwerke und die Vorrichtungen für staub- und hitzefreie Schlacken- und Aschenabfuhr, Abb. 32, 33, 35, 115. Unter den Austragevorrichtungen der Stoker sitzen häufig große Kammern, welche die während etwa 24 Stunden angefallene Schlackenmenge fassen und auskühlen und aus welchen die Schlacke oft unmittelbar in Eisenbahnwagen abgezogen

[1]) Münzinger: „Leistungssteigerung".
[2]) El. World: 1. Februar 1919.

wird, Abb. 32. Auf die Ausbildung der Absperrschieber dieser Kammern wird meist große Sorgfalt verwendet, in manchen Anlagen werden sie hydraulisch oder durch Dampf betätigt. Im Springdale-Kraftwerk fällt die Schlacke in einen Wassersumpf, aus welchem sie Greifer unmittelbar in Eisenbahnwagen heben, Abb. 33. Im Hell-Gate-Kraftwerk verläuft unter den Schlackenbrechern der Roste eine Betonrinne, in welcher die fein gebrochene Schlacke mit Wasser weggespült wird, Abb. 35. Der Eisenbeton wird im Laufe der Zeit etwas angegriffen,

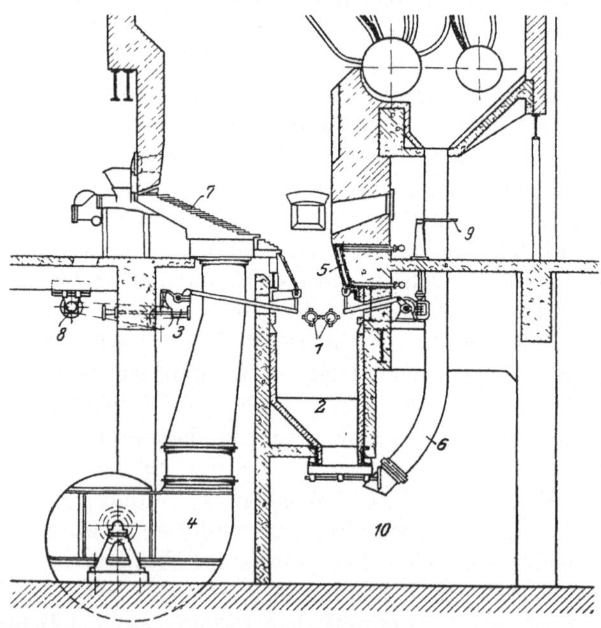

Abb. 32. Rückständeabfuhr und Unterwindzufuhr bei einem Kessel mit Einender-Unterschubrosten.

1 = Schlackenbrecher, *2* = Kammer für Rückstände, *3* = Verstellvorrichtung für schwingende Schlackenfallplatten (siehe Abb. 10), *4* = Ventilator, *5* = wassergekühlter Kasten im Schlackenfall, *6* = Aschenfallrohr für Kessel, *7* = Rost, *8* = Antrieb der Schlackenquetscher, *9* = wie *3*, *10* = staubdicht abgeschlossener Aschenkeller.

Beachte: Tief liegende Schlackenquetscher. Stapeln der Rückstände in Klammer 2. Staubdicht abgeschlossener Aschenkeller.

jedoch nur an der Oberfläche, ein Schaden, der sich leicht beheben lassen soll.

Bei Kesseln mit horizontalen oder schrägen Zugscheidewänden, z. B. bei Konstruktion nach Abb. 34, wird die auf diesen Wänden sich ansammelnde Flugasche zuweilen durch pneumatische Aschenabsauger entfernt. Vielfach sind die Aschenkeller so angeordnet, daß die

Räume, in welchen Staubentwicklung auftritt, von den übrigen getrennt sind, Abb. 32.

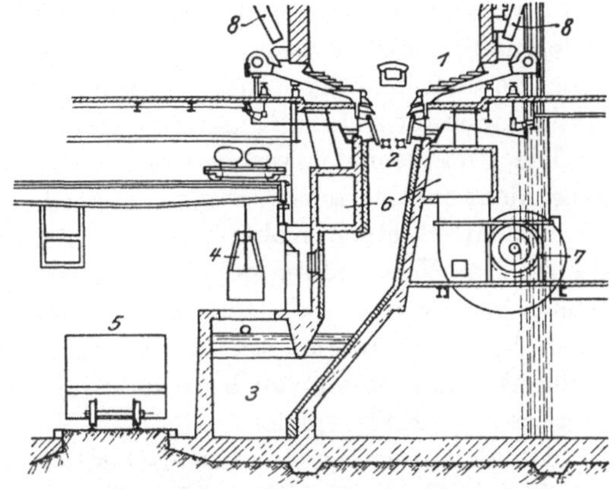

Abb. 33. Rückständeabfuhr und Unterwindzufuhr bei einem Kessel mit Doppelender-Unterschubrosten.
1 = Feuerraum, 2 = Schlackenbrecher, 3 = Wassersumpf für Schlacke, 4 = Greifer für Schlacke, 5 = Schlackenwagen, 6 = Windleitungen, 7 = Ventilator, 8 = Kohlenlutten.
Beachte: Tief liegende Schlackenquetscher. Kurze Unterwindleitungen. Abziehen der Rückstände unter Wasserverschluß.

f) Zusammenfassung.

In Deutschland haben, wie bereits erwähnt wurde, die meisten mit Steinkohle befeuerten Kessel größerer Werke Wanderroste, andere Bauarten spielen eine untergeordnete Rolle und werden bisher fast ausschließlich für gasarme, grusförmige, stark aschenhaltige oder sonstige minderwertige Brennstoffe verwendet. Die Ursache davon, daß in Amerika im Gegensatz zu Deutschland drei grundsätzlich verschiedene Bauarten für die Verfeuerung von Steinkohle allgemeine Verbreitung gefunden haben, sind offenbar nicht nur technischer, sondern auch historischer und geographischer Natur und sollen etwas genauer geprüft werden.

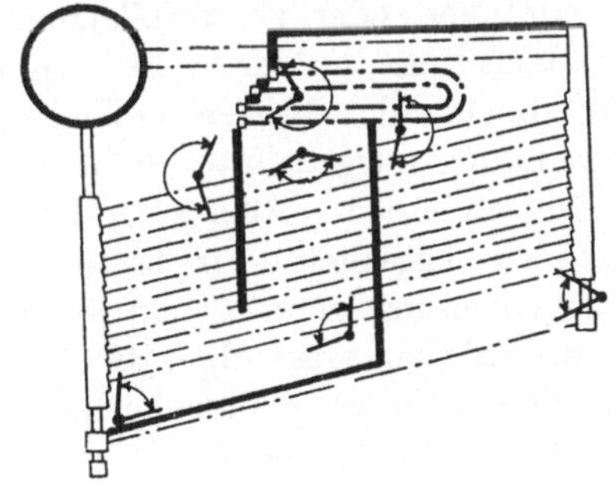

Abb. 34. Anordnung der Rußbläser in den Zügen eines Sektionalkessels.

Chemisches und physikalisches Verhalten einer Kohle stellen an einen mechanischen Rost ganz bestimmte Anforderungen. Eine gewisse Rostbauart eignet sich daher für manche Brennstoffsorten besser als eine andere.

Nicht backende Kohle z. B. brennt am besten, wenn die Kohlenschicht nicht beunruhigt wird, während bei backender Kohle dauernde Bewegung vorteilhaft ist, um ihr Zusammenbacken zu verhindern und der Verbrennungsluft gleichmäßigen, freien Durchgang zu verschaffen. Kohle mit leichtfließender Asche soll nicht durchrührt werden, um Schlackenbildung nicht zu begünstigen. Feinkörnige Brennstoffe verlangen Unterwind; bei stark aschenhaltigen muß für dauernde, gleichmäßige Entfernung der großen Rückständemengen gesorgt werden. Endlich benötigen gasarme, schlecht brennende Kohlen besondere Maßnahmen für sichere Einleitung und Aufrechterhaltung der Zündung.

Die Unterschiede zwischen den verschiedenen Kohlensorten treten aber nicht immer scharf zutage, außerdem wird der Einfluß gewisser Eigenschaften einer Kohle durch denjenigen anderer teilweise überdeckt. Das Verwendungsgebiet einer Rostbauart ist daher meist nicht scharf abgegrenzt und vielfach ist es zweifelhaft, welcher Rost für einen bestimmten Fall am besten taugt, um so mehr als außer der Kohlenbeschaffenheit auch noch die Belastungsverhältnisse eines Werkes eine Rolle spielen.

Aus den Angaben amerikanischer Veröffentlichungen, insbesondere von Katalogen darüber, für welche Fälle bzw. Roste sich eine bestimmte Rostbauart am besten eignet, gewinnt man kein ganz klares Urteil, weil sie sich vielfach widersprechen. Soweit es sich um Prospekte handelt, ist dies weiter nicht verwunderlich, denn die Fabriken haben ein begreifliches Interesse an der Vergrößerung und Erweiterung ihres Absatzgebietes, aber auch Veröffentlichungen von anderer Seite geben wohl nicht immer ein ganz richtiges Bild, weil ihre Verfasser manchmal geneigt sind, die an einer Rostbauart gewonnenen Erfahrungen zu sehr zu beschränken oder zu verallgemeinern. Bei der im Vergleich zu Deutschland weit größeren Entfernung der amerikanischen Kohlengebiete voneinander dürften endlich nicht viele Ingenieure Gelegenheit zur Sammlung ausgedehnter Erfahrungen mit den verschiedenartigen Kohlensorten haben. Aber auch die Rostfirmen werden — von einigen Ausnahmen abgesehen — in bestimmten Kohlenrevieren besser als in anderen eingeführt sein. Schon aus diesen Gründen dürfte in Amerika selber die Bildung eines objektiv richtigen Urteils schwieriger und mit Vorurteilen mehr zu rechnen sein als in dem räumlich weit weniger ausgedehnten Deutschland.

Im allgemeinen kann aber wohl etwa folgendes gesagt werden:

Unterschubroste (Underfeed stoker) eignen sich besonders für Kohlen mit wenig und schwer schmelzender Asche, mit mittlerem und hohem Gasgehalt und wenig Feuchtigkeit, ausgenommen Lignite, aber auch Koksgrus wird vielfach auf ihnen verfeuert. Infolge der kleinen freien Rostfläche und des Betriebes mit Unterwind ist innerhalb eines großen Belastungsbereiches hoher CO_2-Gehalt erreichbar. Die Wirkungsgradkurve von Unterschubrosten hat daher einen sehr flachen Verlauf des Maximums, Abb. 36. Sie sind schnell forcierbar und werden daher mit Vorliebe für Spitzenkraftwerke verwendet.

Schrägroste (Overfeed stoker), wie z. B. der Roney-Rost, arbeiten meist mit natürlichem Zug. Sie werden für Kohlen mit viel flüchtigen Bestandteilen, besonders aus dem mittleren westlichen Amerika, und

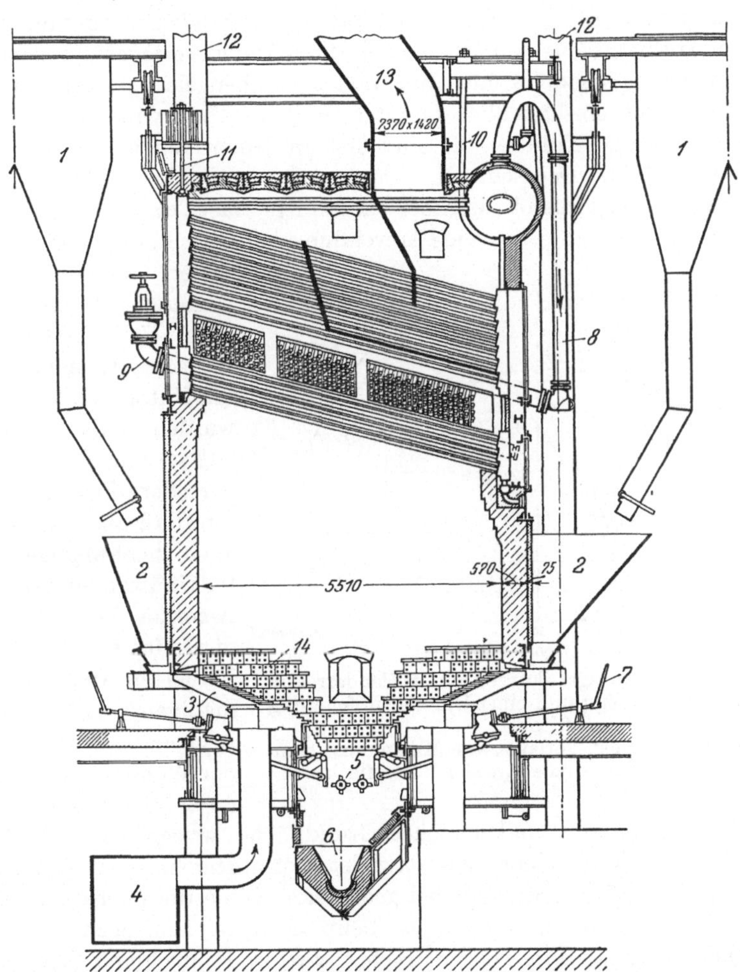

Abb. 35. 1755 m² Springfield-Kessel im Hell-Gate-Kraftwerk mit 43,8 m² Taylor-Stokern.
1 = Fahrbarer Kohlenbunker, *2* = Kohlentrichter am Kessel, *3* = Rostbahn, *4* = Unterwindleitung, *5* = Schlackenbrecher, *6* = Spülrinne, *7* = Verstellvorrichtung für schwingende Schlackenfallplatten, *8* = Dampfleitung zum Überhitzer, *9* = Überhitzeraustritt, *10* = u. *11* Aufhängung des Kessels an Eisenkonstruktion des Gebäudes, *12* = Eisenkonstruktion des Gebäudes, *13* = Fuchs, *14* = Steine mit Löchern für Kühlluftzufuhr.

Beachte: Sehr hoher Feuerraum. 6 Wasserrohrreihen auf ganzer Länge dem Feuer ausgesetzt. 20 übereinanderliegende Rohrreihen. Einbau des Überhitzers. Aufhängung des Kessels an der Eisenkonstruktion des Gebäudes. Tiefliegende Schlackenbrecher. Wegspülen der Rückstände mit Wasser.

für stark aschenhaltige Kohlen aus dem östlichen verwendet. Ihr Anwendungsgebiet ist begrenzter, örtlicher Natur. Für Spitzenwerke sind sie nicht geeignet.

Auf Wanderrosten werden fast sämtliche Kohlensorten vom gasarmen Anthrazit bis zur gasreichen Steinkohle verfeuert, besonders aber nicht backende Kohlen mit hohem Aschengehalt, stark wasserhaltige Kohlen einschließlich Ligniten, und bei Unterwindbetrieb auch sehr feinkörnige Kohlen. Sie sind fast in jedem Betriebe brauchbar.

Während in Deutschland Wanderroste seit vielen Jahren mit Unterwind ausgerüstet werden, allerdings fast ausschließlich bei minderwertiger Kohle, ist seine Anwendung bei amerikanischen Wanderrosten scheinbar erst jüngeren Datums. Da aber Underfeed-Stoker lange vor Wanderrosten mit Unterwind betrieben wurden, erklärt es sich, daß sie zunächst die universellere Feuerung waren, daß aber, nachdem auch hochwertige Unterwindwanderroste in Amerika herauskamen, diese sich so schnell einbürgerten. In der gleichmäßigen, selbsttätigen Aschenabfuhr ist eben der Wanderrost fast unerreichbar und da er bei gleicher Spaltweite und gleicher Grundfläche wesentlich mehr freie Rostfläche unterzubringen gestattet, ist auch anzunehmen, daß er unter sonst gleichen Verhältnissen bei geeigneter Kohle die höchste Dampfleistung erzielt, wenn erst gewisse Schwächen, die ihm noch anhaften, vollends beseitigt sein werden. Bisher wird in Deutschland Unterwind fast ausschließlich bei minderwertiger oder feinkörniger Kohle benutzt infolge einseitiger Betonung des „Wirkungsgrades" und unter Überschätzung des doch nur zeitweise auftretenden „Kraftverbrauches" für das Unterwindgebläse; in Amerika aber hat man ihn offenbar in richtiger Würdigung praktischer Verhältnisse in Werken mit Spitzenbelastung auch bei Wanderrosten für hochwertige Kohle eingeführt und gleichzeitig so große Feuerräume geschaffen, daß die Feuerung den gesteigerten Anforderungen gewachsen ist.

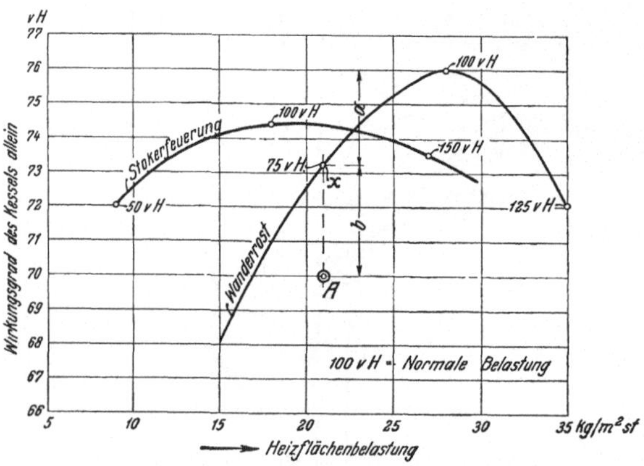

Abb. 36. Wirkungsgradkurven eines Wanderrostes mit natürlichem Zug und einer Unterschubfeuerung (Stoker).

Beachte: Flacher Verlauf des Maximums beim Stoker infolge kleiner „freier" Rostfläche.

Schon Abb. 36 zeigt, daß nicht der günstigste, mit einem Rost bzw.

einem Kessel überhaupt erzielbare Wirkungsgrad für den Kohlenverbrauch im normalen Betrieb allein entscheidend ist, sondern daß die Belastungskurve des Werkes und der ganze Verlauf der Wirkungsgradkurve eines Kessels beachtet werden müssen. Trotz des um etwa 2 v. H. besseren Maximums des Wanderrostes in Abb. 36 könnte in Werken mit stark wechselndem Dampfbedarf ein Stoker überlegen sein, weil er auch bei Teil- und Überlast noch gute Wärmeausnutzung gibt.

In Abb. 37 wurde zur besseren Verdeutlichung dieses Umstandes für ein Werk, dessen Dampfbedarf 22 Stunden lang 12000 kg st^{-1} und 2×1 Stunde lang 30000 kg st^{-1} beträgt, untersucht, ob es wirtschaft-

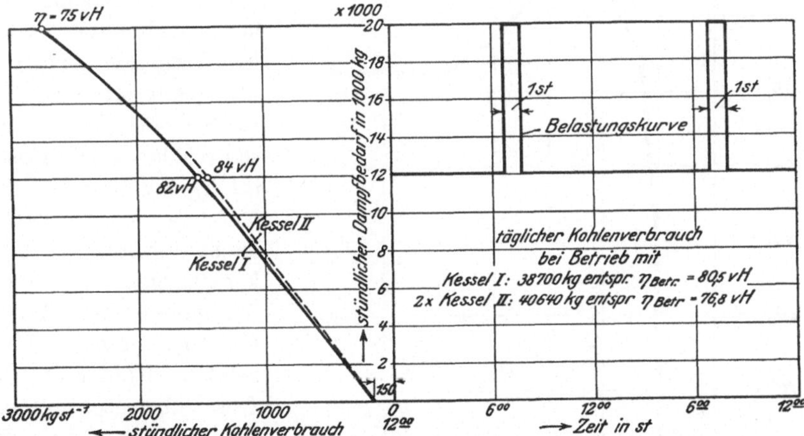

Abb. 37. Kohlenverbrauch und Betriebswirkungsgrad zweier Kessel mit verschiedener Wirkungsgradkurve und verschiedener Dampfleistung.
Beachte: Thermische Überlegenheit stark überlastungsfähiger Kessel mit verhältnismäßig niedriger Wirkungsgradkurve bei Werken mit kurzzeitigen, heftigen Spitzen.

licher ist, die Dampfmenge durch 2 Kessel zu erzeugen mit einer Höchstleistung von rd. 12000 kg st^{-1} bei einem Wirkungsgrad von 84 v. H. oder mit nur einem, gleichgroßen, aber mit Unterwindrosten ausgestatteten Kessel, der noch 20000 kg st^{-1} bei einem Wirkungsgrad (unter Einschluß des Kraftbedarfs für das Unterwindgebläse) von beispielsweise 75 v. H. hergibt, aber bei 12000 kg st^{-1} nur 82 v. H. Wirkungsgrad hat. Man sieht, daß trotz der wesentlich tieferen Wirkungsgradkurve der stark überlastbare Kessel im Tagesmittel um rd. 4 v. H. weniger Kohle braucht. Stellt man dazu noch die Ersparnisse an Anlage- und Betriebskosten in Rechnung, so wird für viele ähnliche Fälle die große Bedeutung gesteigerter Rost- und Kesselleistungen und der Voraussetzungen hierfür — Unterwind, großer Feuerraum, richtige Anordnung der Kesselheizfläche — überzeugend klar. Die bei uns noch vorherrschende Auffassung, als ob Unterwind bei guter Steinkohle ohne weiteres überflüssig sei und keinen Vorteil bringen könne, übersieht wichtige wirtschaftliche und betriebstechnische Gesichtspunkte und ist daher verfehlt.

Es wurde schon gesagt, daß die Amerikaner Unterschubroste bei aschenarmen (unter 10 bis 12 v. H. Asche), Wanderroste bei aschenreichen (über 10 bis 12 v. H. Asche) Kohlen bevorzugen, weil sie sagen, daß das hintere Ende von Wanderrosten bei Kohle mit wenig Asche zu schwach bedeckt ist, wodurch falsche Luft eindringt und weil bei plötzlicher Belastungsabnahme oder bei längerem Arbeiten mit gedämpften Feuern — besonders bei gewissen Kohlen — die Roste infolge der dünnen Kohlen- bzw. Aschenschicht leicht verbrennen. Stoker dagegen liegen auch bei gedämpftem Feuer tief unter einer schützenden Kohlenschicht. Uns überrascht hierbei, daß schon 10 v. H. Aschengehalt für Wanderroste als nieder angesehen werden, verbrennen wir doch weit aschenärmere Kohlen mit bestem Erfolg auf Wanderrosten, ja manche deutsche Firmen machen für die Einhaltung ihrer Wirkungsgradgarantien einen Aschengehalt von höchstens 8 v. H. zur Voraussetzung. Wie weit an diesen auseinandergehenden Auffassungen Unterschiede im Verhalten amerikanischer und deutscher Kohlen, wie weit der Einfluß verschiedener Ausbildung des Abschlusses am hinteren Rostende und wie weit Herkommen und Vorurteil schuld sind, läßt sich ohne örtliche Besichtigung kaum entscheiden.

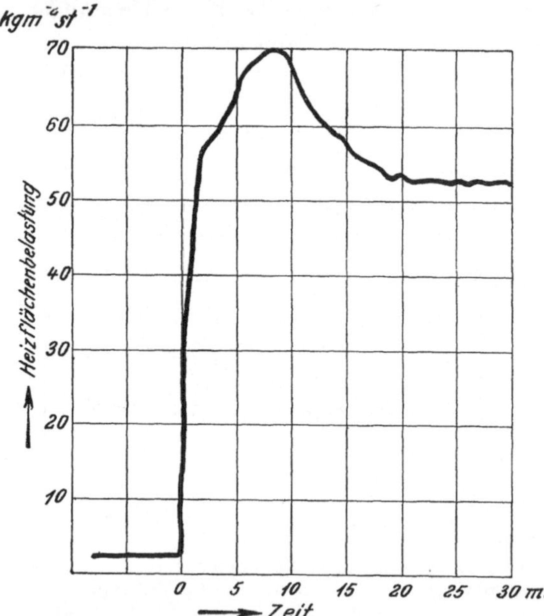

Abb. 38. Forcierungsversuch mit einem Westinghouse-Unterschubrost und Steinkohle von 7500 WE kg^{-1}-Heizwert. (Vorangegangene Arbeitspause mit gedämpftem Feuer rd. 6 st.)

Als besonderer Vorteil von Unterschubrosten gilt in Amerika ihre Fähigkeit, sich heftigen Spitzen schnell anzupassen. Abb. 38 und 39 zeigen die Ergebnisse zweier Forcierungsversuche an Westinghouse-Unterschubrosten mit Steinkohle von rund 7500 WEkg^{-1} Heizwert und mit Colorado-lignite, der ähnliche Eigenschaften wie gute, böhmische Braunkohle haben dürfte, nach einer vorangegangenen Arbeitspause mit gedämpftem Feuer von 6 bzw. 14 Stunden. M. W. liegen keine Parallelversuche über die Forcierbarkeit zwischen Unterschub- und Wanderrosten vor, doch geben Aufbau und Arbeitsweise beider Rostarten genügend Anhaltspunkte, um mit einiger Sicherheit einen Vergleich anstellen zu können.

Im Gegensatz zu Wanderrosten erfolgt bei Unterschubrosten die Zündung vorwiegend in vertikaler Richtung, die Gefahr des „Abreißens" des Feuers bei plötzlich stark erhöhter Brennstoffzufuhr ist daher kleiner. Aus diesem Grunde, infolge des ganzen Aufbaues von Unterschubrosten, besonders aber infolge des eigenartigen Rostantriebes kann ihnen sehr schnell eine große Kohlenmenge zugeführt und infolge der Schürbewegung der beweglichen Rostteile, die das Brennstoffbett durcheinanderrühren und auflockern, rasch zu lebhaftem Brennen gebracht werden. Es hat auch nicht viel zu sagen, wenn die Kohle während der Forcierungsperiode nicht gut ausbrennt, weil sie auf den Totbrennrosten liegengelassen und vollends verbrannt werden kann. Endlich kann die Schütthöhe so groß gehalten werden, daß ein durch Leerbrennen einiger Rostteile verursachtes Eindringen falscher Luft nicht leicht vorkommt.

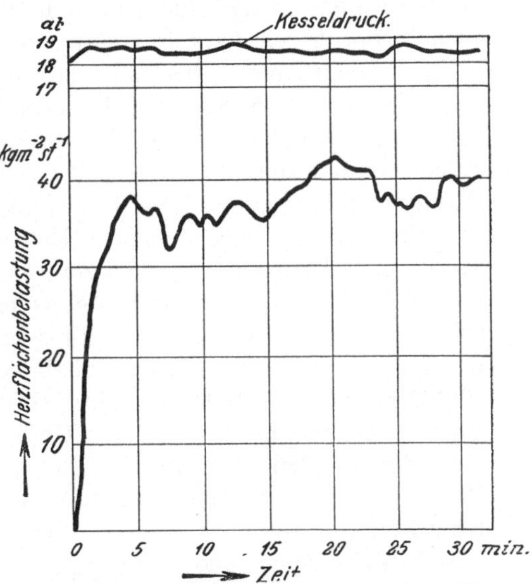

Abb. 39. Forcierungsversuch mit einem Westinghouse-Unterschubrost und Colorado-Lignite von rd. 3500 WE kg^{-1}-Heizwert. (Vorangegangene Arbeitspause mit gedämpftem Feuer rd. 14 st.)

Wird aber ein Wanderrost nach einer Schwachlastperiode plötzlich auf großen Vorschub eingestellt, so vergeht ziemlich viel Zeit, bis die ganze Rostfläche gut mit Kohle bedeckt ist, und bei gasarmer Kohle ist es fraglich, ob das Feuer nicht abreißt. Infolge der nach dem hinteren Rostende zu stark abnehmenden Schütthöhe dringt dort bei entsprechender Zugverstärkung leicht zu viel Luft ein, und später, wenn der Rost flott brennt, ist es wieder schwer, zu verhindern, daß größere Mengen halbverbrannter Kohle in den Aschenfall gelangen. Wanderroste sind daher, was die Forcierbarkeit betrifft, Unterschubrosten grundsätzlich unterlegen. Durch die Einführung von Unterwind in einzelne abschaltbare Zonen in Verbindung mit Organen, die ein Anstauen bzw. eine in weiten Grenzen veränderliche Leistung des hinteren Rostendes gestatten, wie z. B. Feuerbrücken oder Schlackengeneratoren, dürfte sich aber diese Schwäche stark mildern lassen. Würde es endlich noch gelingen, die Zündung der frischen Kohle durch geeignete Maßnahmen zu verbessern, die im wesentlichen darauf hinauslaufen, einen Teil der heißen Verbrennungsgase auf einfache Weise für diesem Zwecke heranzuziehen (Versuche in dieser Richtung sind im Gange), so ist es nicht ausgeschlossen, daß Wanderroste bei vielen Kohlen auch in der Forcierbarkeit Unterschubrosten kaum mehr nachstehen.

Die Amerikaner geben an, daß mit Unterwindwanderrosten ein kalter Kessel in 45 Min. auf die Dampfleitung geschaltet, in 50 Min. auf 21 $kgm^{-2} st^{-1}$ und in 57 Min. auf 28 $kgm^{-2} st^{-1}$ Dampfleistung gebracht werden könne. Ferner soll je nach der Länge, auf welcher ein Wanderrost bei gedämpftem Feuer mit Kohle bedeckt gehalten wird, ein unter Dampfdruck stehender Kessel in 6 bis 8 Min. bzw. in 25 Min. wieder eine Leistung von 28 $kgm^{-2} st^{-1}$ hergeben können.

Die Zeit bis zum Erreichen des vollen Dampfdruckes läßt sich aber bei außer Betrieb befindlichen Kesseln mit Wanderrosten noch stark verkürzen, indem der Wasserinhalt der Kessel dauernd auf etwa 100°C gehalten und der Wanderrost in geeigneter Weise vorbereitet wird. Dies geschah z. B. bei der Union Electric Light a. Power Co. in St. Louis und bei den Berliner Elektrizitätswerken dadurch, daß die Roste einiger, für unvorhergesehene Fälle in Reserve gehaltener Kessel mit gasreicher, leicht brennender Kohle bedeckt wurden, in welche drei Quer- und eine Längsfurche gezogen und mit ölgetränkten alten Putzlappen und mit Holzspänen gefüllt wurden. Es genügten dann 16 Min. bis zum Erreichen der vollen Dampfleistung[1]). Bei Kesseln mit großem Rost und kleinem Wasserraum sowie mit Unterwind bzw. Saugzug dürfte sich diese Zeit noch etwas verkleinern lassen. Natürlich kommt ein derartiges Anheizen nur im Notfall in Frage, da es das Mauerwerk stark angreift und sehr schädliche Wärmespannungen im Kesselkörper verursachen kann.

Amerika umfaßt ein außerordentlich viel größeres Gebiet als Deutschland. Die verschiedenen, über ganz Amerika zerstreuten Kohlenvorkommen weisen daher wahrscheinlich erheblich größere Unterschiede auf, als es in Deutschland der Fall ist, und dieser Umstand dürfte eine der Hauptursachen dafür sein, daß so zahlreiche Rostbauarten in Amerika guten Absatz finden. Alles in allem gewinnt man aber doch den Eindruck, als ob der Wanderrost auch in Amerika günstige Aussichten hat. In Deutschland, wo Wanderroste bereits eine so

[1]) Mitteilungen d. Vereinigung d. E. W. 1915, S. 197ff.

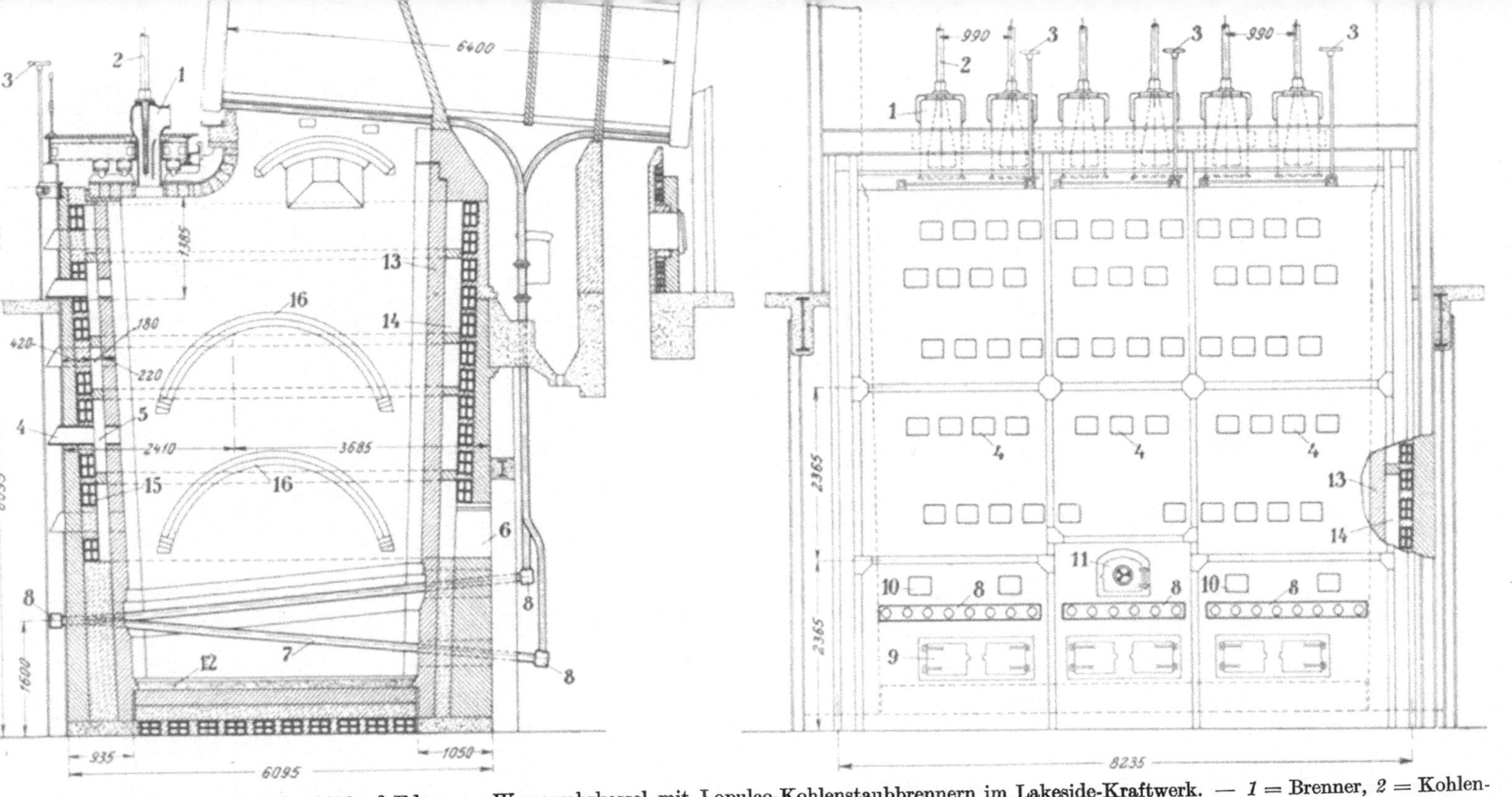

Abb. 40 u. 41. Feuerraum der 1210 m² Edgemoor-Wasserrohrkessel mit Lopulco-Kohlenstaubbrennern im Lakeside-Kraftwerk. — *1* = Brenner, *2* = Kohlenstaubzufuhr, *3* = Betätigung für die Sekundärluftklappen *4*, *4* = Sekundärluftklappen, *5* = Kühlluftmantel, *6* = Kühllufteintritt, *7* = Kühlrohrsystem, *8* = Sammelkästen für die Kühlrohre, *9* = Türen für Beseitigung der Rückstände, *10* u. *11* = Schau- und Reinigungstüren, *12* =Aschenfall, *13* = feuerfestes Futter, *14* = Kühlluftmantel, *15* = Isoliersteine, *16* = Entlastungsbogen im feuerfesten Futter. — **Beachte:** Senkrechte Stellung der Brenner. Großer Verbrennungsraum. Ausbildung der untersten Wasserrohrreihe als Kühlschlange für niederfallende geschmolzene Aschenteilchen. Zufuhr von Sekundärluft auf der ganzen Vorderseite des Feuerraumes. Kühlluftmantel umgibt feuerfestes Futter. Aufhängung der Decke des Feuerraumes an kalt liegenden eisernen Trägern. Vermeiden einer Mittelwand im Feuerraum. Schräg hochgemauerte Feuerraumwände.

überragende Rolle spielen, verspräche die Einführung von Unterschubrosten wohl nur dann guten Erfolg, wenn sie wesentlich billiger oder spezifisch leistungsfähiger wären, immer vorausgesetzt, daß der Verwendung von Unterwind unter Wanderrosten auch bei hochwertiger Kohle gebührende Aufmerksamkeit geschenkt wird und der Aufbau des Rostes und die Gestaltung und Bemessung des Feuerraumes den heutigen, erhöhten Anforderungen angepaßt werden. Hierfür bieten aber m. E. verschiedene Erfindungen, wie die Feuerbrücke und der Schlackengenerator, keine schlechten Aussichten.

IV. Kohlenstaubfeuerungen.

Auch die Amerikaner meinen, es lasse sich zur Zeit noch nicht sicher überblicken, welche Art der Verwertung von Kohle sich schließlich als beste erweisen werde: Verfeuerung auf Rosten oder als Staub, Vergasung oder Verschwelung. Die größten Schwächen von Kohlenstaubfeuerungen sind nach amerikanischer Meinung:

1. die hohen Feuerraumtemperaturen mit ihren unerwünschten Folgen für die feuerfeste Ausmauerung,
2. die schwierige Beseitigung der Schlacke gewisser Kohlensorten.

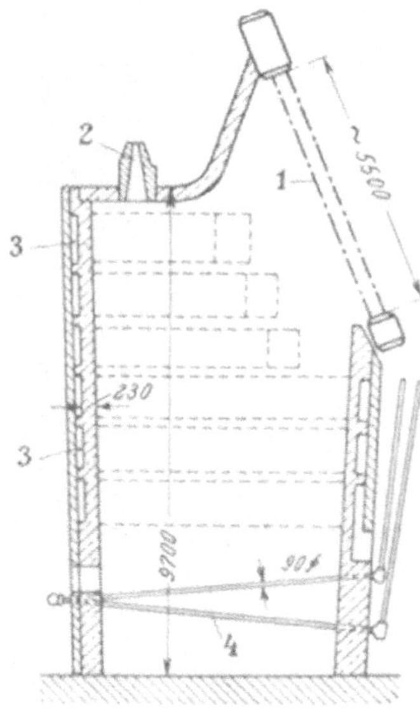

Abb. 42. Feuerraum eines 810 m² Bigelow-Hornsby-Kessels. *1* = Vordere Reihe der Wasserrohrbündel, *2* = Brenner, *3* = Kühlluftmantel, *4* = Kühlrohrelement.
Beachte: Große Feuerraumhöhe. Kühlluftmantel. Kühlrohre im Feuerraum. Schräg hochgemauerte Feuerraumwände.

Die Asche der meisten amerikanischen Kohlen fließt bei 1260—1320°C wie geschmolzenes Eisen und greift daher Feuerraumwände, die ebenso heiß oder noch heißer sind, stark an, wenn nicht entsprechende Maßnahmen getroffen werden. Deshalb wurde das 230 mm starke, feuerfeste Futter des Feuerraumes der Edgemoor-Kessel im Lakeside-Kraftwerk der Milwaukee E. R. a. L. Co. mit einem ebenso starken Kühlmantel umgeben, durch den 60 v. H. der Verbrennungsluft vor Eintritt in den Feuerraum mit einer Erwärmung um 230°C gesaugt werden, Abb. 40 und 41. Die Feuerraumtemperatur in diesen Kesseln wird außerdem durch oberhalb des Bodens des Feuerraumes eingebaute Kühlelemente erniedrigt. Sie bestehen aus schrägen, nebeneinander liegenden Wasserrohren, die durch geeignete Anordnung der untersten Reihe des Wasserrohrbündels in den Wasserumlauf des Kessels eingeschaltet sind. Die Kühlrohre, die sich ausgezeichnet bewährt haben sollen, sollen auch die niedertropfende Schlacke „abschrecken“ und in loses, körniges Pulver verwandeln.

Ganz ähnlich werden zwei Bigelow-Hornsby-Kessel von je 810 m² Heizfläche der Rochester Gas and Electric Corporation eingemauert, Abb. 42. Die innere Wand ist 230 mm stark und mit der äußeren durch durchgehende Steinschichten, die gleichzeitig die einzelnen horizontalen Kühlkanäle voneinander trennen, verbunden. Die senkrechten Feuerraumwände sind im Bogensystem gemauert. Das gesamte Mauerwerk wird von der 6 mm starken, etwas geeignet angeordneten Blechummantelung getragen, auf die zwei 38 mm starke Magnesittafeln und eine 30 mm starke, feuerfeste Schicht aufgebracht sind. Auch Boden und Decke des Feuerraumes werden von Kühlluft umspült[1]).

Eine etwas andere, neuere Ausbildung des Feuerraumes einer Lopulco-Feuerung zeigt Abb. 43. Nur noch Stirn- und Seitenwände sind doppelt ausgeführt; die Rückwand wird durch die Steigrohre der Kühlelemente gekühlt. Die Neigung der Feuerraumwandungen ist noch etwas stärker als bei den vorhergehenden Abbildungen.

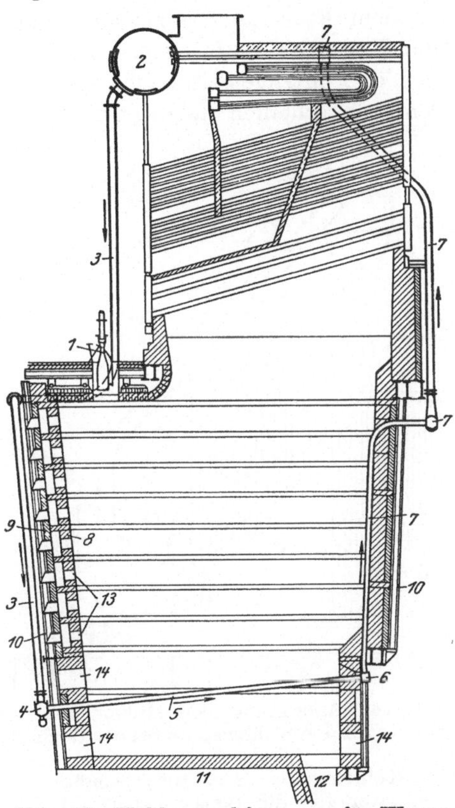

Abb. 43. Kohlenstaubfeuerung für Wasserrohrkessel.
1 = Brenner, *2* = Obertrommel des Kessels, *3* = Fallrohr für *5*, *4* = vordere Sektion für *5*, *5* = Abschreckrohre für Asche, *6* = hintere Sektion für *5*, *7* = Steigrohr für *5*, *8* u. *9* = Feuerraumwand mit Kühlluftkanälen, *10* = eiserne Tragkonstruktion für Feuerraumwände, *11* = Boden des Feuerraumes, *12* = Aschenabzug, *13* = Zutritt von Sekundärluft, *14* = Reinigungstüren.
Beachte: Schräg gemauerte Feuerraumwände. Kräftige Eisenarmierung der Feuerraumwände. Abschreckung der geschmolzenen Flugasche durch in den Wasserumlauf des Kessels eingeschaltete Kühlrohre. Große Entfernung der untersten Wasserrohrreihen des Kessels voneinander zur Verhinderung von Schlackenansätzen. Kühlung der vorderen Feuerraumwand durch Verbrennungsluft. Kühlung der Feuerraumrückwand durch Steigrohre 7.

[1]) Power: 1922, S. 846.

Im Gegensatz hierzu geht die Combustion Economy Corporation darauf aus, die Asche völlig zu schmelzen und sie in flüssigem Zustand aus dem Feuerraum abzuziehen und in einer kleinen Wasservorlage zum Erstarren zu bringen. Veröffentlichte Versuchsergebnisse zeigen aber, daß im allgemeinen nur mit 14,5—15,0 v. H. CO_2 gearbeitet wird. Demnach scheinen höhere CO_2-Gehalte bzw. Feuerraumtemperaturen doch Schwierigkeiten zu verursachen.

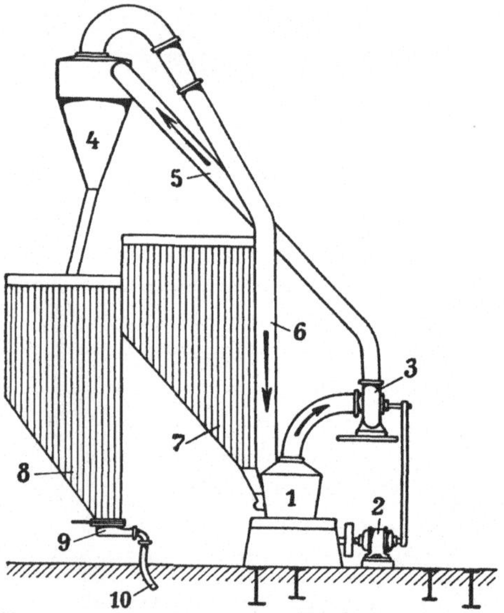

Abb. 44. Anordnung der Mühlen und der Bunker für den Kohlenstaub bei der Rochester G. a. E. Co.
1 = Kohlenmühle, *2* = Antriebsmotor, *3* = Ventilator für die Separation des Kohlenstaubes, *4* = Zyklon, *5* = Leitung zum Zyklon, *6* = Rückleitung für zu große Kohlenkörner nach der Mühle, *7* = Bunker für Rohkohle, *8* = Bunker für Kohlenstaub, *9* = Stochervorrichtung, *10* = Leitung zu den Brennern.
Beachte: Kohlentrockner fehlt. Sehr kurze Leitungen für den Kohlenstaub. Gedrängter Zusammenbau oberhalb der Kessel.

Während in Amerika früher die Kohle sehr weitgehend vorgetrocknet und feingemahlen wurde, ist man, besonders auf Grund der Betriebserfahrungen im Lakeside-Werk, zur Überzeugung gekommen, daß viele Kohlen überhaupt nicht getrocknet zu werden brauchen. Kohle mit 5—6 v. H. Wassergehalt soll sich noch gut verarbeiten lassen. Lakeside-Kraftwerk meint daher, es genüge, wenn man feuchtere Kohle mit einer Aufenthaltszeit von etwa 20—30 Min. durch die Trockner laufen lasse und auf etwa 80° C erwärme. Auch sehr feuchte Kohle habe dann nur noch 4—5 v. H. Wassergehalt, der weder das gute Arbeiten der Brenner noch der Mühlen beeinträchtige. Dagegen wird davon abgeraten, Trockner überhaupt wegzulassen, weil doch gelegentlich so nasse Kohle ankomme, daß ohne Vortrocknung Betriebsschwierigkeiten auftreten könnten. Die Rochester G. a. E. Co., welche Kohle von 5—8 v. H. Wassergehalt verfeuert, hat dagegen auf Vortrockner völlig verzichtet, weil sie der Ansicht ist, daß auch mit Feuchtigkeit gesättigte Steinkohle nicht getrocknet zu werden brauche, wenn nur die Anordnung so getroffen wird, daß alle Fördervorrichtungen wegfallen, da nur sie Anlaß zu ernstlichen Störungen geben. Mühlenleistung und Kesselwirkungsgrad gehen zwar bei feuchtigkeitsgesättigter Kohle zurück. Dem ersteren Nachteil lasse sich aber dadurch Rechnung tragen, daß bei solcher Kohle die Mühlen täglich einige Stunden länger laufen, und die Einbuße an Kesselwirkungsgrad spiele keine Rolle, da sie ja nur selten vorkomme. Die Gesellschaft stellt daher die Kohlenmühlen oberhalb der Kessel auf. Die gemahlene Kohle wird zur Separation in einen Zyklon geblasen, von wo aus der ausreichend gemahlene Staub in einen Vorratsbehälter fällt, an dessen unterem Auslauf der Speiseapparat für die Brenner sitzt, Abb. 44. Zur Beseitigung etwaiger Brücken über dem Bunkerauslauf sind Stochervorrichtungen vorge-

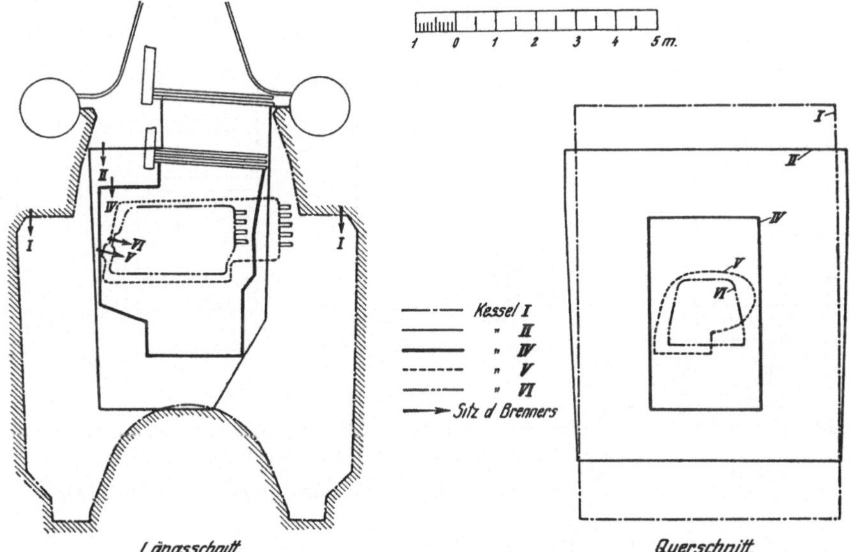

Abb. 45 u. 46. Längs- und Querschnitte durch die Feuerräume verschiedener Dampfkessel mit Kohlenstaubfeuerungen.
Kessel I = 2460 m² Ladd-Steilrohrkessel, Detroit.
„ II = 1210 m² Edge Moor-Kessel, Milwaukee, Lakeside.
„ IV = 435 m² Edge Moor-Kessel, Milwaukee, Oneida-Street.
„ V = Amerikanische Riesenlokomotive.
„ VI = Deutsche große Schnellzuglokomotive.

sehen. Die Feuerung ist bemessen für 42,5 kgm^{-2}st^{-1} Heizflächenbelastung bezogen auf 639 WEkg^{-1} Erzeugungswärme[1]). Ein Mann soll imstande sein, Mühlen und Kessel gleichzeitig zu bedienen.

Die Lopulco Systems, Inc., bringt einen einfachen Kohlentrockner auf den Markt, der zwischen Rohkohlenbunker und Mühlen (-bunker) eingebaut wird. Er besteht aus zwei Reihen paralleler Blechplatten, zwischen welchen die feuchte Kohle entsprechend der Einstellung des Speiseapparates am unteren Auslauf niederrutscht. Abgase aus den

[1]) Power: 1922, S. 846.

Kesseln werden durch die flachen Kohlenscheiben hindurchgesaugt und nehmen einen großen Teil der Feuchtigkeit auf. Der Kraftbedarf des zugehörigen Ventilators wird zu 3 KWst für 1 t Kohle angegeben. Im übrigen hat der Apparat keine beweglichen Teile.

Im Lakeside-Kraftwerk wurde die Kohle früher auf 98 v. H. Durchgang durch ein Sieb mit 1550 Maschen/cm² und auf 85 v. H. Durchgang durch ein Sieb mit 6200 Maschen/cm² ausgemahlen. Später wurde auf 92 v. H. Durchgang durch das 1550 maschige und 70 v. H. Durchgang durch das 6200 maschige Sieb zurückgegangen, und jetzt wird nur noch mit 60 v. H. Durchgang durch ein 6200 Maschensieb gearbeitet.

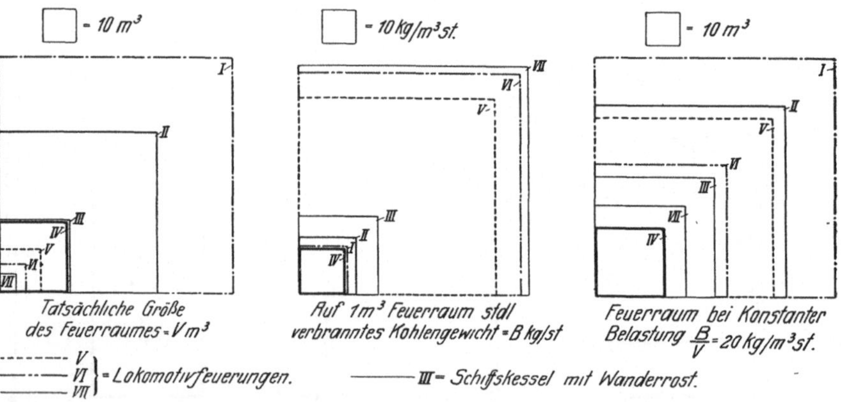

Abb. 47 bis 49. Tatsächliche und verhältnismäßige Größe des Feuerraumes verschiedener Kessel mit Kohlenstaubfeuerungen.

$\left(\frac{B}{V} = \text{stündlich auf 1 m}^3 \text{ Feuerraum verbranntes Kohlengewicht in kg.}\right)$

Kessel *I* = 2460 m² Ladd-Steilrohrkessel, Detroit.
„ *II* = 1210 m² Edge Moor-Kessel.
„ *III* = 500 m² Hochleistungskessel der Schiffskesselbauart mit Wanderrosten (deutscher Kessel).
„ *IV* = 435 m² Edge Moor-Kessel.
„ *V* bis *VII* = Lokomotivkessel.

Beachte: Sehr niedere Belastung des Feuerraumes neuzeitlicher ortsfester Kessel mit Kohlenstaubfeuerungen im Gegensatz zur Belastung der Feuerräume von Lokomotiven.

Irgendwelche Einbuße an Wirkungsgrad oder gutem Arbeiten der Brenner hat sich nicht gezeigt, dagegen ist die Leistung der Mühlen um 15—20 v. H. gestiegen. Es scheint jedoch, daß auch eine noch geringere Feinheit ausreichen würde.

Man erkennt immer mehr die ausschlaggebende Bedeutung großer Feuerräume und langer Flammenwege und ist geradezu der Auffassung, daß die Leistung eines Kessels mit Kohlenstaubfeuerung proportional den Abmessungen seines Feuerraumes sei. Als günstige, noch zulässige Belastung wird ein stündlicher Kohlenverbrauch von 24—32 kg Kohle auf 1 m³ Feuerraum angesehen. Die Amerikaner meinen aber, die jetzige Bemessung der Feuerräume stelle Höchstwerte dar, und es komme darauf an, „die Verbrennung mehr zu konzentrieren", um den Feuerraum besser auszunützen und die Anlagekosten zu verringern.

In Abb. 45 und 46 sind die Feuerräume verschiedener amerikanischer Kessel mit Kohlenstaubfeuerungen im Längs- und Querschnitt im gleichen Maßstabe übereinander gezeichnet. Des Interesses wegen sind auch die Feuerräume einer amerikanischen Riesenlokomotive (*V*) und einer deutschen Schnellzugslokomotive (*VI*) eingetragen. Ein noch besseres Bild geben Abb. 47 bis 49, die das tatsächliche Volumen der Feuerräume, das auf 1 m³ Feuerraumvolumen stdl. verbrannte Kohlengewicht und endlich die Feuerraumgröße zeigen, die die verschiedenen Kessel haben müßten, wenn die spezifische Belastung von 1 m³ Feuerraum durchweg dieselbe (20 kgm^{-2}st^{-1}) wäre. Die modernen amerikanischen Kessel mit Staubfeuerungen haben nach Abb. 48 durchweg eine erheblich niedrigere Feuerraumbelastung als z. B. ein deutscher Hochleistungskessel vom Schiffskesseltyp mit Wanderrosten (*III*). Abb. 48 und 49 zeigen auch deutlich die großen grundsätzlichen Schwierigkeiten der Verbrennung von Kohlenstaub auf Lokomotiven, die hauptsächlich darin beruhen, daß die verfügbaren Feuerräume im Vergleich zu Landdampfkesseln außerordentlich klein sind.

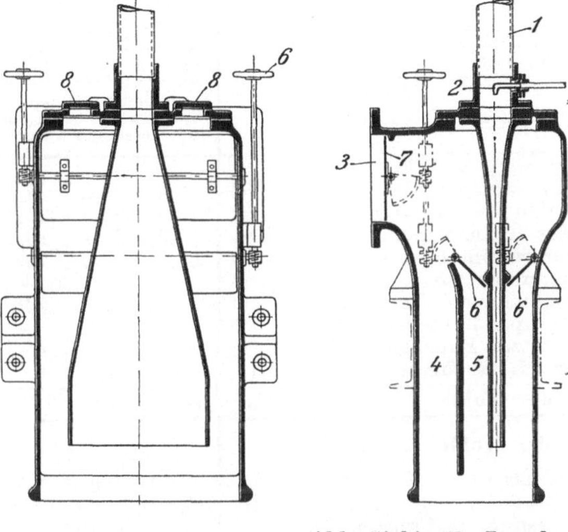

Abb. 50 bis 52. Lopulco-Kohlenstaubbrenner.
1 = Kohlenstaubzufuhr,
2 = Reservedampfdüse,
3 = Zufuhr von Luft,
4 = dauernd offener Luftweg,
5 = regelbare Luftmenge,
6 = Klappen für *5*,
7 = Hauptregulierklappe,
8 = Schau- und Reinigungsöffnungen.

Beachte: Flache, langgezogene Düse für Kohlenstaub.

Zahlentafel 2, Kolonne 1 bis 7 bringt einen Auszug aus einer großen Versuchsreihe an einem der 435 m² Kessel des Oneida-Street-Kraftwerkes in Milwaukee, die ursprünglich für Rostfeuerungen gebaut

Zusammenstellung von Untersuchung

Kraftwerk		Lopulco-Kohlenstaubfeuerung unter Zweikammerwasserrohrkessel im Oneida-Street K. W. der Milwaukee Electric R. & L. Co.							Zw
Heizfläche des Kessels	m^2	435							
Heizfläche des Überhitzers	m^2	55,2							
Heizfläche des Vorwärmers	m^2	—							
$\frac{\text{Überhitzerheizfläche}}{\text{Kesselheizfläche}}$		0,127							
$\frac{\text{Ekonomiserheizfläche}}{\text{Kesselheizfläche}}$		—							
Verbrennungsraum	m^3	45,3							
Nummer des Versuches		1[2])	2[2])	3	4	5	6	7	8
Kennzeichnung der Versuchsreihe		**Verschiedener Wassergehalt des Kohlenstaubes. Ausmahlung und Kesselbelastung konstant**				**Verschied. Ausmahlung des Kohlenstaubes[1]). Wassergehalt d. Staubes u. Kesselbelast. konstant**			A
Wassertemperatur vor Ekonomiser	°C	—	—	—	—	—	—	—	55,
Wassertemperatur vor Kessel	°C	42,2	37,2	38,4	37,8	38,0	38,0	38,0	86,
Temperat. d. überhitzten Dampfes	°C	223,5	223,8	220,5	228,9	225,9	227,8	235,3	290,
Anzeige des Kesselmanometers	ata	12,9	13,1	13,2	12,8	13,2	13,0	13,1	19,
Lufttemperatur im Kesselhaus	°C	28,3	32,2	29,4	22,2	22,0	18,0	23,5	40,
Feuerraumtemperatur	°C	—	—	—	—	—	—	—	—
Rauchgastemper. am Kesselende	°C	269	256	236	240	244	240	252	23
Rauchgastemp. a. Ekonomiserende	°C	—	—	—	—	—	—	—	10
Zusammensetz. d. Rauchgase CO_2[3])	v.H.	14,1	14,9	15,3	15,8	15,8	15,1	13,6	11,
Zusammens. d. Rauchgase CO_2+O_2	v.H.	18,9	18,7	18,5	18,7	18,2	18,7	17,7	—
Heizwert der Kohle	WE/kg	**6445**	**6380**	**6545**	**6148**	**6760**	**6600**	**6770**	**655**
Herkunft der Kohle									
Gehalt des Kohlenstaubes an: Wasser	v.H.	**1,42**	**2,92**	**3,79**	**8,23**	3,07	3,60	3,47	3,
Asche	v.H.	13,80	13,79	11,21	10,96	11,63	12,84	11,39	12,
brennbarer Substanz	v.H.	84,78	83,29	85,00	80,81	85,30	83,56	85,14	—
flüchtigen Bestandteilen	v.H.	36,62	36,66	36,57	34,42	36,29	37,17	36,27	34,
Kohlenstaub: Rückst. a. 1550 Maschen/cm^2	v.H.	3,9	4,2	6,8	5,6	6,9	9,2	11,4	8,
„ „ 6200 „ „	v.H.	—	—	33,0	—	**29,9**	**34,5**	**36,0**	31,
Schmelztemper. der Kohlenasche	°C	—	1120	1160	—	1150	1120	—	—
Geh. d. Flugasche a. Verbrennlich.	v.H.	3,54	4,00	7,30	2,00	5,00	5,00	1,80	6,
Verbrennl. i. d. Schlacke im Feuerr.	v.H.	—	—	—	—	—	—	—	1,
Zugstärke: im Feuerraum	mm/WS	0,0	0,58	0,25	0,77	0,0	0,30	0,50	2,4
am Kesselende	mm/WS	3,1	2,5	1,5	1,3	2,0	1,3	2,3	11
am Ekonomiserende	mm/WS	—	—	—	—	—	—	—	15,7
Rechner. Ergebnisse d. Versuches:									
Stündlich verfeuerte Kohlenmenge	$kg\,st^{-1}$	797	763	845	810	915	842	795	276
„ verdampfte Wassermenge	$kg\,st^{-1}$	6750	6530	6480	5940	7080	6500	6580	249
Auf 1 m^2 Heizfl. stdl. verd. Wasserm.	kg	**15,50**	**15,00**	**14,9**	**13,65**	**16,3**	**14,9**	**15,1**	**20,5**
Dgl. auf 640 WE/kg^{-1} Erzeug.-Wärme d. erzeugt. Dampfes umgerechnet[6])		15,6	15,3	15,1	13,9	16,6 (17,9)	15,2 (16,1)	15,5 (16,8)	20,3 (21,3
Auf 1 m^3 Verbr.-Raum stdl. vbr. Kohle	kg	17,60	16,80	18,45	17,95	20,2	18,6	17,6	15,5
Wirkungsgrad des Kessels	v.H.	82,6	84,7	74,0	75,5	72,2	74,0	77,2	80,6
„ d. Kessels u. Überh.	v.H.	85,1	87,3	76,0	78,2	74,5	76,5	80,3	87,1
Wirkungsgrad der ganzen Anlage	v.H.	**85,1**	**87,3**	**84,5**	**83,0**	**82,7**	**83,4**	**83,0**	**91,5**
In Rauchgasen weggeführte Wärme	v.H.	11,5	10,0	8,9	9,5	9,2	10,0	10,2	3,0
Mindestverl. a. Unverbr. i. d. Rückst.	v.H.	0,6	0,7	1,1	0,3	0,7	0,8	0,2	0,8
Restglied für Strahlung usw.	v.H.	2,8	2,0	5,5	7,2	7,4	5,8	6,6	4,7

[1]) Zu dieser Versuchsreihe gehört Kolonne 3 an zweiter Stelle zwischen Kolonne 5 und suchen, weil eine sonst über dem Boden des Feuerraumes eingebaute Kühlschlange außer Betrieb wa [4]) Die Wirkungsgrade schließen eine Unsicherheit von rd. 1 bis 2 vH. ein, weil einige für d lagen nicht ganz vollständig sind. [5]) Dieser Brennstoff war bisher wegen seines graphita nicht eingeklammerten Werte beziehen sich auf die im Kessel + Überhitzer, die Klammerwer

…fel 2.
… Kesseln mit Kohlenstaubfeuerungen.

9	10	11	12	13	14	15	16	17	18	19	20
…lco-Kohlenstaubfeuerung unter Edgemoor- …mmerwasserrohrkessel im Lakeside K. W. der Milwaukee Electric R. & L. Co.						A. E. G. Kohlenstaubfeuerung unter altem, ursprünglich mit Planrosten ausgestatteten Schrägrohrkessel					
1213						201					
374						53					
706						Kessel arbeitet ohne Ekonomiser					
0,308						0,265					
0,582						—					
177						—					
9	10	11	12	13	14	15	16	17	18	19	20
Verschiedene Kesselbelastung. …ahlung und Wassergehalt des Kohlenstaubes konstant						**Verschiedene Kohlenarten und verschiedene Kesselbelastungen**					
58,9	54,4	64,4	51,7	52,8	52,8	—	—	—	—	—	—
87,2	86,7	93,9	86,7	93,9	90,0	50,4	71,6	57,6	32,0	59,4	61,1
…96,7	292,2	296,1	312,8	318,3	312,2	266,0	239,8	258,5	286,0	309,3	309,6
19,0	19,5	19,6	19,4	19,7	20,2	12,2	12,9	12,3	11,1	12,3	12,0
27,8	37,2	39,4	31,1	40,6	37,2	23,7	30,0	32,1	28,0	23,1	25,8
—	—	—	—	—	—	—	1540	1460	—	1360	1450
237	244	255	274	237	241	250	253	253	253	260	277
122	115	125	148	131	132	—	—	—	—	—	—
13,6	11,4	10,5	11,4	9,9	11,7	[16,9][3])	17,7 [17,5]	16,5 [16,4]	[15,7]	17,0 [14,7]	16,9 [15,7]
—	—	—	—	—	—	[18,9]	19,1 [19,3]	19,3 [19,0]	[19,8]	19,1 [18,6]	18,3 [19,0]
6832	**6622**	**6596**	**6750**	**6400**	**6547**	**4500**	**6210**	**5938**	**5133**[5])	**4712**	**6406**
						Brasilian. Steinkohle	Niederschlesische Steinkohle	Mischung verschied. schl. Steink.	Walliser Anthrazit[5])	Spanische Braunkohle	Niederschlesische Grußkohle
3,39	3,46	3,46	2,81	4,93	3,41	1,98	1,64	1,69	5,50	9,3	2,09
9,17	12,46	12,41	11,21	11,69	11,72	33,45	18,31	21,38	30,10	12,93	16,45
—	—	—	—	—	—	—	—	—	—	—	—
33,15	33,45	33,22	34,24	34,53	34,64	23,68	26,77	19,62	5,30	26,27	32,20
8,5	8,3	9,8	7,8	8,3	7,4	5,4	13,7	—	—	—	—
30,2	36,7	42,2	43,0	34,8	30,3	—	—	—	—	—	—
—	—	—	—	—	—	—	—	—	—	—	—
2,81	4,00	11,88	6,60	5,44	4,50	3,90	—	5,2	—	—	—
0,1	1,2	0,7	0,2	1,2	0.2	—	—	—	—	—	—
0,76	1,00	2,30	3,60	4,6	4,0	0,5	0,3	0,5	2,0	2,5	1,7
13,2	15,0	22,6	43,0	45,0	43,0	4,5	4,2	2,8	5,0	5,6	4,6
18,5	21,1	36,0	60,0	66,1	63,0	—	—	—	—	—	—
3060	3380	4020	4580	4900	5170	810	492,5	617	888	588	511
29 500	31 400	36 700	40 900	42 000	45 400	4410	4040	4665	4700	3380	4180
24,4	**25,9**	**30,2**	**33,7**	**34,6**	**37,4**	**21,9**	**20,46**	**23,3**	**23,4**	**16,8**	**20,8**
24,3	25,7	29,7	34,0	34,7	37,5	} 22,6	19,9	24,0	25,3	17,7	21,9
(25,4)	(27,0)	(31,1)	(35,8)	(36,9)	(39,7)						
17,1	19,0	21,6	25,9	27,7	29,2	—	—	—	—	—	—
82,5	82,2	80,0	77,6	77,5	78,0	74,9	78,8	77,8	65,6	74,4	77,5
90,0	88,9	87,0	85,5	86,0	86,0	80,2	82,0	83,8	71,9	82,6	86,0
93,8[4])	**93,6**[4])	**91,1**[4])	**90,3**[4])	**91,5**[4])	**91,0**[4])	**80,2**	**82,0**	**83,8**	**71,9**[5])	**82,6**	**86,0**
4,1	3,4	3,8	5,5	4,2	4,2	10,1	8,9	11,0	9,4	11,6	11,0
0,3	0,5	1,5	0,7	0,7	0,6	1,6	1,8	1,8	8,8	—	—
1,8	2,5	3,6	3,5	3,6	4,2	8,1	7,3	3,4	9,9	5,8	3,0

[2]) Bei Versuch 1 und 2 war die Kesselheizfläche um 4,45 m^2 kleiner als bei den übrigen Ver-
[3]) Die [. . .]-Werte sind am Kesselende, die andern am Ekonomiserende gemessen.
Umrechnung aus den amerikanischen Originalwerten in deutsche Werte erforderliche Unter-
tigen Gefüges und seiner Gasarmut für mechanische Feuerungen kaum verwertbar. [6]) Die
auf die im Kessel + Überhitzer + Ekonomiser aufgenommene Wärme.

waren. Zu beachten ist, daß einerseits diese Versuche mit recht schwacher Heizflächenbelastung ausgeführt wurden, daß aber andererseits der Kessel keinen Ekonomiser hatte. Die Versuchsreihe zeigt, daß erst bei verhältnismäßig hohem Wassergehalt des Kohlenstaubes der Kesselwirkungsgrad fühlbar zurückgeht.

Die Ergebnisse von mehreren 24stündigen oder längeren, im Lakeside-Kraftwerk ausgeführten Versuchen sind in Kolonne 8 bis 14 zusammengestellt. Die dortigen Edge Moor-Kessel sind von Anfang an für Kohlenstaubfeuerungen gebaut unter Verwertung der im Oneida-Kraftwerk gemachten Erfahrungen. Die erreichten Wirkungsgrade, die 90 v. H. überschreiten, dürften die höchsten, bisher an Dampfkesseln erzielten Werte sein. Der Wassergehalt der verbrannten Kohle betrug etwas über 4 v. H.

Zur Erklärung der im Lakeside-Kraftwerk erreichten Wirkungsgrade von über 90 v. H., deren Höhe alle Anerkennung verdient und zunächst vielleicht angezweifelt werden könnte, ist gleichzeitige Betrachtung der sehr hohen Zugverluste im Kessel und Ekonomiser, die weit über den für die betreffenden Kesselbelastungen in deutschen Kraftwerken üblichen Werken liegen, nötig. Die hohen Zugverluste im Kessel rühren davon her, daß er vier senkrechte Züge und 15 übereinanderliegende Reihen von Wasserrohren hat (Abb. 40). Die Anordnung der langen Zunglenkplatten verhindert ferner tote Ecken fast vollkommen. Infolgedessen ist der Weg der Rauchgase im Kessel sehr lang, ihre Geschwindigkeit ungewöhnlich hoch und die Umlenkung der Gase sehr scharf. Hierin ist mit einer der Gründe für die ausgezeichnete Wärmeausnutzung zu suchen. Eine Zeichnung des Ekonomisers liegt nicht vor, der hohe Zugverlust im Ekonomiser läßt aber vermuten, daß dort ähnliche Verhältnisse herrschen. Diese Bemerkungen sollen den Wert des Erreichten in keiner Weise schmälern, sie sind aber nötig, um die besonderen Gründe für die ungewöhnlichen Ergebnisse zu zeigen.

Man könnte nun einwenden, daß doch allgemein zu so hohen Gasgeschwindigkeiten und zu so langen Gaswegen übergegangen werden sollte. Diese Überlegung läßt aber den hohen Kraftbedarf außer acht, den die Ventilatoren für den Saugzug naturnotwendig haben müssen und der entsprechend umgerechnet vom Wirkungsgrad in Abzug kommt. Dazu kommt als weiterer Übelstand, daß infolge der hohen Unterdrücke in den Zügen viele falsche Luft eindringt und die Wirkung der hohen Gasgeschwindigkeit zum Teil wieder aufhebt. In Zahlentafel 3 sind die CO_2-Gehalte und die Unterdrücke in den verschiedenen Kesselzügen angegeben. Sie zeigt, wie stark der CO_2-Gehalt mit zunehmendem Unterdruck abnimmt.

Zahlentafel 3.

Zugstärke und CO_2-Gehalt der Rauchgase an verschiedenen Stellen der Züge der Edge Moor-Kessel im Lakeside-Kraftwerk.

Versuch	8	9	10	11	12	13	14
CO_2-Gehalt:							
2. Zug . . . v. H.	15,3	15,8	15,3	14,3	12,8	13,2	14,4
4. Zug . . . „ „	15,1	15,4	15,0	14,7	13,7	14,1	15,0
Kesselende . . . „ „	14,0	14,7	13,7	12,7	13,0	11,2	13,0
Ekonomiserende . „ „	11,4	13,6	11,4	10,5	11,4	9,9	11,6
Zugstärke:							
Feuerraum . . mm WS	2,5	0,76	1,0	2,3	3,6	4,6	4,0
4. Zug . . „ „	11,0	9,0	14,0	21,8	35,0	41,0	38,0
Kesselende . . „ „	11,0	13,2	15,0	22,6	43,0	45,0	43,0
Ekonomiserende „ „	15,7	18,5	21,0	36,0	60,0	66,1	63,0
Heizflächenbelastung $kg\ m^{-2}\ st^{-1}$	**20,5**	**24,4**	**25,9**	**30,2**	**33,7**	**34,6**	**37,4**

Die im Lakeside-Kraftwerk erreichten Werte und die in Kolonne 17 und 20 von Zahlentafel 2 angegebenen Versuchsergebnisse mit AEG.-Kohlenstaubfeuerungen an einem normalen Wasserrohrkessel, bei welchen die Unterdrücke nur ein Bruchteil derjenigen in Lakeside waren, zeigen aber, daß es bei entsprechend gebauten Kesseln heute sicher möglich ist, mit gut arbeitenden Kohlenstaubfeuerungen bei Heizflächenbelastungen von etwa 20 bis 35 $kgm^{-2}st^{-1}$ und Ekonomisern normaler Größe einen Gesamtwirkungsgrad von Kessel und Ekonomiser von über 90 v. H. zu erzielen.

Bei Rostfeuerungen würde eine Erhöhung der Gasgeschwindigkeiten nicht im gleichen Maße nützen, da das Gasvolumen schon in der Feuerung beträchtlich größer als bei Kohlenstaubfeuerungen ist, so daß bei derselben Heizflächenbelastung erheblich höhere Zugverluste auftreten würden.

Erwähnenswert sind die bei den Versuchen in Lakeside verwendeten Flachbrenner, bei welchen im Gegensatz zu den früheren kreisrunden oder quadratischen Brenneröffnungen die Düse flach ausgezogen ist, um zwischen Luft und Kohlenstaub eine recht große Berührungsfläche zu schaffen. Beim Lopulco-Brenner der Combustion Engineering Corporation kann die Sekundärluft durch zwei mittels Handrad verdrehbare Klappen eingeregelt werden, Abb. 50 bis 52. Fast in allen Fällen wird ein großer Teil der Verbrennungsluft durch Öffnungen im Mauerwerk hauptsächlich wegen der Kühlung der Wandungen und zur Verhütung der Bildung größerer Schlackenkuchen zugeführt.

Von Interesse sind auch die im Ladd-Kessel in Abb. 58 und 59 eingebauten Gasbrenner Abb. 53 bis 57, bei welchen zwecks guter Durchmischung Gas und Luft in schmalen, sich gegenseitig einhüllenden Schichten zugeführt werden.

Einer der in Abb. 58 u. 59 dargestellten 2460 m² Ladd-Kessel des River Rouge-Kraftwerkes soll ohne Unterbrechung 4327 Stunden gearbeitet und 407000 t Dampf erzeugt haben, entsprechend einer durchschnittlichen Belastung von 38,2 kg $m^{-2}st^{-1}$. Die Besichtigung des Kessels soll ergeben

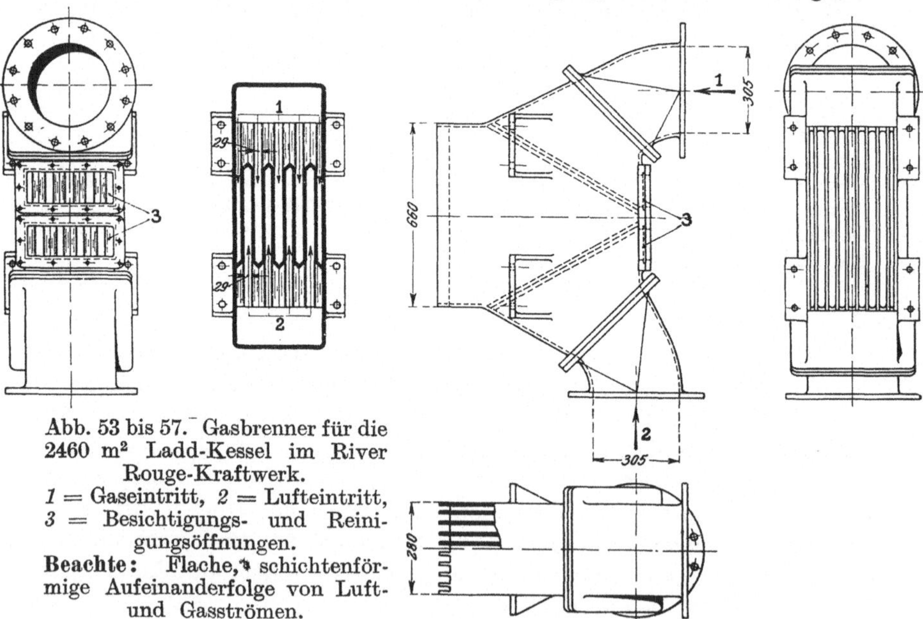

Abb. 53 bis 57. Gasbrenner für die 2460 m² Ladd-Kessel im River Rouge-Kraftwerk.
1 = Gaseintritt, *2* = Lufteintritt, *3* = Besichtigungs- und Reinigungsöffnungen.
Beachte: Flache, schichtenförmige Aufeinanderfolge von Luft- und Gasströmen.

haben, daß Einmauerung und Kessel bis zur nächsten Überholung eine bedeutend längere Betriebszeit aushalten, die daher auf ein Jahr festgesetzt worden sein soll. Jeder dieser Kessel hat einen besonderen Schornstein von 100 m Höhe und 3350 mm lichtem Durchmesser. Die durchschnittliche mittlere Verdampfung des ohne Ekonomiser arbeitenden Kessels aus Speisewasser von 100° C wird zu 41,5 kg $m^{-2}st^{-1}$, die bisher erreichte Höchstverdampfung zu 71,5 kg $m^{-2}st^{-1}$, der durchschnittliche Wirkungsgrad bei höchster Belastung zu 80 v. H. bei einer Abgastemperatur von 283° C angegeben.

Außer Lakeside- und River Rouge-Kraftwerk wird jetzt als dritte große Anlage das Cohakia-Werk in St. Louis mit Kohlenstaubfeuerungen ausgerüstet. Die Aufbereitungsanlage für den Kohlenstaub wird in Cohakia im Kesselhaus untergebracht. Die ausgebaute Leistung beträgt 240000 KW, die Kesselgröße 1680 m². Jeder Kessel erhält 10 Brenner.

Die bisher gemachten Erfahrungen reichen nach Ansicht der Amerikaner zur sicheren Bemessung von Kohlenstaubfeuerungen für alle vorkommenden Fälle aus, und sie betrachten den Zustand des Versuches als endgültig überwunden.

Da der Kohlenstaub den Brennern in luftdichten Leitungen zugeführt und die Asche pneumatisch aus den Kesseln abgesaugt wird, sollen die Kesselhäuser des Lakeside- und des River Rouge-Kraftwerkes fast ebenso sauber sein wie die Maschinenräume. Von mehreren Seiten wurde mir übereinstimmend die auffallend geringe Anzahl des für die Bedienung der Kessel erforderlichen Personals hervorgehoben, infolgedessen die Kesselhäuser einen sehr „leeren" Eindruck machen. Die in Zahlentafel 2 für die Kessel im Lakeside-Werk angegebenen Wirkungsgrade stellen von Rosten bisher nicht erreichte Rekordwerte dar. Sie zeigen die großen Ersparnismöglichkeiten bei Einführung und weiterer Vervollkommnung der Staubfeuerungen. Es ist aber einleuchtend, daß das Streben nach diesen Gewinnen zur Zeit noch ein gewisses Risiko in sich schließt, bis Staubfeuerungen wenigstens annähernd so erprobt und den praktischen Bedürfnissen angepaßt sind, wie die auf eine lange, mühevolle Entwicklung zurückblickenden mechanischen Rostfeuerungen. Der Umstand, daß Staubfeuerungen schon vor Jahren und zum Teil auch jetzt wieder mit unzureichenden technischen Mitteln auf den Markt gebracht wurden und in Wettbewerb mit selbsttätigen Rosten, die wohl nahe am Ende ihrer Entwicklungsmöglichkeit angelangt sind, treten mußten, ist mit die Hauptursache davon, daß sich zur Zeit noch nicht sicher überblicken läßt, in welchem Maße sie sich einzubürgern vermögen werden und für die vielfach nicht gerechte Bewertung ihrer Vorzüge und Aussichten. Bedenkt man, daß erst durch sie die hohen, bis dahin unbekannten Forderungen an die feuerfeste Einmauerung auftraten, daß die Aufbereitungsanlagen, wie Mühlen, Trockner usw., aus einem Gebiete der Technik nahezu unverändert übernommen wurden und werden mußten, das zum Teil ganz andere Bedürfnisse hat und andere Anforderungen stellt als beispielsweise große Elektrizitätswerke, so können die noch nicht geklärte Stellung und die Betriebsschwierigkeiten der erst wenige Jahre alten Staubfeuerungen nicht überraschen. Die kurze Erfahrungszeit hat aber schon gezeigt, daß die ursprünglich als unumgänglich notwendig erachtete, sehr weitgehende Ausmahlung der Kohle nicht nötig ist und daß die Trocknung wegfallen oder doch wesentlich vereinfacht werden kann. Da auch die Annahme berechtigt sein dürfte, daß die Kohlenmühlen noch erheblich verbesserungsfähig sind und daß eine dem Dampfbedarf in erheblichem Umfange sich selbsttätig anpassende Einstellung der Staub- und Luftzufuhr konstruktiv ohne allzu große Schwierigkeiten lösbar ist, so kann alles in allem den Staubfeuerungen eine günstige

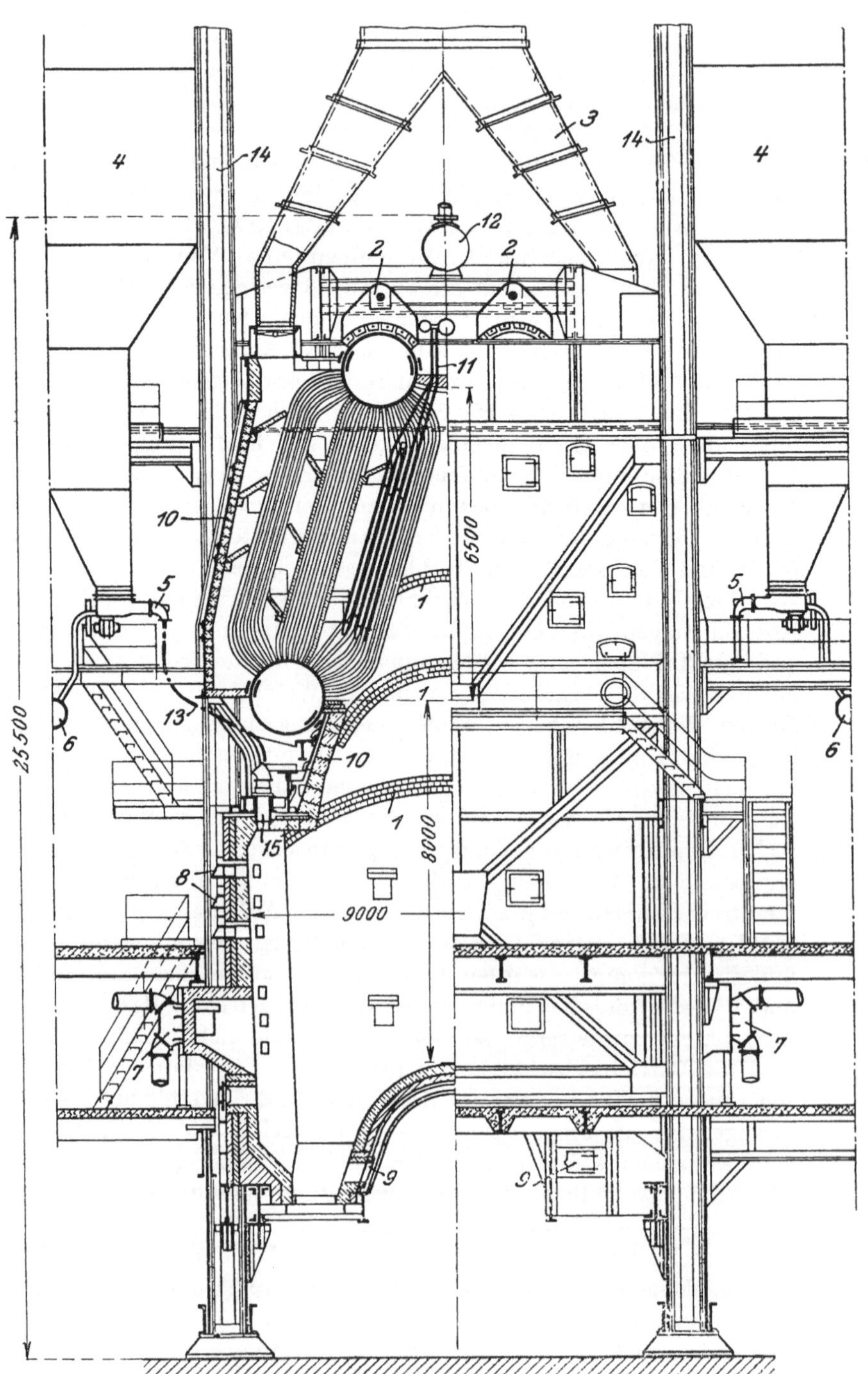
4
14
3
14
4
12
2
2
11
10
6500
1
5
5
1
13
25500
6
10
6
1
15
8000
8
9000
7
7
9
9

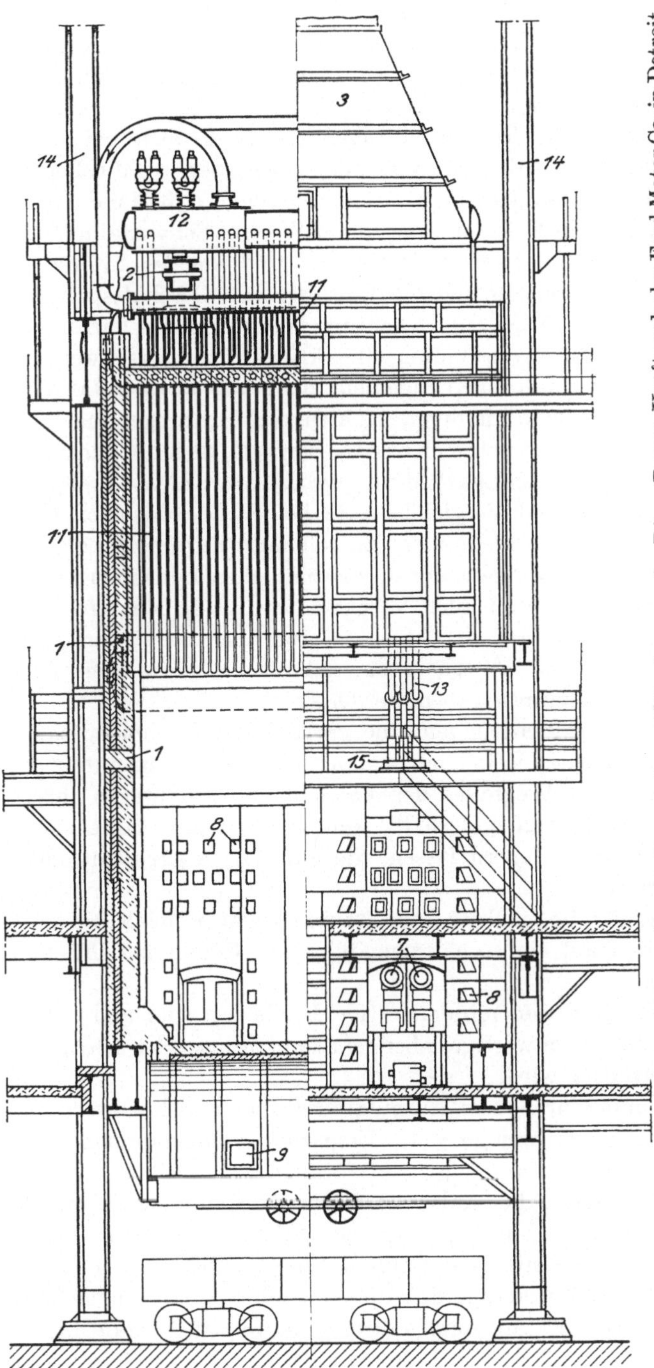

Abb. 58 u. 59. 2460 m² Ladd-Steilrohrkessel mit Kohlenstaub- und Gasfeuerung im River Rouge-Kraftwerk der Ford Motor Co. in Detroit. *1* = Entlastungsbogen in den Feuerraumwänden, *2* = Aufhängelaschen für die Oberkessel, *3* = Füchse, *4* = Kohlenstaubbunker, *5* = Zuteilapparat für Kohlenstaub, *6* = Preßluftleitungen für Einblasen des Kohlenstaubes, *7* = Gasbrenner, *8* = Sekundärluftöffnungen, *9* = Reinigungstüren, *10* = aufgehängte Feuerraumdecke und Kesselummantelung, *11* = Überhitzer, *12* = Dampfsammler, *13* = Einblaseleitung für Kohlenstaub, *14* = Eisenkonstruktion des Gebäudes, *15* = Kohlenstaubbrenner.

Beachte: Sehr großer und hoher Feuerraum. Sekundärluftzufuhr auf ganzer Feuerraumstirnwand. Aufhängung des Kessels an der Eisenkonstruktion des Gebäudes. Kessel und Feuerraumeinmauerung haben getrennte Unterstützung. Sehr sorgfältige Unterstützung der Einmauerung. Schräg gemauerte Feuerraumwände. An kaltliegenden Profilen aufgehängte Kesselummantelung und Feuerraumdecke. Zwischen die Wasserrohrreihen eingehängte Überhitzerschlangen. An kalt liegenden Trägern aufgehängte Feuerraumdecke.

Prognose gestellt werden, wenn die Verbraucher von Staubfeuerungen die Erbauer wirkungsvoll unterstützen, und wenn weitere Kreise sich mit dem Gedanken vertraut machen, daß es gewissermaßen ein nobile officium der Verbraucher ist, das Risiko während der ersten Jahre wenigstens zu einem Teil mitzutragen oder sich doch bei auftretenden Schwierigkeiten dem Lieferanten gegenüber wohlwollend zu zeigen. Im übrigen kann es nicht wundernehmen, daß Mangel an Überblick, an objektivem Urteil und besserem Wissen, Schwerfälligkeit und Konkurrenzneid auf der einen, materielles und ideelles Interesse am Erfolg, fehlende Erfahrung und die Einflüsse von Geschäftspolitik auf der anderen Seite Wahrheit und Dichtung nicht immer scharf auseinander halten und dadurch die Bildung eines klaren Urteils erschweren.

Die von einem amerikanischen Ingenieur noch vor etwa 2 Jahren in den „Reports" geäußerte Meinung, Kohlenstaubfeuerungen hätten zwar hervorragend gearbeitet und sich bestens bewährt, aber die günstigsten, bisher mit Stokern erzielten Wirkungsgrade noch nicht erreicht, kann sich offenbar nur auf Vergleichswerte bei Paradeversuchen beziehen und ist heute sicher nicht mehr zutreffend. Entscheidend für eine richtige Wertung ist übrigens der im gewöhnlichen Betrieb erzielte Wirkungsgrad unter Einschluß aller Nebenverluste, d. h. Mahlen und Trocknen der Kohle usw. auf der einen, Abschlacken usw. auf der anderen Seite. Es ist daher zu wünschen, daß solche Werte mehr als bisher ermittelt und bekanntgegeben werden.

Allgemein wird Staubfeuerungen eine große Zukunft vorausgesagt wegen der auch im praktischen Betriebe vorzüglichen Wärmeausnutzung, wegen des fast völligen Wegfalles der Leerlaufsverluste, wegen ihrer Schmiegsamkeit, vor allem aber deshalb, weil sich mit ihrer Hilfe auch solche Brennstoffe gut verfeuern lassen, die auf Rosten gar nicht oder nur schlecht brennen.

Trotzdem sind für die nächste Zeit Staubfeuerungen nach Ansicht mancher Amerikaner auf ein verhältnismäßig enges Gebiet beschränkt, nämlich:

a) auf Anlagen, in denen minderwertige Kohle mit viel und stark backender Asche oder hochwertige, aber sehr feinkörnige oder schwefelhaltige Kohle verfeuert wird,

b) auf Werke mit sehr hohem Ausnutzungsfaktor und hochwertiger teuerer Kohle, wo selbst wenige v. H. Ersparnis große Summen ausmachen.

Im allgemeinen sind die Anlagekosten von Staubfeuerungen in manchen Fällen noch zu hoch. Es sind daher auch in Amerika Bestrebungen im Gange, einfachere Mahlanlagen auszubilden, bei denen Mühle, Ventilator und Zuteilapparat in einer Einheit zusammengefaßt sind. Über günstige, in längerem Betriebe gewonnene Erfahrungen mit solchen Vorrichtungen ist aber bisher nichts bekannt geworden und die großen Erfolge wurden ausschließlich in Werken mit besonderen Mühlen erzielt. Werden Mühle und Verbrennungsluft-Gebläse in einer Maschine vereinigt, so ist es besonders bei wechselnder Belastung schwer, gleichmäßige und genügend feine Ausmahlung aufrecht zu erhalten. Es hat daher — wenigstens zur Zeit — nicht den Anschein, als ob man in größeren Kesselbetrieben ohne von der Verbrennungsluftzufuhr unabhängige Mühlen auskommen werde, falls normal gebaute Kessel beheizt werden sollen.

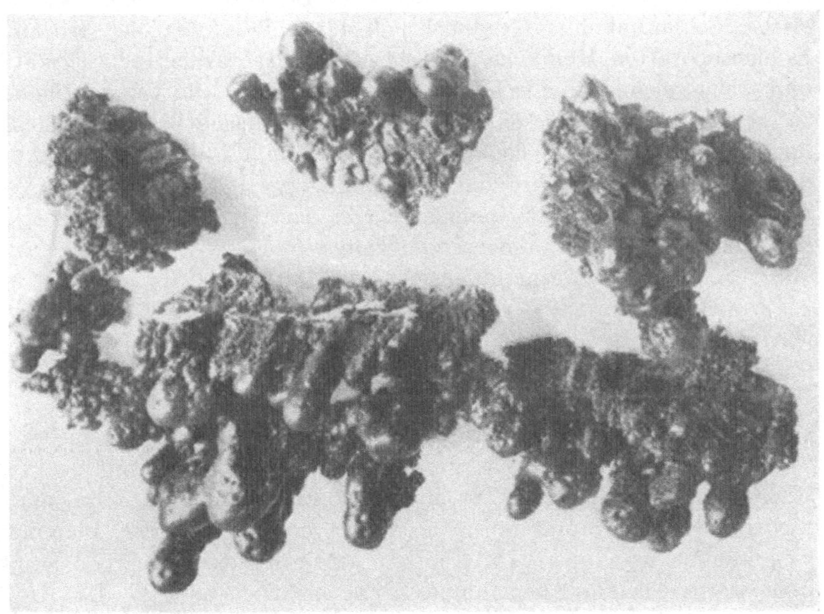

Abb. 60. Flugaschen- und Schlackenansatze von der untersten Rohrreihe eines Schrägrohrkessels mit Kohlenstaubfeuerung und falsch bemessenem Feuerraum.

Auch in Deutschland ist in den drei letzten Jahren der Durchbildung betriebstüchtiger Kohlenstaubfeuerungsanlagen viel Fleiß und Mühe gewidmet worden. Leider wurde auch an Bestrebungen Zeit und Geld verschwendet, denen keine günstigen Aussichten zugeschrieben werden können und deren wissenschaftliche und technische Grundlagen etwas fragwürdiger Natur sind.

Der Versuch, ganz grob ausgemahlene Kohle (Korngröße $\sim 1/2$ bis 1 mm) zu verbrennen, ist meines Wissens bisher nicht gelungen, und es ist zweifelhaft, ob grob gemahlene Kohle unter Kesseln normaler Bauart überhaupt jemals befriedigend wird verfeuert werden können.

Die Verbrennung feinen Kohlenstaubes hat auch die AEG eingehend untersucht und dabei einen brauchbaren, betriebssicheren Brenner durchgebildet. Zunächst war nur beabsichtigt, für den eigenen Bedarf eine Feuerung zu schaffen, welche die infolge der Kohlennot dauernd wechselnden Kohlensorten befriedigend verbrennen und über die größten Schwierigkeiten hinweghelfen sollte. Die AEG-Kohlenstaubbrenner erzeugen seit nunmehr zwei Jahren einen großen Teil des Dampfbedarfes von zwei Fabriken dieser Firma und haben während dieser Zeit sämtliche angelieferten Kohlen wie sehr grusförmige, aschenreiche schlesische Kohle, mitteldeutsche Braunkohle, Rauchkammerlösche, Schlammkohle, Grudekoks, Kohlenabfälle aus der trocknen Kohlenseparation, Halbkoks, Walliser Anthrazit, brasilianische schwefel- und aschenreiche Kohle usw. mit Erfolg verfeuert. Die Versuche haben zu wertvollen Aufschlüssen und Erfahrungen hinsichtlich der Ausmahlung der Kohle, der Bemessung des Feuerraumes und der Durchbildung der Brenner geführt und insbesondere gezeigt, daß die gute Verbrennung von Kohlenstaub abhängt von der:

1. chemischen Zusammensetzung einer Kohle,
2. Feinheit der Ausmahlung,
3. Vollkommenheit der Durchmischung zwischen Kohlenstaub und Verbrennungsluft,
4. Feuerraumtemperatur,
5. Größe des Feuerraumes,
6. Länge des Flammenweges zwischen Brenner und Heizfläche.

Je feiner Kohlenstaub ausgemahlen und je besser er mit der Verbrennungsluft durchmischt ist, mit um so kleinerem Feuerraum, um so niedrigeren Feuerraumtemperaturen und um so kürzerem Flammenweg kommt man aus. Unterhalb einer gewissen Korngröße bringt aber weitergehende Ausmahlung kaum mehr etwas ein. Da Kraftbedarf und Leistung der Mühlen mit zunehmender Ausmahlung sehr schnell anwachsen, ergibt sich eine Grenze, die praktisch nicht überschritten werden kann. Andererseits muß mit Rücksicht auf die Haltbarkeit des Mauerwerkes die Feuerraumtemperatur unter einem gewissen Höchstwert bleiben. Will man daher auf einen der Hauptvorteile von Kohlenstaubfeuerungen, nämlich die Möglichkeit mit sehr hohem CO_2-Gehalt zu arbeiten, nicht verzichten, so muß der Feuerraum eine bestimmte Mindestgröße und der Flammenweg eine bestimmte Mindestlänge haben. Auch die Anordnung der Heizfläche gegenüber dem Feuerraum ist hierdurch in gewissem Maße festgelegt.

Ähnlich günstigen Einfluß wie feine Korngröße hat eine recht gleichmäßige Durchmischung von Kohlenstaub und Verbrennungsluft. Schwierigkeit und Bedeutung einer guten Durchmischung von Kohlenstaub und Luft wurde nun vielerorts stark unterschätzt, weil die irrtümliche Meinung herrschte, Kohlenstaub habe praktisch die gleichen Eigenschaften wie ein Gas, während er in Wirklichkeit sowohl in chemischer wie in physikalischer Beziehung durchaus diejenigen fester Kohle besitzt[1].

Infolgedessen bewirken viele Brenner die Durchmischung von Kohlenstaub und Luft mit unzulänglichen Mitteln. Die Ameri-

Abb. 61. Ansicht auf unterste Rohrreihe eines Wasserrohrkessels mit Flugaschen- und Schlackenansätzen infolge falsch bemessenem Feuerraum der Kohlenstaubfeuerung.

kaner haben diese Schwäche erkannt und sie durch flachen, langgestreckten Auslauf der Brennermündung und durch entsprechende Unterteilung und Anordnung der Brenner zu beseitigen versucht. Aber auch sie haben m. E. das Übel nicht an der Wurzel gefaßt und den

[1]) Münzinger: Kohlenstaubfeuerungen für ortsfeste Dampfkessel, S. 48 ff.

Kohlenstaub dem Brenner nicht derart zugeführt, daß gewissermaßen zwangläufig Kohlenstaub und Luft gleichmäßig durchmischt werden. An einigen Stellen des Kohlenstaub-Luftstromes herrscht daher Luftmangel, an anderen Überschuß, deshalb müssen Feuerraum und Flammenlänge zum Ausgleich dieser Unterschiede größer werden als es bei gleichmäßigerer Durchmischung erforderlich wäre.

In Erkenntnis dieser Zusammenhänge hat die AEG u. a. auf das freie Ende der Achse der Zuteilschnecke ihrer Brenner einen kegelförmigen Körper gesetzt, der den Kohlenstaub auf seinem ganzen Umfang in die konzentrisch zuströmende Luft einstreut und eine so vollkommene Durchmischung von Staub und Luft bewirkt, daß schon dicht

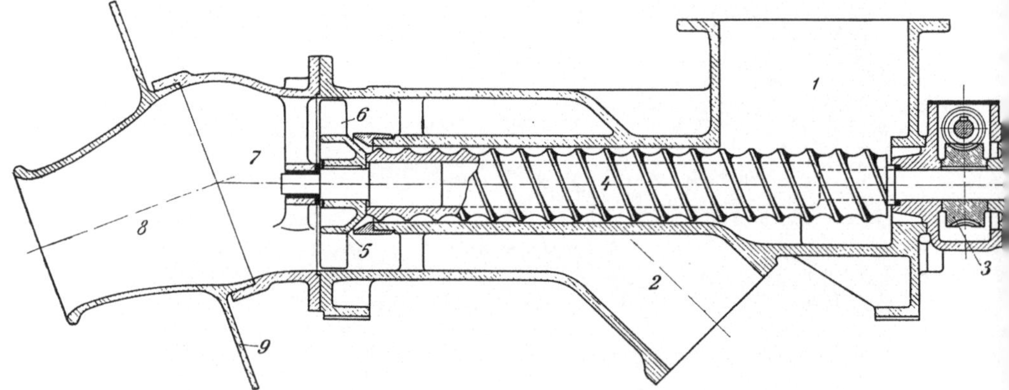

Abb. 62. AEG-Kohlenstaubbrenner.
1 = Zulauf für Kohlenstaub, *2* = Zutritt der Verbrennungsluft, *3* = Antrieb von *4*, *4* = Zuteilschnecke, *5* = Misch- und Quetschkegel, *6* = Flügelrad, *7* u. *8* = Brennermaul.

hinter dem Brenneraustritt keine Spur von schwarzem Staub mehr in der Flamme zu bemerken ist, Abb. 62. Am vorderen Ende von Zuteilschnecken findet eine gewisse Zusammenpressung des Kohlenstaubes statt, auch wenn die Schnecken nach vorne zu erweitert sind. Es bilden sich daher bei etwas feuchter Kohle kleine Knöllchen, die halb verbrannt auf dem Boden des Feuerraumes oder in den Kesselzügen ausgeschieden werden. Auch dieser Nachteil wird durch den Mischkegel vermieden. Die weiteren Arbeiten der AEG erstreckten sich auf die Ermittlung der günstigsten Feuerraumabmessungen, der vorteilhaftesten Schlackenabfuhr und sonstiger für Staubfeuerungen wichtiger Größen.

Abb. 63 zeigt die Temperaturen im Flammenweg bei mehreren Versuchen am Kessel in Abb. 64. Man sieht, daß trotz bester Durchmischung von Staub und Luft die Höchsttemperaturen erst in etwa 2 m Entfernung vom Brenner erreicht werden. In Wirklichkeit ist aber auch hier die Verbrennung noch nicht beendet, weil dicht hinter

Meßstelle II die Flamme durch Strahlung nach der kalten Heizfläche schon abgekühlt und infolgedessen die durch weiterdauernde Verbrennung bewirkte Wärmeentwicklung ausgeglichen oder überwogen wird. Es sind also je nach der Kohlensorte zur vollkommenen Verbrennung gewisse Mindestwege für die Flamme zwischen Brennerende und Wasserrohren erforderlich. Werden sie unterschritten, so sind erhebliche Verluste durch unverbrannte Kohle unvermeidlich. Diese Zusammenhänge werden wohl deshalb so wenig erkannt und berücksichtigt, weil hoher CO_2-Gehalt und anscheinend einwandfreie Flamme auch bei ungenügendem Flammenweg erreicht werden können. In allen solchen Fällen treten aber große Verluste durch unverbrannte Kohle auf, beträgt doch der Gehalt der Flugasche an Unverbrennlichem bei solchen Feuerungen nicht selten 20 bis 40 v. H.

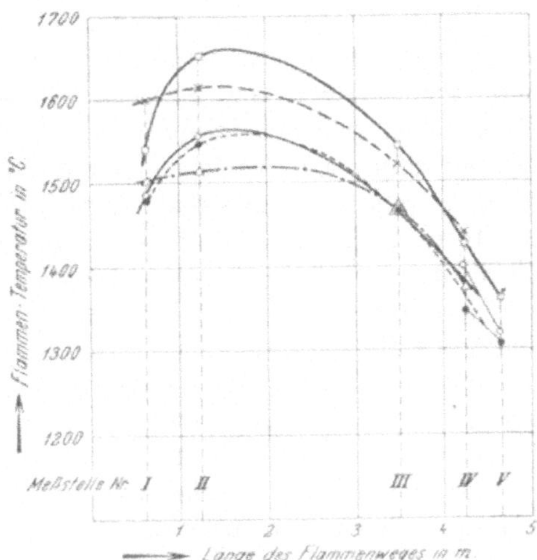

Abb. 63. Temperaturverlauf in der Flamme eines AEG-Kohlenstaubbrenners bei verschiedenen Kohlensorten und verschiedenen Verbrennungsbedingungen.

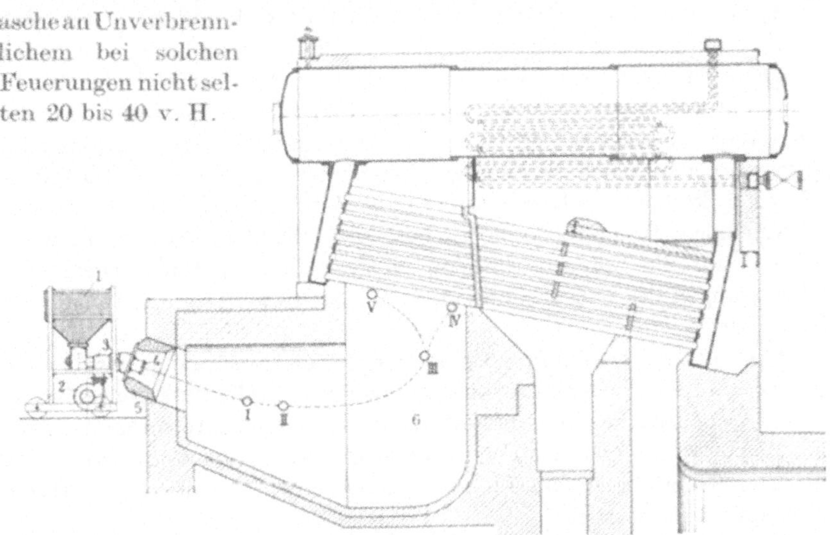

Abb. 64. Für die Versuche der AEG benutzter, alter 200 m² Wasserrohrkessel. *1* = Staubbunker, *2* = Ventilator, *3* = Schnecke, *4* = Brennermaul, *5* = Formsteine, *6* = Feuerraum. *I, II, III, IV, V* = Temperaturmeßstellen.

Die Mindestgröße des Feuerraumes bzw. des Flammenweges hängt aber noch von anderen Einflüssen ab. Infolge der feinen Ausmahlung und weil sie von der Flamme mitgetragen werden, schmelzen die Aschen der meisten Kohle völlig. Diese geschmolzenen Teilchen müssen nun vor Erreichen der kalten Wasserrohre erst eine genügend lange Zone unterhalb ihrer Schmelztemperatur liegender Temperaturen passieren, damit sie vorher großenteils wieder erstarren und die in ihnen enthaltene Eisenoxydule sich durch Aufnahme von Sauerstoff in schwerer schmelzende Eisenoxyde umbilden können. Die Mindestlänge des Flammenweges setzt sich also aus zwei Beträgen zusammen, nämlich demjenigen für das Ausbrennen der Staubteilchen und demjenigen für die Wiedererstarrung und Oxidierung der geschmolzenen Flugasche, Abb. 65. Dazu kommt ein Sicherheitsbetrag, damit auch bei Brennstoffwechsel oder bei unrichtig eingestelltem Brenner die Feuerung noch gut arbeitet. Andernfalls setzen sich die Zwischenräume zwischen den Wasserrohren nach kurzer Frist mit wabenartigen Schlackennestern so vollständig zu, daß ein ordnungsgemäßer Betrieb aufhört, Abb. 60 u. 61. Auch bei der Bemessung des „Aschenfalles" spielen ähnliche Rücksichten eine Rolle.

Gasreiche Kohlen brauchen im allgemeinen weniger Weg bzw. Zeit zum völligen Ausbrennen als gasarme, anthrazitähnliche. Je graphitartiger eine Kohle ist, um so länger muß der Flammenweg, um so feiner die Ausmahlung und um so höher die Feuerraumtemperatur sein. Bei der Bemessung des Feuerraumes ist endlich noch darauf zu achten, daß die Strömung der Flamme von den feuerfesten Wandungen tunlichst ferngehalten wird, weil sich die feuerfesten Steine infolge der hohen Temperaturen nicht mehr in einem harten, dichten Zustand befinden und daher von einer mit größerer Geschwindigkeit an ihnen entlang oder gegen sie geblasenen Strömung „weggewaschen" werden. Zu dieser Wirkung kommt noch die auflösende Wirkung der in der Flamme schwebenden, flüssigen Ascheteilchen, die besonders stark wird, wenn letztere auf die Steine aufprallen oder an ihnen entlang fegen. Die Abmessungen des Feuerraumes sind also nach zweierlei Richtungen hin festgelegt:

1. es muß ein bestimmter Mindestweg für das Ausbrennen des Kohlenstaubes und das Wiedererstarren und chemische Umbildung der geschmolzenen Aschenteilchen vor Auftreffen auf die Wasserrohre vorhanden sein,

2. die Wandungen des Feuerraumes müssen so angeordnet sein, daß in ihrer Nähe möglichst kleine Strömgeschwindigkeit der Verbrennungsprodukte herrscht.

Bei Kesseln mit Kohlenstaubfeuerungen sollte man Längswände durch den Feuerraum, die beiderseitig von den heißesten Gasen umspült werden, vermeiden, weil sie bald die Flammentemperatur annehmen und daher keine lange Lebensdauer haben[1]). Dieser Umstand bedingt im allgemeinen, daß die Trommeln von Steilrohrkesseln ohne Rundnähte ausgeführt werden, auch die Aufhängung des Überhitzers wird hierdurch zuweilen beeinflußt.

Da Gewölbe über die ganze Breite größerer Kessel nicht gut ohne Zwischenunterstützung gespannt werden können, sind endlich besondere Konstruktionen für die Decke des Feuerraumes nötig, über welche Kapitel XII berichtet.

Vorstehend näher gekennzeichnete Erfahrungen der AEG, die sich in mancher Beziehung mit amerikanischen decken, haben einwandfrei gezeigt, daß aus thermischen und physikalischen Gründen gewisse Abmessungen des Feuerraumes im Interesse guter Verbrennung und ordnungsgemäßen Betriebes nicht unterschritten werden dürfen. Sie können um so kleiner sein, je feiner die Kohlen ausgemahlen und je vollkommener Kohlenstaub und Luft im Brenner gemischt werden. Mit der Ausmahlung kann man aus wirtschaftlichen Gründen nicht zu weit gehen. In inniger Durchmischung von Luft und Kohlenstaub und richtiger Bemessung von Feuerraum und Flammenweg besitzt man aber wertvolle, keinen Arbeitsaufwand erfordernde Mittel zur Erzielung eines wirtschaftlichen, geordneten Betriebes.

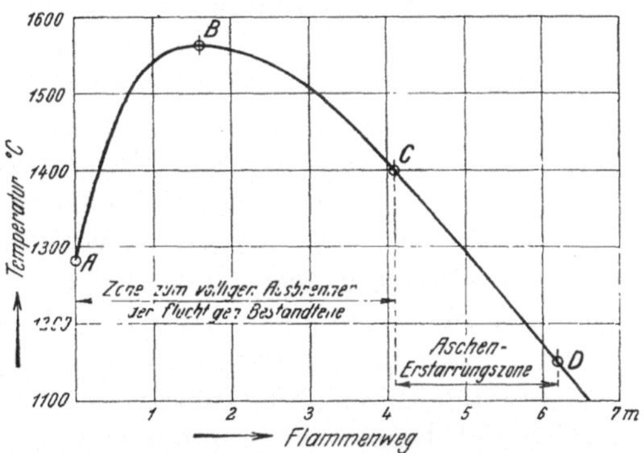

Abb. 65. Zusammenhang zwischen der Flammentemperatur bei Kohlenstaubbrennern und der kleinsten Strecke für das vollständige, von unangenehmen Nebenerscheinungen freie Ausbrennen der Flamme.

Bei Flammrohrkesseln liegen die Verhältnisse in gewisser Beziehung etwas anders und insofern günstiger, als ein Versetzen der Flammrohre mit geschmolzener Flugasche nicht im gleichen Maße zu befürchten ist. Aber auch hier spielen Rücksichten und Forderungen eine Rolle, die sorgsam beachtet werden müssen, wenn ein Erfolg erzielt werden soll. Dagegen ist es hier schwieriger, durch Ausstrahlung nach der kalten Heizfläche zu dem Feuerraum genügend Wärme zu entziehen, um eine für seine feuerfeste Ausmauerung erträgliche Temperatur zu schaffen.

Unter den zahlreichen, mit der AEG-Kohlenstaubfeuerung ausgeführten Versuchen verdient besonders ein in Zahlentafel 2, Kolonne 15 wiedergegebener Versuch mit brasilianischer Kohle Beachtung, die

[1]) Münzinger: Leistungssteigerung, S. 54, 55.

infolge ihres hohen Gehaltes an leicht schmelzbarer, einen zähen Teig bildender Schlacke auf Rosten nur unter dauernder Stocherarbeit und mit sehr schlechtem Wirkungsgrad und niederer Heizflächenleistung verfeuert werden kann.

Bei Beurteilung der Ergebnisse ist zu beachten, daß die Versuche mit den AEG-Kohlenstaubbrennern an einem alten, ursprünglich mit Planrosten versehenen Wasserrohrkessel ohne Ekonomiser und einem nur für 270° C Dampftemperatur bemessenen Überhitzer ausgeführt wurden. Die Schlacke wurde ohne Schwierigkeit in dünnflüssigem Zustand abgezogen.

Um die Feuerraumtemperaturen trotz günstigsten CO_2-Gehaltes der Verbrennungsprodukte auf einen der feuerfesten Einmauerung ungefährlichen Betrag herabzudrücken, hat die AEG u. a. ein Verfahren ausgearbeitet, bei welchem ein Teil der Abgase des Kessels auf geeignete Weise und ohne Wärmeverluste in den Feuerraum zurückgeführt wird. Da diese bereits stark abgekühlten Gase wieder auf hohe Temperatur erwärmt werden müssen, wird die Feuerraumtemperatur tiefer als beim selben Luftüberschuß aber ohne Rückführung. Da ein Wärmeverlust nach außen nicht auftritt und da das in den Schornstein abziehende Rauchgasgewicht unverändert bleibt, arbeitet die Temperaturerniedrigung durch Rückführen von Abgasen praktisch verlustlos. Zahlentafel 4 zeigt die Ergebnisse zweier Vergleichsversuche mit und ohne Rückführung.

Zahlentafel 4.

Versuch		ohne Rückführung	mit Rückführung
Heizflächenbelastung	$kgm^{-2}\ st^{-1}$	20,8	20,3
CO_2 Gehalt am Kesselende	v. H.	16.9	16,9
Temperatur der Verbrennungsluft	°C	25,8	21,4
Rauchgastemperatur am Kesselende	°C	277	273
Feuerraumtemperaturen:			
Beobachtete Höchsttemperatur	°C	1570	1460
„ Mindesttemperatur	°C	1320	1245
Mittlere Feuerraumtemperatur	°C	1451	1359

Es ist also auf sehr einfache Weise möglich, die Feuerraumtemperaturen von Kohlenstaubfeuerungen verlustlos auf einen Betrag herabzudrücken, der den feuerfesten Steinen nicht mehr gefährlich ist, und die Rückführung von Abgasen ist ein neues Mittel zur Beseitigung der Schwierigkeiten mit der feuerfesten Ausmauerung und bietet in geeigneten Fällen wesentliche Vorteile.

Die Ansicht eines an einem Wasserrohrkessel eingebauten AEG-Kohlenstaubbrenners zeigt Abb. 66.

Auf Grund der bei zahlreichen Versuchen gesammelten Erfahrungen können Kohlenstaubfeuerungen als besonders geeignet bezeichnet werden für:

a) Kohle mit viel und leicht schmelzender Asche, die auf Rosten gar nicht oder nur schlecht brennt;

b) die Verfeuerung der Flugasche und der Rückstände gewisser Kohlensorten, wie z. B. mitteldeutscher Braunkohle, deren Heizwert häufig höher ist als der der Rohkohle und deren Beseitigung oft Schwierigkeiten macht, oder anderer schlecht ausgebrannter Rückstände;

c) die aus der trokkenen Kohlenseparation stammenden, in großen Mengen anfallenden, sehr feinen Staubkohlen von zum Teil hohem Heizwert;

d) Kohlen von hohem Heizwert, die aber infolge ihres feinen Kornes auf Rosten schlecht brennen und daher bisher nicht ihrem Heizwert entsprechend bezahlt werden;

Abb. 66. Ansicht des AEG-Kohlenstaubbrenners an einem Wasserrohrkessel.
1 = Lutte für Kohlenstaub, *2* = Achse der Zuteilschnecke, *3* = Motor, *4* = Ventilator, *5* = Antriebsscheibe für *2*, *6* = Schirm, *7* = Öffnung für Sekundärluft.

e) die schlecht ausgebrannten Rückstände von Rostfeuerungen, die zuweilen über 50 v. H. Verbrennliches enthalten und von denen manche Werke aus besseren Zeiten stammende, z. T. große Halden besitzen;

f) alle Fälle, wo die Kohlensorten dauernd derart wechseln, daß sie auf mechanischen Rosten nur schwer verfeuert werden können oder nur ungenügend Dampf geben;

g) Anlagen mit sehr hohem Belastungsfaktor und teuerer Kohle;

h) Spitzenkraftwerke, wo einige Kessel nur kurzzeitig in Betrieb sind und wo es sich darum handelt, die Leerlaufs- und Anheizverluste zu verringern.

Brennstoffe mit sehr niedrig oder sehr hoch schmelzender Asche machen im allgemeinen hinsichtlich des Anfalles und der Beseitigung der Feuerraumrückstände wenig Schwierigkeiten. Unangenehm können dagegen Kohlen werden, deren geschmolzene Asche in einem Zwischenzustand zwischen fest und flüssig ist und eine honigartige, zähe Masse bildet. Sie erfordern eine besondere Behandlung, aber auch ihre günstige Ausnützung in Kohlenstaubfeuerungen kann heute als gelöst angesehen werden.

V. Vorrichtungen für selbsttätige Feuerführung.

Die Amerikaner berichten über sehr günstige Erfolge von Apparaten für ausgeglichenen Zug bei Stokern mit Unterwind. Der Vorzug ausgeglichenen Zuges besteht vor allem darin, daß die Feuertüren, ohne starken Lufteinfall befürchten zu müssen, geöffnet werden können und daß auch bei geschlossenen Türen weniger falsche Luft eingesaugt wird. Insbesondere die Hagan- und Hess-Benjamin-Kontrollapparate scheinen eine längere Erprobung hinter sich zu haben.

Der Hagan-Kontrollapparat verstellt den Zugschieber mittels eines Kolbens, auf welchen der Druckunterschied vor und hinter einer in die Dampfleitung des Kessels eingebauten Drosseldüse einwirkt und paßt dadurch die Verbrennungsluftmenge der Dampferzeugung an.

Beim Hess-Benjamin-Apparat werden die Gleichstrommotoren für den Antrieb der Roste und der Ventilatoren von einem Regler verstellt, auf den gleichfalls ein der erzeugten Dampfmenge proportionaler Druckunterschied einwirkt.

Beim Rateau-Battu-Apparat werden Rostvorschub, Unterwindmenge und Zugstärke von einer Zentralstelle aus geregelt, Abb. 67. Der Dampfdruck wirkt auf die Membrane des Reglers 17 ein entgegen der Spannung einer Feder und öffnet dadurch das kleine Luftventil 18. Ventil 18 steht in Verbindung mit Leitung 19 und stellt den Druck in dieser Leitung ein, zu welcher Preßluft durch das einstellbare Schraubenventil 22 aus Leitung 21 strömt. Steigender Dampfdruck verringert, fallender Dampfdruck erhöht den Luftdruck in Leitung 19. Der Überdruck ist gleich Null bei vollem und etwa 1400 mm WS bei niederstem Dampfdruck. Der Druck der Hilfsluft wirkt auf die Regler 8, 10, 12, 15, welche die Motoren für Rostantrieb, Unterwind und Saugzug verstellen. Auf Regler 8 wird außerdem noch ein Druck proportional der geförderten Luftmenge ausgeübt, und der Schieber wird so lange verstellt, bis Gleichgewicht zwischen diesem Druck und dem Druck der Hilfspreßluft besteht. Ganz ähnlich wird die Geschwindigkeit des Rostvorschubes solange verstellt, bis der von seinem Zentrifugalregler ausgeübte Druck gleich dem Druck der Hilfspreßluft ist. Die Drucke der Hilfsluft für den Servomotor des Rostantriebes und die Verstellung der Unterwindklappe können durch kleine Schraubenventile 20 passend eingestellt werden. Sind sie einmal eingeregelt, so halten sie dauernd das richtige Verhältnis aufrecht, gleichgültig, wie hoch die Kesselbelastung ist. Ganz ähnlich arbeiten die Regler für die Unterwindmotoren und die Zugschieber. Der Zugschieber verstärkt den Zug im Fuchs

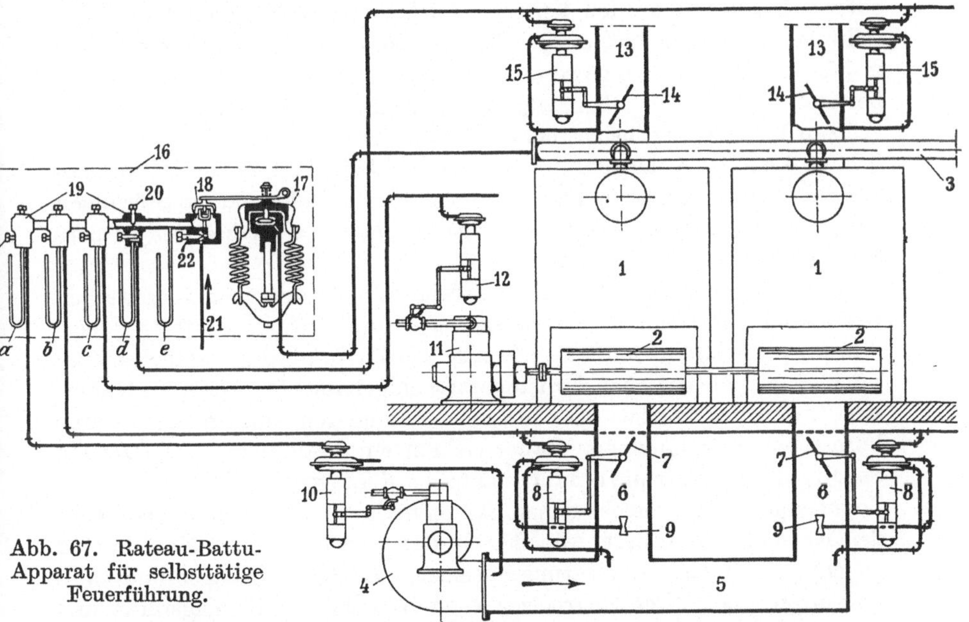

Abb. 67. Rateau-Battu-Apparat für selbsttätige Feuerführung.

1 = Kessel, *2* = Wanderroste, *3* = Dampfsammelleitung, *4* = Unterwindventilator, *5* = Unterwindsammelkanal, *6* = Anschlüsse von *5* an die Wanderroste, *7* = Drosselklappe, *8* = Servomotor, *9* = Venturidüse, *10* = Servomotor für *4*, *11* = Antriebsdampfmaschine für *2*, *12* = Servomotor für *11*, *13* = Füchse, *14* = Drosselklappen, *15* = Servomotoren für *14*, *16* = Regulierstation, *17* = Regler, *18* = Hilfsluftregulierventil, *19* = Hilfsluftverteilleitung, *20* = Einstellschrauben, *21* = Zufuhr der Hilfspreßluft, *22* = Einstellschraube für Hilfspreßluft. *a, b, c, d, e* = Hilfsluftleitungen für die verschiedenen Servomotoren.

proportional dem Quadrat der verbrannten Kohle und der zugeführten Luftmenge. Der Luftdruck unter den Rosten ist nicht konstant, sondern proportional dem Widerstand der Brennstoffschicht.

Alle Kessel, welche an die Regulierung angeschlossen sind, erhalten zwar dieselbe Luftmenge, ungleiche Brennstoffschichtwiderstände werden aber durch die Klappen für den Unterwindzufluß ausgeglichen. Dieselbe Regulierzentrale kann beliebig viele Regler betätigen.

Solange der Zweck solcher Apparate lediglich in einer gewissen Entlastung der Heizer erblickt wird, können sie ihre Aufgabe recht gut erfüllen. In Verbindung mit Feuerungen für feste (nicht gepulverte) Brennstoffe werden sie aber wohl immer etwas unvollkommen bleiben, weil ja bei vielen Rosten und Brennstoffen nicht nur die Kohlenmenge, sondern auch die Höhe der Kohlenschicht wechseln muß, und weil Unregelmäßigkeiten und Löcher in der Brennstoffschicht, die sich nun einmal nie ganz vermeiden lassen, von den Apparaten nicht beseitigt oder ausgeglichen werden können. Auch in Deutschland sind ähnliche, teilweise sehr geschickt durchgebildete Apparate an verschiedenen Stellen in jahrelangem Betrieb gewesen und haben, soweit ich unterrichtet bin, befriedigt. Aus den oben angegebenen Gründen haben sie aber eine größere Verbreitung bisher nicht finden können. Es ist indes wohl möglich, daß sie bei Kohlenstaubfeuerungen, wo ein eindeutiger Zusammenhang zwischen Kohlenmenge und Belastung besteht und wo Störungen der Brennstoffschicht nicht in Frage kommen, auch bei uns größere Zukunft haben.

Dagegen wurde in den letzten Jahren in mehreren großen deutschen Braunkohlenkraftwerken mit ausgezeichnetem Erfolge zentrale Feuerführung eingeführt. Zu diesem Zwecke werden in die Sammelfüchse Zugschieber mit elektrischer Fernsteuerung eingebaut. Entweder im Hauptschaltraum des Werkes oder in einem besonderen, mit ersterem durch Fernsprecher verbundenen Raum bedient ein erfahrener Oberheizer ein Schaltpult, das Instrumente für die Anzeige der jeweiligen Werkbelastung, Zugmesser für die verschiedenen Sammelfüchse und Fernmanometer für den Kesseldruck enthält, Abb. 68. In den Gängen vor den Kesseln sind gleichfalls elektrische Belastungsanzeiger, sowie Signalglocken und -lampen angeordnet. Der Oberheizer verstellt lediglich die Zugstärke und gibt den Heizern vor den Kesseln durch verschiedenfarbige Signallampen an, wann sie zu schüren und zu entschlacken haben. Fast sämtliche deutsche Braunkohlenroste sind nur halbautomatisch und verlangen viel Aufmerksamkeit und Geschicklichkeit. Durch vorstehend geschildertes Verfahren ist es aber geglückt, eine Betriebsweise durchzuführen, die von einer völlig automatischen Regelung kaum übertroffen werden dürfte und bei der willkürliche und ungeschickte Eingriffe der einzelnen Heizer vermieden werden. Wesentlich ist, daß der elektrische Antrieb der Zugschieber so ausgebildet ist, daß zwischen vollem Schluß und voller Öffnung des Zugschiebers nicht weniger als etwa 1 Minute vergeht, um das Überschütten der langen Treppenroste mit frischer Kohle und das gefährliche Rückschlagen der Flammen in den Heizerraum infolge zu schneller Erhöhung der Zugstärke zu vermeiden.

Besonders bemerkenswert ist die erste Anlage dieser Art in Deutschland, die im Jahre 1920 nach den Angaben von Oberingenieur Quack in Bitterfeld von der Firma Siemens & Halske erbaut wurde, weil hier mit bestem Erfolge die Aufgabe gelöst ist, drei verschiedene Kesselhäuser mit einer großen Zahl von Kesseln von einer Kommandostelle aus einheitlich zu betreiben, Abb. 68. Die beiden Apparate oben in der Mitte des Schaltpunktes sind registrierende Manometer mit sehr großem Druckmaßstab, die den Druck in den beiden Hauptdampfleitungen anzeigen. Links und rechts davon sitzen 6 registrierende Zugmesser, darunter 6 Zugmesser nach Krell für die 6 Haupt-

Abb. 68. Kommandozentrale für die einheitliche Regelung der Feuerführung in die drei getrennten Kesselhäuser der Chem. Fabrik Griesheim-Elektron in Bitterfeld. *1* = registrierende Manometer für die beiden Hauptdampfleitungen, daneben rechts und links 6 registrierende Zugmesser für 6 Hauptfüchse, *2* = Zugmesser nach Krell für 6 Hauptfüchse, *3* = Ankündigungssignale für Belastungszustand, *4* = Lichtsignale für Heizer (weiß = Schüren, rot = Abschlacken), *6* = Druckknopfschalter für akustische Achtungssignale, *7* = Handräder zur Fernsteuerung der Zugschieber, *8* = Fernsprecher.

füchse. Durch die Lichtsignale „fällt“, „steht“, „steigt“ gibt der Schalttafelwärter dem Oberheizer Kenntnis von bevorstehenden Belastungsänderungen. Die Schalter links in der Mittelreihe schalten Lichtsignale für die Heizer ein, und zwar weiße Lampen, wenn sie schüren, rote, wenn sie abschlacken sollen. Mittels den zwischen den Schaltern untergebrachten Druckknopfschaltern werden vor Aufleuchten der Lichtsignale akustische Achtungssignale gegeben. Die Verstellung der Jalousieschieber erfolgt durch die Handräder. Durch diese Anordnung ist beste Gewähr dafür gegeben, daß alle Kessel in zweckmäßiger Weise zur Dampferzeugung herangezogen und falsche Maßnahmen der einzelnen Heizer, die die jeweiligen Belastungsverhältnisse doch nicht überblicken können, vermieden werden.

Die eine zeitlang versuchte, rein automatische Verstellung der Zugschieber durch den Dampfdruck hat sich in Werken mit heftigen Spitzen nicht bewährt, weil sie zu spät einsetzt und dann den Schieber so schnell öffnet, daß infolge des plötzlich veränderten Unterdruckes im Feuerraum der Rost mit frischer Kohle überschüttet wird, wodurch die Wärmeentwicklung zunächst ab- statt zunimmt. Der die Feuerführung zentral regelnde Oberheizer wird aber von den verschiedenen Abteilungen einer Fabrik oder von den hauptsächlichsten Stromabnehmern eines Elektrizitätswerkes bereits einige Zeit vor Eintritt größerer Zu- oder Abschaltungen unterrichtet und kann daher seine Maßnahmen beizeiten treffen. In vielen öffentlichen Elektrizitätswerken kennt er übrigens den Verlauf der Belastungskurve genügend genau, um im allgemeinen ohne besondere Mitteilungen auskommen zu können.

Wichtig ist, daß die Schieber unter der Einwirkung der Hitze nicht klemmen oder sich nicht verziehen und daß der zur vollen Öffnung erforderliche Weg klein ist.

Die von Gentrup und Petri gebauten Zugschieber für zentrale Zugregelung, die in der in Abb. 68 dargestellten Anlage verwendet werden, sind daher als Jalousieschieber ausgebildet, und zeichnen sich durch außerordentlich leichte Beweglichkeit und Unempfindlichkeit gegen die heißen Rauchgase aus. Solche Schieber wurden bis zu 33 m^2 Querschnitt geliefert, für deren Verstellung ein Motor von $^1/_4$ PS ausreicht.

VI. Dampfkessel.

a) Schrägrohrkessel.

Auch in Amerika erobert sich der Steilrohrkessel immer weitere Gebiete, doch werden Schrägrohrkessel auch heute noch in sehr großer Zahl und in für europäische Verhältnisse ungewöhnlichen Größen aufgestellt.

Schrägrohrkessel werden vorwiegend als Sektionalkessel gebaut, aber einige Firmen, darunter eine der größten amerikanischen Kesselfabriken, die Heine Boiler Co., führen die Wasserkammern nach wie vor mit Stirn- und Deckelblech aus, die durch ein aufgenietetes Umlaufblech miteinander verbunden und durch Stehbolzen versteift sind, Abb. 69. Die Wasserkammern werden entweder durch einen umgekümpelten Hals oder durch in das Umlaufblech eingewalzte Rohrstummel an die Oberkessel angeschlossen. Indes sind auch solche Firmen, die früher nur durchgehende Wasserkammern bauten, wie z. B. die Heine Boiler Co., ganz oder teilweise zu Sektionalkesseln übergegangen, und zwar vorwiegend wegen der verlangten großen Einzelheizflächen. Andere, wie die Foster Marine Boiler Corporation, haben erst vor wenigen Jahren den Bau von Kesseln mit genieteten, durch Stehbolzen versteiften Wasserkammern aufgenommen.

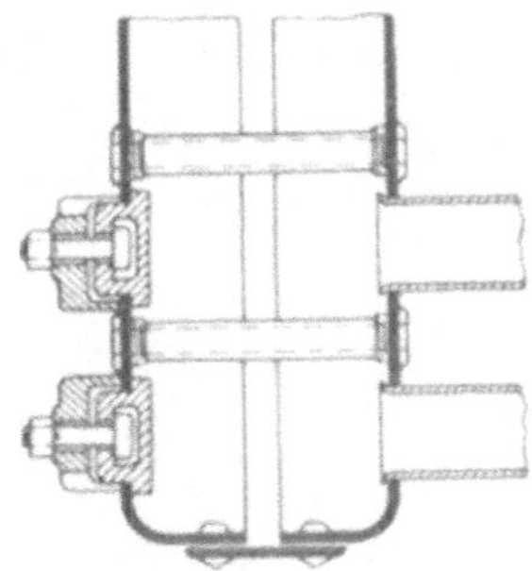
Abb. 69. Genietete Wasserkammer der Heine Boiler Co.

Die Sektionen werden teils gepreßt, teils aus Stahlguß angefertigt, Abb. 70 bis 73. Besonderer Wert wird auf die Güte des Baustoffes für die Sektionen gelegt[1]). Für einige große in New York aufgestellte Hochleistungskessel wurde statt gewöhnlichem Stahlguß ein besonderer Elektrostahl verwendet. Während die Wasserkammern bzw. Sektionen bei uns im allgemeinen senkrecht zu den Wasserrohren und daher in einem Winkel von 12—20° gegen die Wagerechte angeordnet werden, stehen sie in Amerika vielfach senkrecht zum Fußboden, Abb. 74, 75, und haben für

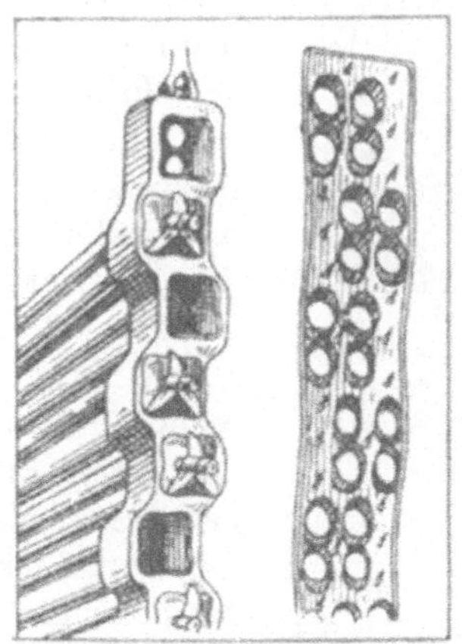
Abb. 70 u. 71. Sektion und Zuglenkplatte der Springfield Boiler Co. **Beachte:** 1 Verschlußdeckel für 4 Wasserrohre.

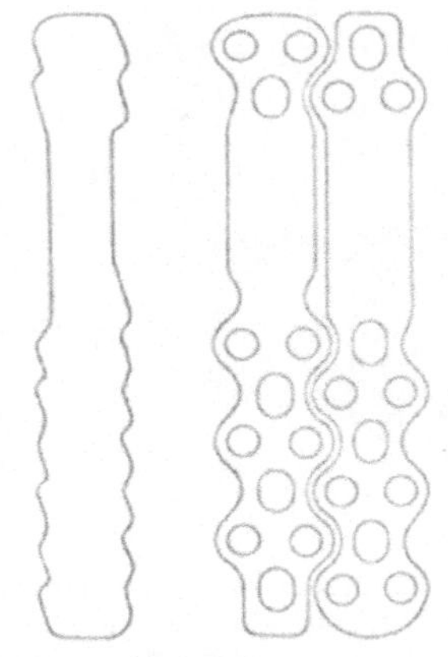
Abb. 72 u. 73. Sektionen der Heine Boiler Co.

die Einwalzstellen der Wasserrohre kleine Ausbauchungen, um gutsitzende Walzstellen zu bekommen, Abb. 72 u. 73, 74.

Im Interesse billiger Herstellung und einfacher Wartung werden bis zu 4 Einwalzstellen durch einen Deckel verschlossen, wie z. B. bei den Springfield-Kesseln im Hell-Gate-Kraftwerk, Abb. 35, 70, 74. Die Sek-

[1]) Power 1922, S. 472.

tionen sind dort 2 Rohre breit. Je 2 übereinander- und 2 nebeneinanderliegende Rohre bilden eine Gruppe, gegen welche die vorhergehende und die folgende seitlich versetzt sind zwecks guter Durchmischung der Rauchgase. Die senkrechte Zugscheidewand besteht gleichfalls aus zwei Rohre breiten Gußeisenplatten, die den Rohrsektionen entsprechen und mit feuerfester Masse ausgeschmiert werden, Abb. 71, 74. Die Rohre können ausgewechselt werden, ohne die Zugscheidewand oder einen anderen Teil des Kessels zu beschädigen. Die Obertrommeln von Sektionalkesseln und gelegentlich auch von Kammerkesseln, werden häufig ähnlich wie bei den Hochleistungskesseln der Deutschen Babcockwerke senkrecht zur Längsachse der Wasserrohre angeordnet, Abb. 35, 75. Der Grund hierfür ist hauptsächlich darin zu suchen, daß dann bei breiten Kesseln die Verbindung zwischen Sektionen und Obertrommel am einfachsten und für Massenherstellung am geeignetsten wird und daß in Amerika die Rauchgase aus später zu erörternden Gründen mit Vorliebe oben aus dem Kessel abgeleitet werden, Abb. 35, 75. Schon mit Rücksicht auf letzteren Umstand haben querliegende Obertrommeln große Vorzüge,

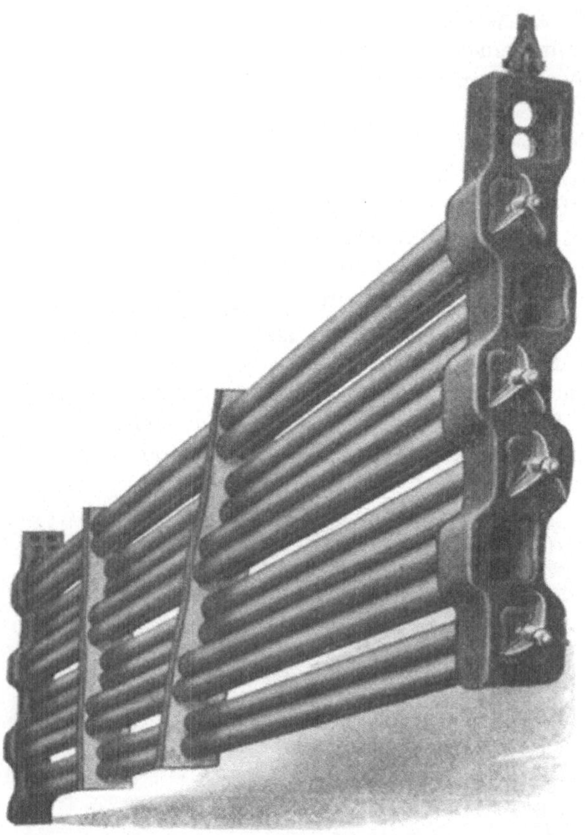

Abb. 74. Rohrelement bestehend aus vorderer und hinterer Sektion, Wasserrohren und Zuglenkplatten der Springfield Boiler Co.
Beachte: Ein Verschlußdeckel für vier Rohre. Vier Fall- und vier Steigrohre für jede Sektion. Zuglenkplatten in senkrechte, der Breite eines Rohrelementes entsprechende Streifen unterteilt. Aufhängeöse für vordere Sektion.

besonders weil bei ihnen die Rauchgase sehr bequem senkrecht zu den Wasserrohren geführt werden können. Die Obertrommel sitzt

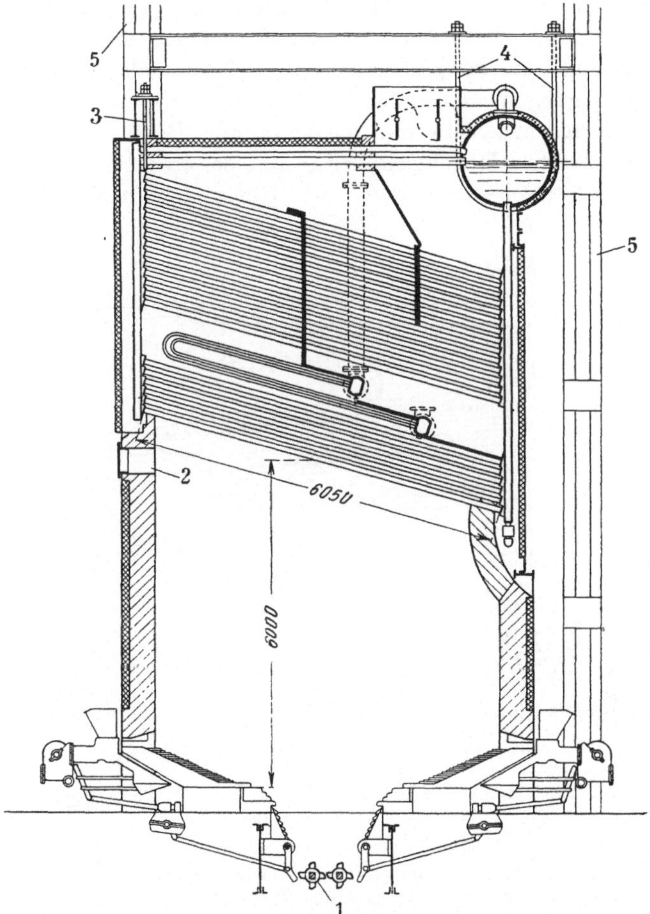

Abb. 75. 2140 m² Sektionalkessel der Babcock u. Wilcox Co. mit 20 übereinander liegenden Wasserrohrreihen und Taylor-Unterschubrosten.
1 = Schlackenquetscher, *2* = Türe zum Reinigen der untersten Wasserrohre von Flugascheansätzen, *3* u. *4* = Aufhängung des Kessels, *5* = Eisenkonstruktion des Gebäudes.

Beachte: Einbau des Überhitzers zwischen den Wasserrohren. 20 übereinanderliegende Rohrreihen. Senkrechte Stellung der Sektionen. Oberkessel liegt senkrecht zur Achse der Wasserrohre. Allmählicher Übergang vom Feuerraumquerschnitt zum ersten Zug. Ganze Rohrlänge dem Feuer ausgesetzt. Für Hochleistungskessel sehr große Rohrlänge. Sehr hoher Feuerraum. Selbsttätige Schlackenabfuhr. Doppelenderfeuerungen. Aufhängung des Kessels an der Eisenkonstruktion des Gebäudes unter Wegfall eines besonderen Kesselgerüstes.

entweder über den Sektionen in der Ebene einer der beiden Kesselstirnwände, Abb. 35, 75, 80, oder weiter nach der Rohrmitte zurück, wie

z. B. bei manchen Kesseln der Springfield Boiler Co. Sektionalkessel sehr großer Heizfläche haben bis 51 nebeneinandergereihte Sektionen. Zu noch breiteren Kesseln scheint man bisher weniger aus Bedenken gegen eine weitere Vergrößerung der Rostfläche und der Heizfläche, als aus Mangel an entsprechend langen Trommeln ohne Rundnähte nicht übergegangen zu sein.

Bei Schrägrohrkesseln mit mechanischen Rosten herrscht zu den Rohren senkrechte Rauchgasführung mit senkrechten oder annähernd senkrechten Zugscheidewänden vor. Unter den großen Fabriken ist

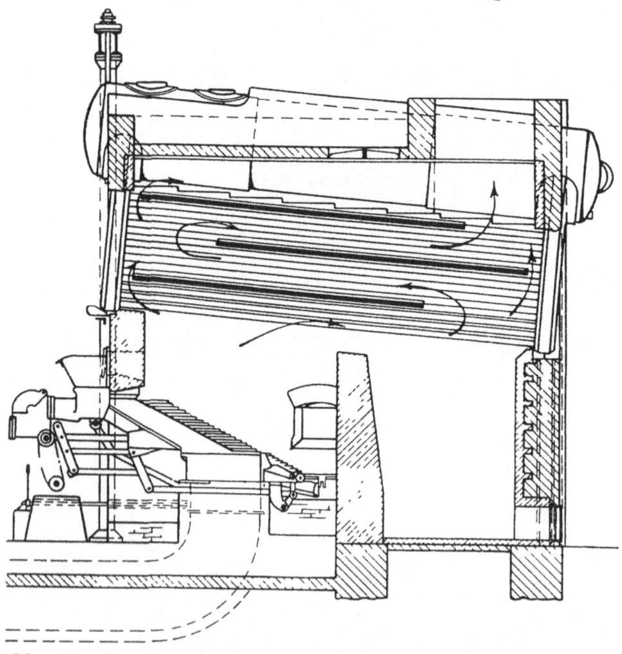

Abb. 76. Zweikammerwasserrohrkessel der Heine Boiler Co.
Beachte: Zu den Wasserrohren parallele Zugführung. Versuch der Vermeidung toter Ecken. Schräglage des Oberkessels.

meines Wissens die Heine Boiler Co. die einzige, die auch bei mechanischen Rosten horizontalen Zügen den Vorzug gibt, Abb. 76. Sie vertritt die Ansicht, daß wagerechte Zugscheidewände besser gasdicht seien, daß sie unter sonst gleichen Verhältnissen größere Dampfleistung und tiefere Abgastemperaturen geben, daß der Einbau von Rußbläsern einfacher sei, und daß die Verluste durch unverbrannte Gase geringer werden. Das letztere mag bei manchen gasreichen amerikanischen Kohlen besonders dann zutreffen, wenn man in der Höhe des Feuerraumes beschränkt ist. Im übrigen halte ich die von der Heine Boiler Co. für ihre Auffassung beigebrachten Unterlagen für nicht ganz beweiskräftig, weil der Kessel, an dem die betreffenden Versuche durchgeführt wurden, einen recht niederen Feuerraum hatte und weil die senkrechten Zugscheidewände bei den Vergleichsversuchen besonders im ersten Zug nicht zweckmäßig angeordnet waren. Die unterste wagerechte Zugscheidewand wird entweder auf der ersten oder auf der zweiten bis vierten Rohrreihe verlegt. Im ersteren Fall finden für die Scheidewand B-, T- oder C-Steine Verwendung, Abb. 77 bis 79. Letztere umhüllen, was bei uns unbekannt ist, die Rohre völlig, die beiden ersteren lassen einen mehr oder weniger großen Teil des unteren Rohrumfanges frei, Abb. 77 bis 79. Man hat dadurch ein einfaches Mittel zur Regelung der Feuerraumtemperatur an der Hand und wählt die Steinform nach dem Charakter einer Kohle.

Häufig wird die Achse der Obertrommeln nach dem hinteren Kesselende zu fallend angeordnet, horizontale Trommeln, die in Deutschland

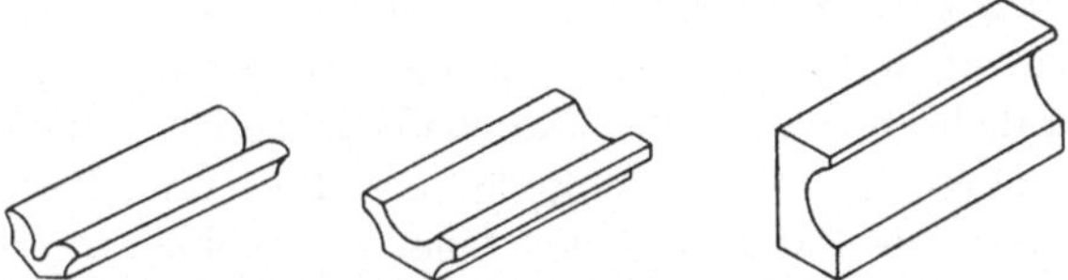

Abb. 77—79. *B*, *T* u. *C* Formsteine für die Zugscheidewände von Schrägrohrkesseln. **Beachte:** Abb. 77 u. 78 = normale Abdecksteine, Abb. 79 = Abdecksteine für unterste Rohrreihe, umhüllt die Wasserrohre allseitig völlig.

fast ausschließlich verwendet werden, sind aber meines Erachtens vorzuziehen, wenigstens was den Kesselbetrieb betrifft, Abb. 76.

Im Gegensatz zur deutschen Bauweise steht das in die Augen fallende Bestreben, die Zahl der übereinanderliegenden Wasserrohrreihen immer mehr zu vergrößern. So sind die Amerikaner über 11, 16, 18 Reihen in neuester Zeit zu 20 Reihen auf eine Sektion gekommen, Abb. 35 u. 75. Auch bei Kammerkesseln wird bis zu 16 und mehr Rohrreihen gegangen. Bei Abhitzekesseln verwenden Babcock & Wilcox sogar bis zu 27 Rohrreihen[1]). Die Kohlenersparnis eines Kessels von 20 Rohrreihen entsprechend 1800 m² Heizfläche gegenüber einem gleichbreiten mit nur 14 Rohrreihen und 1235 m² Heizfläche soll ungefähr 5 v. H. betragen. Über eine Beeinträchtigung des Wasserumlaufes durch die zahlreichen übereinanderliegenden Rohrreihen wird nicht berichtet, dagegen scheint mir die Lebensdauer der untersten Wasserrohre, welche die für hohe Heizflächenbelastung sehr große Länge von 6100 mm haben und vollkommen der strahlenden Hitze des Rostes ausgesetzt sind, etwas gefährdet zu sein. Allerdings erwecken die Schilderungen amerikanischer Großkraftwerke den Eindruck, als ob der Speisewasseraufbereitung sehr viele Sorgfalt gewidmet wird, und als ob große Kessel besonders pfleglich und sachgemäß behandelt werden.

[1]) Power 1922, S. 472.

Große Rohrlängen und zahlreiche übereinanderliegende Rohrreihen bedingen sich übrigens in gewissem Maße gegenseitig, weil andernfalls keine genügenden Durchgangsquerschnitte für die Rauchgase vorhanden und sehr große Zugverluste unvermeidlich wären. In der Tat ist der für einen amerikanischen Sektionalkessel mit 16 übereinanderliegenden Rohrreihen für 45 $kgm^{-2} st^{-1}$ Belastung zu 32 mm WS angegebene Zugverlust innerhalb des Kessels für Spitzenkessel nicht ungewöhnlich hoch. Nach vertrauenswürdigen, mir von Amerikanern gemachten mündlichen Mitteilungen ist der Zugverlust solcher vielreihiger Hochleistungskessel allerdings weit höher, er soll z. B. bei einem Kessel von etwa 1400 m^2 Heizfläche bei 50 $kgm^{-2} st^{-1}$ Belastung und 75 mm WS Überdruck des Unterwindes rund 100 mm WS (4″) betragen. Eine gewisse Bestätigung dieser Angaben ist m. E. in dem Umstand zu erblicken, daß trotz Unterwind und trotz 70 bis 100 m Schornsteinhöhe die meisten Hochleistungskessel in Elektrizitätswerken mit reichlich bemessenen Saugzugventilatoren ausgerüstet sind. Falls diese Ventilatoren nur während der Spitzen zu laufen brauchten, würde ihr Kraftbedarf freilich keine große Rolle spielen, besonders bei Würdigung der erzielten mittelbaren Vorteile, wie Ersparnisse an Baukosten der teueren, hochliegenden, schmiedeisernen Füchse infolge der hohen zulässigen Rauchgasgeschwindigkeit, hohe Überlastbarkeit, mäßige konstante Verluste u. a. m.

Die auf S. 102 näher beschriebenen Kessel von Sargent & Lundy erhalten trotz einer Rohrlänge von nur 4600 mm ausreichende Durchgangsquerschnitte für die Rauchgase durch die Anordnung von nur 2 Zügen, welche durch eigenartige Abführung der Rauchgase ermöglicht wird Abb. 80.

Ferner verbilligen lange in zahlreichen übereinanderliegenden Reihen angeordnete Wasserrohre und eine große Zahl in einem Block vereinigter Sektionen die Herstellung der Kessel erheblich, weil Sektionen und in einzelne, gleichartige Retorten unterteilte Unterschubroste sich für Massenherstellung besonders eignen und weil die Kosten für Armaturen usw. etwa dieselben bleiben.

Viele übereinanderliegende Rohrreihen beeinflussen auch wegen der Unterbringung des Überhitzers den Aufbau von Sektionalkesseln. In Deutschland werden Überhitzer fast ausschließlich am Ende des ersten Zuges angeordnet, auch in Amerika hat man sie früher im allgemeinen dort untergebracht. Durch das Übereinanderlegen vieler Rohrreihen ist aber die Rauchgastemperatur an dieser Stelle oft zu niedrig, bzw. müßte die Überhitzerheizfläche unverhältnismäßig groß werden. Die Amerikaner setzen ferner bei vielreihigen Sektionalkesseln bis zu 6 Wasserrohrreihen auf der ganzen Länge den heißesten Feuergasen aus, um da, wo die Rauchgase in den schmalen ersten Zug einströmen, nur noch ein verringertes Gasvolumen zu haben und mit mäßigen Querschnitten auszukommen, wodurch die Temperatur am Ende des ersten Zuges weiter zurückgeht. Deshalb werden seit einiger Zeit Überhitzer öfters zwischen 6. und 7. Rohrreihe untergebracht, Abb. 35 u. 75. Man kommt dadurch mit mäßiger Heizfläche aus und erhält einen vorteilhaften Über-

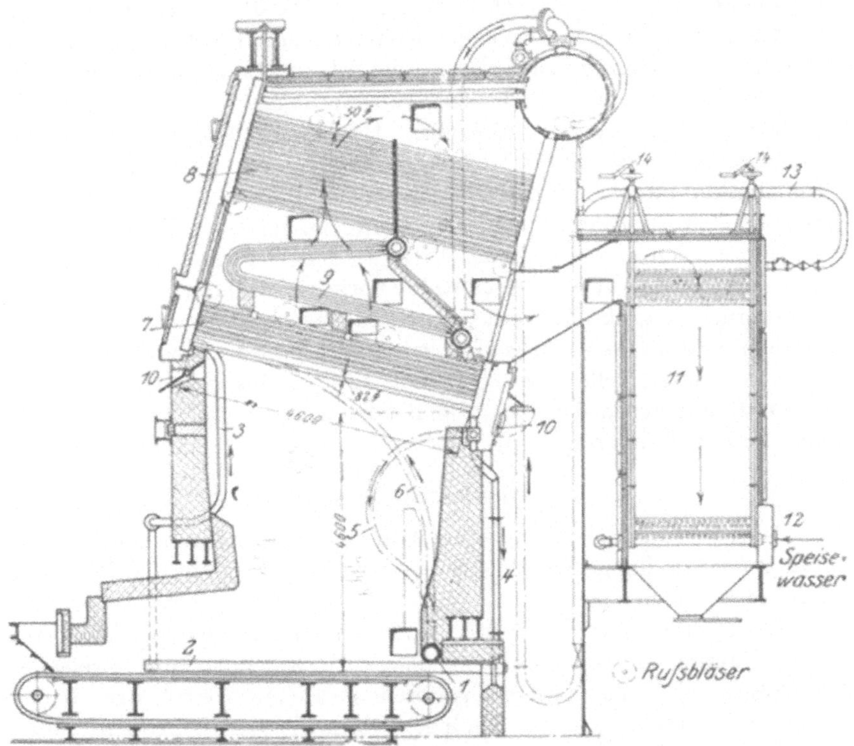

Abb. 80. 1300 m² Sektionalkessel von Sargent and Lundy für 28 at für das Waukegan-Kraftwerk.

1 = wassergekühltes Abschlußrohr für den Wanderrost (waterback), *2* = seitliche Kühlkasten im Mauerwerk, *3* = Dampfabfluß aus *2*, *4* = Wasserzufluß zu *2*, *5* = Wasserzufluß zu *1*, *6* = Dampfabfluß aus *1*, *7* = unteres Rohrbündel, *8* = oberes Rohrbündel, *9* = Überhitzer, *10* = Türen zur äußeren Reinigung der untersten Wasserrohre, *11* = Ekonomiser, *12* = Speisewassereintritt, *13* = Speisewasserleitung zwischen Ekonomiser und Kessel, *14* = Rußbläser für *11*.

Beachte: Kessel hat nur 2 Züge. Abströmen der Rauchgase zwischen den langen Verbindungsnippeln der hinteren, oberen mit den unteren Sektionen. Auswechseln der Überhitzerschlangen zwischen den Verbindungsnippeln der vorderen, oberen mit den unteren Sektionen. Einschaltung des Abschlußrohres und der seitlichen Kühlkästen des Wanderrostes in den Kreislauf des Kessels. Sehr reichliche Befahrungsräume zum äußeren Reinigen der Heizflächen. Besondere Türen zum Entfernen von Aschenansätzen von den unteren Wasserrohren.

gang von der großen Breite des Feuerraumes auf den engen Durchgang des ersten Zuges.

Eine andere bemerkenswerte Einzelheit mancher Kessel ist die Unterteilung des Rohrbündels in 3 bis 4 annähernd horizontale Gruppen, die soweit auseinandergerückt sind, daß ein Mann bequem dazwischen kriechen und Aschen- bzw. Schlackenansätze entfernen kann.

Zuweilen, besonders bei Kesseln mit Kohlenstaubfeuerungen oder bei ungünstiger, zu Flugaschenbildung und Ansätzen neigender Kohle, ist der Abstand der Rohrreihen voneinander und die Teilung der Wasserrohre in den untersten Reihen erheblich größer als in den höherliegenden, indem einige Bohrungen übersprungen oder die Abstände größer gemacht werden, Abb. 43. Die Anordnung wird manchmal so getroffen, daß die entstehenden Gassen von der untersten bis zur dritten oder vierten Rohrreihe sich allmählich verengen. Dadurch sollen die Eintrittsquerschnitte für die heißesten Rauchgase vergrößert werden und Schlackenansätze an den Wasserrohren, die besonders bei Schwefeleisenhaltiger Kohle vorkommen, häufige Reinigungen erfordern und große Zugverluste verursachen und über die in amerikanischen Kraftwerken viel geklagt wird, fast ganz aufhören. Kessel mit solchen Gassen sollen bei manchen Kohlen bis zu dreimal höher belastet und wesentlich länger in Betrieb gehalten werden können, ehe eine äußere Reinigung nötig wird.

b) Steilrohrkessel.

Auch in Amerika gibt es viele Bauarten von Steilrohrkesseln, ohne daß zwischen ihnen im allgemeinen erhebliche grundsätzliche Unterschiede beständen.

Wenn man von konstruktiven Einzelheiten absieht, so kann man zwei Hauptarten unterscheiden und zwar Einender- und Zweiendersteilrohrkessel. Zu ersteren gehören u. a. die Kessel der Badenhausen Co. und die ihnen ähnlichen Connelly-Kessel, Abb. 81, ferner ein Kesseltyp der Heine Boiler Co., der Ladd Co., Abb. 82 und 83, die von Babcock und Wilcox gebauten Stirling-Kessel, sowie der Bigelow-Hornsby-Kessel, der der hauptsächlichste Vertreter des gradrohrigen Kessels zu sein scheint und vom normalen deutschen Steilrohrkessel wohl am meisten abweicht, Abb. 84. Er besteht aus mehreren, senkrecht oder annähernd senkrecht gestellten Trommeln von kleinem Durchmesser, zwischen deren einander zugewendeten, als Formplatten ausgebildeten Böden die geraden Wasserrohre eingezogen sind. Untertrommeln und Obertrommeln sind unter sich durch wenige Wasser- bzw. Dampfrohre verbunden. Größere Kessel haben bis zu 10 nebeneinanderliegende Reihen von Rohrbündeln, d. h. bis zu 40 Trommeln, machen daher den Eindruck großer Vielgliedrigkeit. Den Kesseln wird aber sehr große Elastizität und Unempfindlichkeit gegen heftige Schwankungen der Speisewassertemperatur nachgerühmt, dagegen werden die vielen erforderlichen Ablaßventile als etwas lästige Beigabe empfunden, Abb. 84.

Der Wickes-Steilrohrkessel hat eine Ober- und eine Untertrommel von großen Durchmesser. Die Obertrommel ist hoch, die Untertrommel niedrig. Die graden senkrechten Wasserrohre sind in einem zu den Trommelachsen parallelen Bündel eingewalzt. Der Kessel hat nur zwei Züge und scheint mehr für kleinere Leistungen ausgeführt zu werden.

Die Mehrzahl der vorgenannten Firmen baut daneben Zweiendersteilrohrkessel, Abb. 58, 59, 85, 86, 87, die meist V-förmig angeordnet

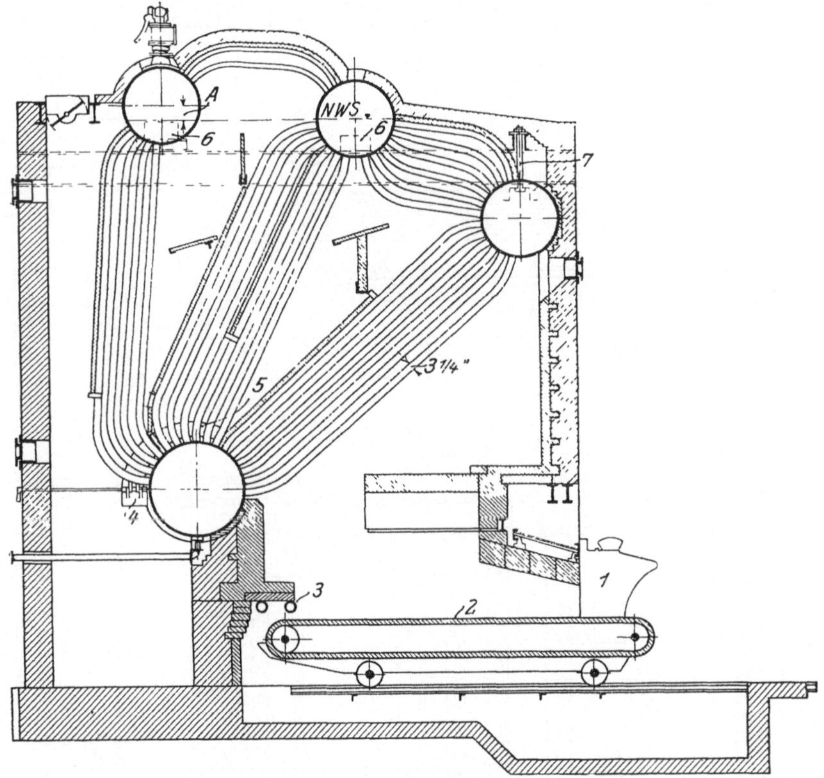

Abb. 81. Connelly-Steilrohrkessel mit Wanderrost.
1 = Kohlentrichter, *2* = Wanderrost, *3* = Abstreifer (waterback), *4* u. *5* = Ringkanal im Mauerwerk und Klappe zum Ausblasen der im zweiten Zug auf der Untertrommel abgelagerten Asche, *6* = Tragpratzen für Obertrommeln, *7* = Aufhängung der vorderen Obertrommel.
Beachte: Hinteres Rohrbündel nicht in den Wasserkreislauf des Kessels eingeschaltet.

und besonders bei großen Leistungen beliebt sind. In Deutschland ist man von diesem Kesseltyp im allgemeinen wieder abgekommen. Dies rührt offenbar davon her, daß in Amerika die durch die V-förmige Anordnung bedingte Unterteilung der Rauchgase in 2 Ströme keine baulichen Unbequemlichkeiten mit sich bringt, weil die Gase den Kessel

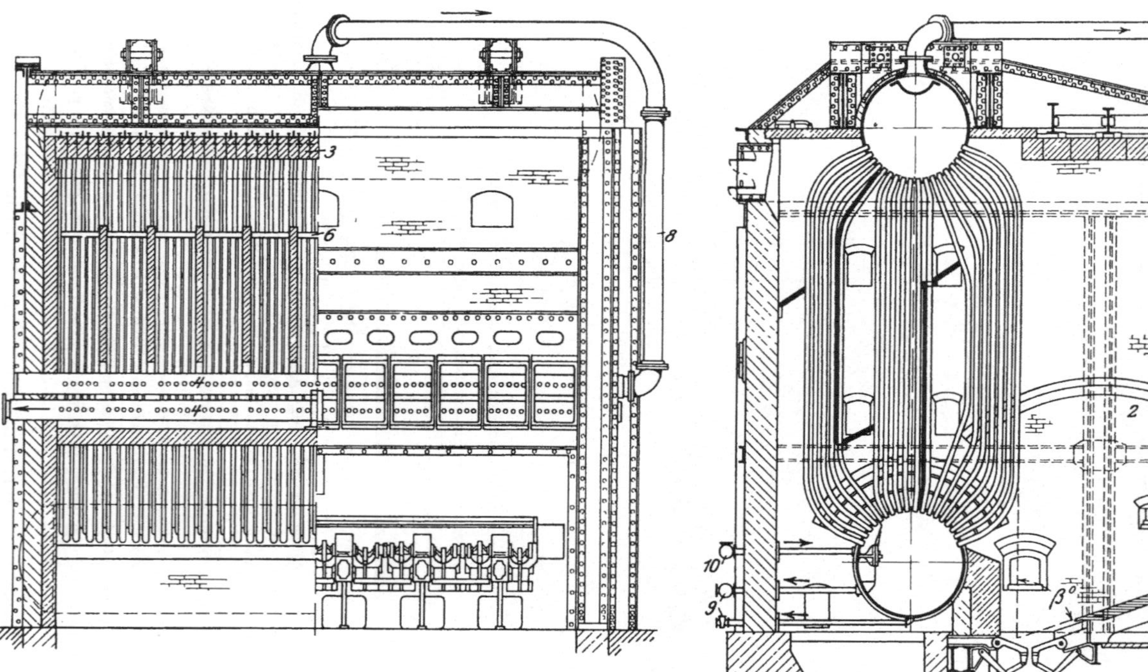

Abb. 82 u. 83. Ladd-Steilrohrkessel mit hochgezogenem Feuergewölbe und Taylor-Rost.

1 = Rost, *2* = Feuerraum, *3* = Feuergewölbe, *4* = Überhitzersammelkästen, *5* = Überhitzerrohre, *6* = Umkehrstück, *7* = Schutzwand für *5*, *8* = Dampfzufluß zu Überhitzer, ***9* = Ablaßleitungen, *10* =** Speiseleitung.

Beachte: Einbau des Überhitzers, reine Wärmeübertragung durch Strahlung. Sehr hoher Feuerraum. Kräftiges Kesselgerüst.

fast stets oben in seiner Mitte verlassen und daher einfach wieder vereinigt werden können. Auch eignen sich Stoker und besonders Kohlenstaubfeuerungen für Doppelenderanordnung recht gut. Einige Konstruktionen lassen das an sich richtige Bestreben erkennen, innerhalb der Kesselheizfläche möglichst lange Gaswege zu schaffen, die aber zu-

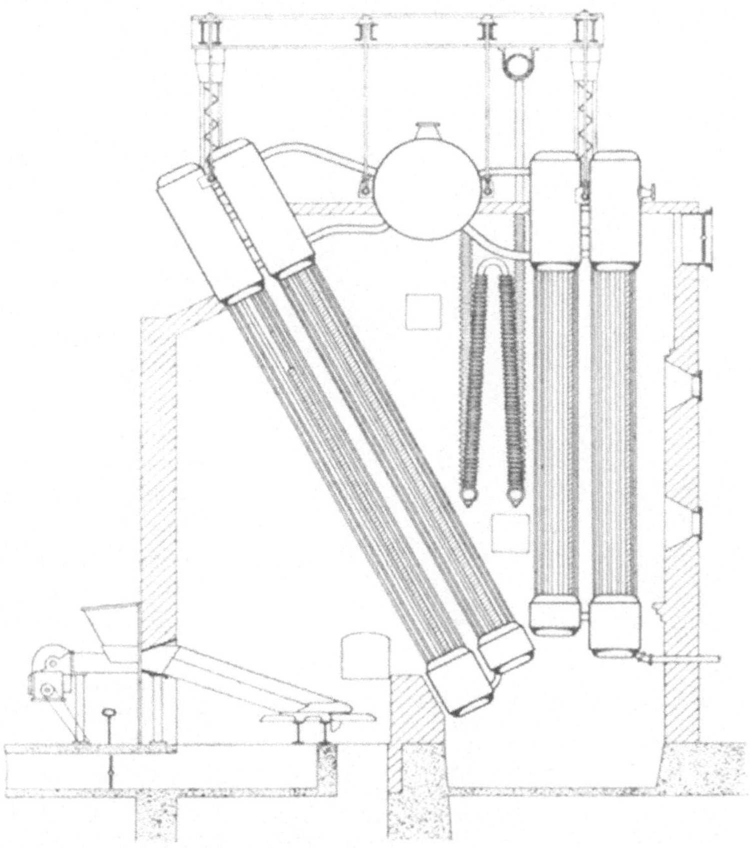

Abb. 84. Steilrohrkessel der Bigelow Co., New-Haven, U. S. A., mit Riley-Unterschubrost und Foster-Überhitzer.
Beachte: Unterteilung des Kessels in zahlreiche Elemente. Aufhängung an langen Pendeln. Dadurch gute Anpassungsfähigkeit an Wärmedehnungen, aber große Vielgliedrigkeit.

weilen durch ziemlich lästige und großen Zugverlust verursachende Aschensäcke erkauft werden.

Die Ladd-Kessel fallen durch die Unterbringung des Überhitzers Abb. 82, 83, 86, 87, und durch die Ausbildung des Feuerraumes auf. Der Überhitzer ist entweder in der Stirnwand oder in den Seitenwänden gelagert und durch eine gitterartige, feuerfeste Wand vor zu großer Hitze geschützt. Die Wärmeübertragung erfolgt fast völlig durch Strahlung. In Abb. 82 u. 83 ist die Decke des Feuerraumes in Höhe der Obertrommel verlegt. Dadurch entsteht ein sehr hoher, geräumiger Verbrennungsraum und trotz des senkrechten Rohrbündels eine günstige Lage zwischen Rost und bestrahlter Heizfläche, ohne daß der Kessel übermäßig hoch über den Rost gelegt werden muß. Das Rohrbündel ist symmetrisch zur Verbindung der Mittelpunkte der beiden Kesseltrommeln, ferner haben sämtliche Rohre gleichen Krümmungshalbmesser, um die Zahl der verschiedenartigen Rohre tunlichst zu erniedrigen. Mit der Heizfläche wird auf 2000 m² und mehr gegangen.

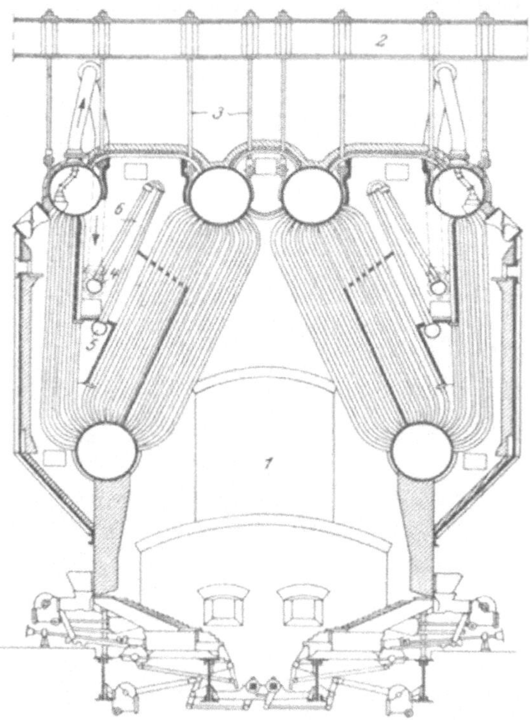

Abb. 85. Connelly-Steilrohrkessel für 1000 bis 3000 m² Heizfläche.
1 = Feuerraum, *2* = mit der Eisenkonstruktion des Gebäudes verbundener Tragbalken, *3* = Aufhängependel, *4*, *5* u. *6* = Überhitzer.
Beachte: Aufhängung des Kessels mittels langer Pendel. Wegfall eines besonderen Kesselgerüstes. Unterbringung des Überhitzers. Blechummantelung des Kessels.

Wie schon weiter oben erwähnt wurde, ist in gewissem Maße für die Größe der in einer Einheit noch ausführbaren Heizfläche die Länge entscheidend, in welcher die Kesseltrommeln ohne Rundnaht geliefert werden können. Es ist daher anzunehmen, daß bei gleicher Trommellänge in einem Steilrohrkessel eine größere Heizfläche untergebracht werden kann als in einem Schrägrohrkessel. Die George D. Ladd Co. hat untersucht, mit welcher Heizfläche ein Kessel mit den zur Zeit marktgängigen Baustoffen höchstens gebaut werden kann und bei einer Ausführung nach Abb. 88 einen Höchstwert von rd. 8000 m² ermittelt. Dieser Kessel soll noch Dauerleistungen mit 40—50 $kgm^{-1}st^{-2}$ hergeben. Bei der Steigerung der Heizfläche über ein gewisses Maß hinaus unter Verwendung der heutzutage bekannten Anordnungen muß aber wohl schon

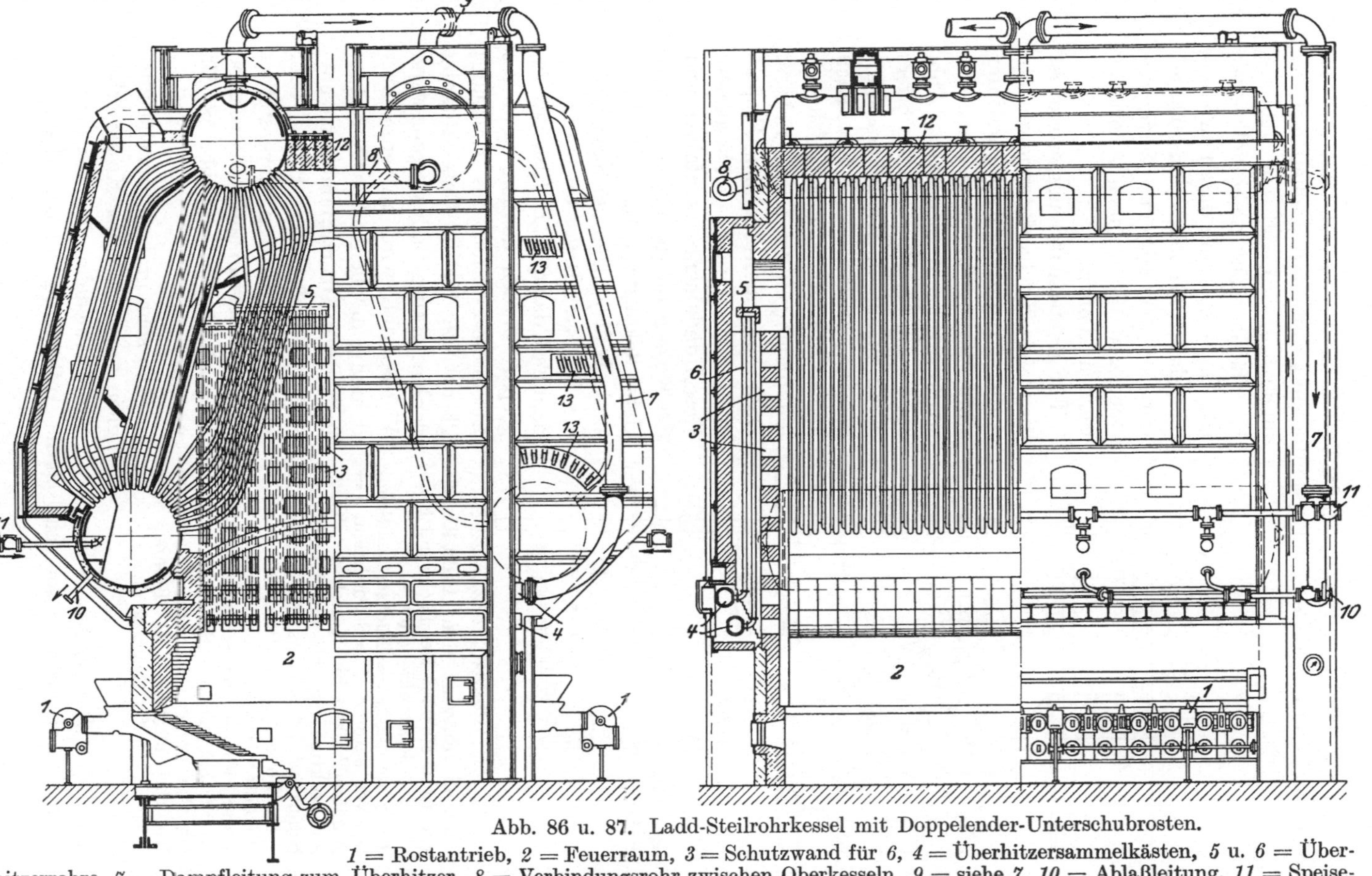

Abb. 86 u. 87. Ladd-Steilrohrkessel mit Doppelender-Unterschubrosten.

1 = Rostantrieb, *2* = Feuerraum, *3* = Schutzwand für *6*, *4* = Überhitzersammelkästen, *5* u. *6* = Überhitzerrohre, *7* = Dampfleitung zum Überhitzer, *8* = Verbindungsrohr zwischen Oberkesseln, *9* = siehe *7*, *10* = Ablaßleitung, *11* = Speiseleitung, *12* = aufgehängte Feuerraumdecke, *13* = Ausblasöffnungen für Wasserrohre.

Beachte: Einbau des Überhitzers, reine Wärmeübertragung durch Strahlung. Eiserne Kesselummantelung. Aufhängung des Kessels.

früher der Punkt eintreten, wo das Verhältnis der bestrahlten, bzw. der von den heißesten Feuergasen bespülten zur gesamten Kesselheizfläche so ungünstig wird, daß ein Mehr an Heizfläche nicht mehr vollwertig ist. Doch ist kaum daran zu zweifeln, daß Heizflächen von 3000 m² mit den derzeitig zur Verfügung stehenden Mitteln noch beherrscht werden können.

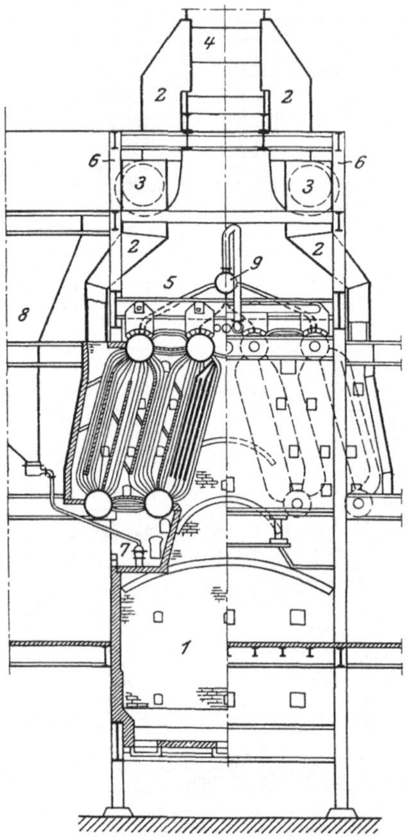

Abb. 88. Entwurf eines Ladd-Kessels von rund 8000 m² Heizfläche mit Kohlenstaubfeuerungen.
1 = Feuerraum, *2* = Füchse, *3* = Saugzugsventilatoren, *4* = Schornstein, *5* = Aufhängebalken für Kessel, *6* = Tragkonstruktion für Gebäude, Kessel und Schornstein, *7* = Brenner, *8* = Kohlenstaubbunker, *9* = Dampfsammler.
Beachte: Gebäudekonstruktion trägt Kessel, Füchse und Schornstein. Jeder Kessel hat mehrere Saugzugventilatoren. Sehr großer Feuerraum. Geschickte Unterbringung der K.-St.-Brenner. Sehr große Gesamthöhe.

Für Deutschland ungewohnt ist die in Amerika häufig angewendete Aufhängung großer Kessel und ihrer Einmauerung an der Eisenkonstruktion des Kesselhauses, Abb. 35, 58, 59, 75, 84, 85, 88 das öfters geradezu auf die Kesselabmessungen zugeschnitten wird, bzw. nach dessen Abmessungen sich nicht selten diejenigen der Kessel richten. Dadurch können erhebliche Ersparnisse erzielt werden, weil besondere Kesselfundamente wegfallen und die Kosten für die etwas stärkere Gebäudekonstruktion niedriger sind als diejenigen der Kesselgerüste. Die Ladd Boiler Co. fand in einem Fall, daß 50 v. H. Eisen hätten gespart werden können, wenn die Eisenkonstruktion des Gebäudes gleichzeitig für die Unterstützung der Kessel ausgebildet worden wäre. Viel Sorgfalt wird auf gute Ausdehnungsmöglichkeit der Kessel gelegt, deren Obertrommeln oft entweder mittels langer Pendel oder mittels aus Platten hergestellter Träger an der Gebäudekonstruktion aufgehängt werden, Abb. 58, 59, 84, 85.

Die sehr großen Einzelheizflächen amerikanischer Kessel erfordern besonders sorgsame Beachtung der Wärmedehnungen der Kesselkörper. Abb. 89 zeigt schematisch die Aufhängung der Ladd-Kessel im

River Rouge-Kraftwerk. Das freie Ende der beiden Obertrommeln 1 ist mit kräftigen Platten 2, und Bolzen 3 an Zwischenstück 4 aufgehängt, das durch Pendel 6 mit dem an der Eisenkonstruktion des Gebäudes befestigten Tragprofil 7 verbunden ist. Längsbewegungen der Obertrommeln werden durch eine kleine Schrägstellung der Pendel 6 um ihren Aufhängepunkt 7 aufgenommen. Die Bolzen 3 der beiden Oberkessel 1 sind durch Laschen 9 miteinander verbunden, deren Mittelpunkt 10 unverrückbar an dem Traggerüst befestigt ist, damit die richtige gegenseitige Lage beider Oberkessel gewahrt bleibt. Dehnungen des Kessels senkrecht zu den Obertrommeln bewirken ihre Ausschwenkung um Bolzen 3. Die größte Dehnung wurde zu 15 mm berechnet, die Aufhängung läßt aber rd. 37 mm Bewegung zu. Das andere Ende der Obertrommeln ist durch Bolzen fest mit Tragprofil 8 verbunden.

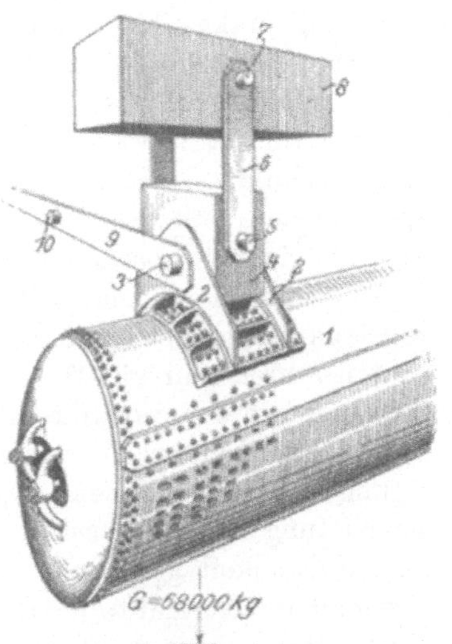

Abb. 89. Aufhängung der 2460 m² Ladd-Steilrohrkessel im River Rouge-Kraftwerk.

1 = Obertrommel, *2* = Tragpratzen, *3* = Aufhängebolzen, *4* = Zwischenstück, *5* = Aufhängebolzen, *6* = Hängeeisen, *7* = Aufhängebolzen, *8* = Haupttragbalken (mit Eisenkonstruktion des Gebäudes verbunden), *9* = Distanzeisen zur anderen Obertrommel, *10* = Fixierbolzen.

Beachte: Bei Wärmedehnungen senkrecht zur Trommelachse schwingt Obertrommel um Bolzen *3*, bei Dehnungen parallel zur Trommelachse um Bolzen *7*. Große Beweglichkeit des Kessels trotz sicherer Fixierung.

Wie aus veröffentlichten Abbildungen mehrerer moderner Steilrohrkessel hervorgeht, sind zuweilen Bemessung und Anordnung der Wasser- und Dampfräume und ihre Verbindungen untereinander noch etwas verbesserungsbedürftig. Es wird offenbar noch zu wenig berücksichtigt, daß sich die Bemessung dieser Teile nicht nur nach der Größe, sondern stark nach der spezifischen Belastung der Heizfläche richten muß, wenn ein Kessel gut arbeiten soll[1]). Auch aus anderen Unterlagen und Mitteilungen kann man entnehmen, daß manche amerikanische Steilrohrkesselbauer noch gewisse Erfahrungen werden machen müssen, die wir bereits hinter uns haben. Daher überraschen die häufigen Klagen über ungenügende oder stark schwankende Überhitzung, über Mitreißen von Wasser im Dampf und ähnliche Dinge nicht. So führten z. B. in einer Versammlung amerikanischer Ingenieure im Jahre 1921 die Vertreter von zwei der bedeutendsten

[1]) Münzinger: Leistungssteigerung, S. 108.

amerikanischen Dampfturbinenfirmen aus, die Vorteile überhitzten Dampfes würden dadurch sehr abgeschwächt, daß die Temperatur oft zwischen voller Überhitzung und Sättigungstemperatur schwanke und daß häufig Wasser vom Dampf mitgerissen werde. Auf diese Bemerkungen hat eine Überhitzerfabrik m. E. mit Recht erwidert, hieran seien nicht die Überhitzer schuld, sondern die Kessel.

Es ist aber, wie die deutschen Erfahrungen gezeigt haben, sehr wohl möglich, Steilrohrkessel so zu bauen, daß sie auch bei sehr hoher Belastung praktisch trockenen Dampf liefern und daß innerhalb weiter Belastungsgrenzen die Überhitzung fast gleichbleibt. An stark schwankender Überhitzung ist fast stets falsche Bemessung der Umlaufquerschnitte für Kesselwasser und Dampf oder der Dampf- und Wasserräume schuld. Natürlich wirkt zuweilen auch hoher Sodagehalt des Speisewassers mit; so lange er aber in vernünftigen Grenzen bleibt, wird bei richtig gebauten Kesseln kein Wasser mitgerissen.

In Deutschland sind seit Kriegsbeginn grundsätzlich neue Kesselkonstruktionen nicht auf den Markt gekommen. Dagegen ist in den letzten Jahren sehr viel Mühe auf die verbesserte Herstellung der Kessel verwendet worden, wozu die außerordentlich verdienstvollen, langwierigen Untersuchungen der „Vereinigung der Großkesselbesitzer" wichtige Anregungen gegeben haben. Der Wahl und Prüfung der Baustoffe und der Nietung und Konstruktion der Trommeln wurde hierbei besondere Aufmerksamkeit geschenkt. In Verfolg dieser Bestrebungen werden vermeidbare Nietnähte möglichst weggelassen und nahtlos hergestellte Trommeln genieteten oft vorgezogen. Die Düsseldorf-Ratinger-Röhrenkesselfabrik ist seit einiger Zeit sogar imstande, unter Wegfall besonderer Formplatten die Stufen für die Einwalzbohrungen der geraden Rohre ihrer Garbekessel unmittelbar in das Kesselblech einzupressen und die Trommeln mit einer einzigen Längsnaht herzustellen.

VII. Überhitzer.

Im Gegensatz zu Deutschland werden in Amerika Überhitzer, ähnlich wie Roste, großenteils nicht von den Kesselfirmen geliefert. Es finden sich infolgedessen öfters Klagen über mangelhaftes Zusammenarbeiten von Kessel- und Überhitzerfabriken. Andererseits rührt wohl hiervon die große Zahl zuweilen recht origineller amerikanischer Überhitzerkonstruktionen her. Auch auf diesem Gebiete findet man große Rührigkeit. Die Überhitzer werden liegend und hängend angeordnet, aber im Gegensatz zu Deutschland, wo sie bei Steilrohrkesseln vorwiegend hinter dem ersten Rohrbündel in einer besonderen, nach unten in reichlich bemessene Aschentrichter auslaufenden Kammer untergebracht sind und teils horizontal, teils vertikal von den Rauchgasen durchströmt werden, sitzen sie in amerikanischen Steilrohrkesseln vielfach in entsprechend erweiterten Rohrgassen des vordersten Rohrbündels Abb. 58 u. 59. Eine ähnlich gedrängte Einbauweise zeigt Abb. 90, bei welcher der Überhitzer zwischen erstem und zweitem Rohrbündel hängt. Die Sammelkästen sitzen sowohl am oberen als auch am unteren Ende der Schlangen, teils innerhalb, teils außerhalb der Rauchgaszüge, Abb. 35, 43, 58, 59, 75, 80 bis 88, 90.

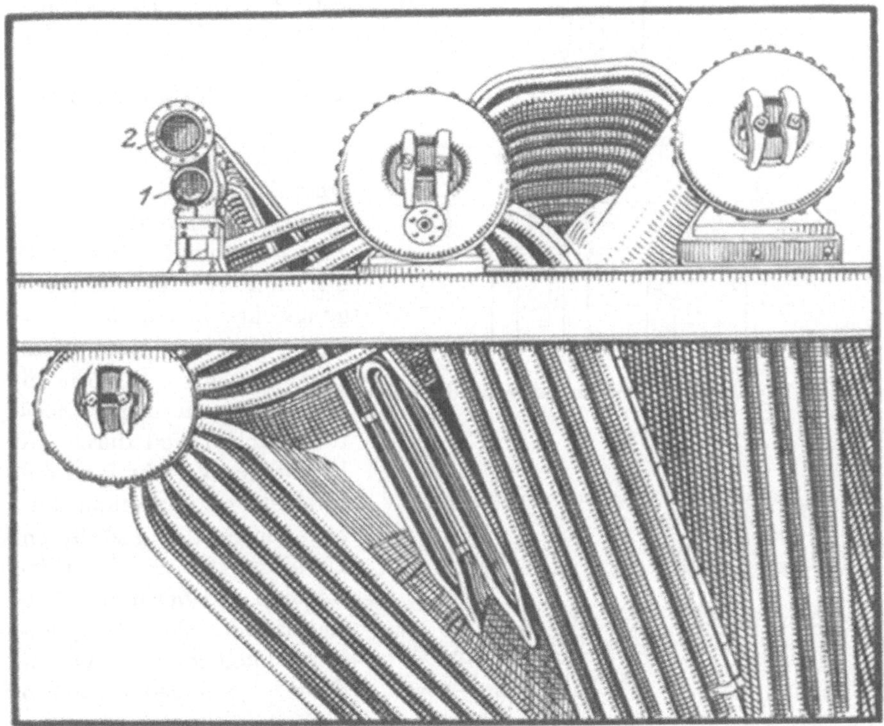

Abb. 90. Einbau des Überhitzers zwischen erstem und zweitem Rohrbündel in einem amerikanischen Steilrohrkessel. — *1* u. *2* = Überhitzersammelkästen. **Beachte:** Sehr gedrängte Bauweise infolge eigenartiger, scharfer Umbiegung der Überhitzerschlangen.

Die konstruktive Durchbildung der Überhitzer ist nicht einheitlich. Manche Firmen walzen die Rohrschlangen unmittelbar in die eckigen oder runden Überhitzersammelkästen ein und ordnen die Einwalzbohrungen häufig so an, daß bis zu 4 Bohrungen durch einen Deckel zugänglich sind. Sie vertreten die Ansicht, daß Überhitzer im Interesse großer Betriebssicherheit und niedriger Anlagekosten gar nicht einfach genug ausgeführt werden können. Andere Firmen sehen mehr auf eine Überhitzerbauart, die sich den besonderen Verhältnissen weitgehend anpassen läßt.

Die Superheater Co. verwendete z. B. für die Ladd-Kessel des River-Rouge-Kraftwerkes eigenartig geformte Sammelkästen mit seitlich angeschmiedeten Ansätzen mit Bohrungen für die Überhitzerrohre, die paarweise durch übergelegte Bügel mittels auf Zug beanspruchter Schrauben in die Bohrungen gepreßt werden, Abb. 91 u. 92. Die Befestigung der Überhitzer der gleichen Gesellschaft in den Springfield-Kesseln im Hell-Gate-Kraftwerk, Abb. 35 zeigen Abb. 93, 94, 95. In das Überhitzerrohr ist ein kräftiger Eisenstab von rechteckigem Querschnitt eingeschoben, der von den Befestigungsschrauben für die Überhitzerrohre an seinem Platz gehalten wird. Die Enden mit den kegelförmigen Dichtungsflächen sind durch ein besonderes Verfahren an die Überhitzer angeschmiedet. Die eigenartig gestalteten Umbiegungen der Überhitzerrohre sind gleichfalls ohne elektrische oder Azetylenschweißung in einem besonderen Schmiedeverfahren hergestellt und haben wesentlich größere Wandstärke als die Rohre selbst, deren äußerer Durchmesser 38 mm beträgt, Abb. 96. Die gleiche Konstruktion führt jetzt die Linke-Hofmann-Lauchhammer A.G. für Deutschland aus.

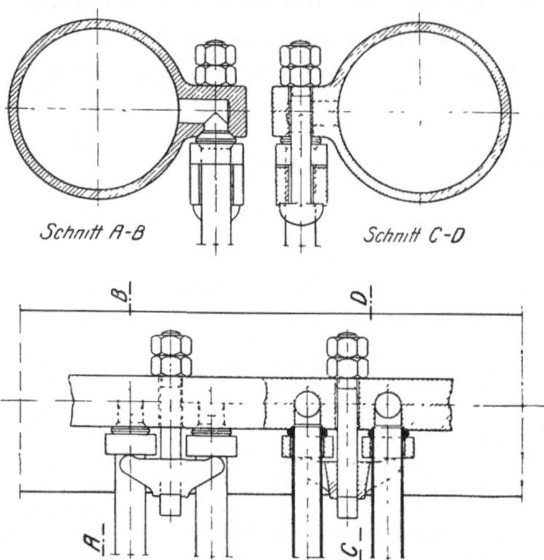

Abb. 91 u. 92. Überhitzersammelkästen der Superheater Co. (Eingebaut in Kessel Abb. 58 u. 59.)

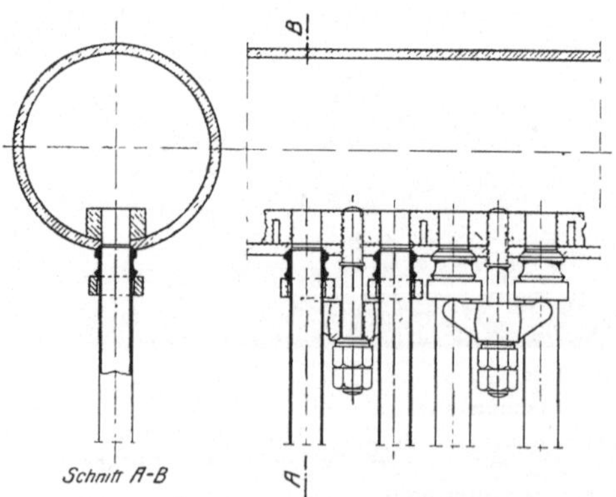

Abb. 93 u. 94. Überhitzersammelkasten der Superheater Co., eingebaut in Kessel nach Abb. 35. (Siehe auch zugehörige Abb. 95.)

Die Superheater and Engineering Co. baut die aus England stammenden Jeavens-Überhitzer. Die Dichtungskegel sind auf die Rohrenden aufgeschweißt, ihnen gegenüber liegen Ansätze mit Gewinde. Die Dichtungskegel einer Rohrschlange werden in die einander gegenüberliegenden Bohrungen der Sammelkästen durch eine Muffe mit Links- und Rechtsgewinde eingepreßt, Abb. 97. Diese Überhitzer sind vor allem für solche Industrien bestimmt, wo die Überhitzung öfters geändert werden muß, was sich durch Einsetzen kürzerer oder längerer Rohre schnell ermöglichen lassen soll.

Die weitverbreiteten Foster-Überhitzer der Power Specialty Co. bestehen aus nahtlosen Stahlrohren, auf welche gußeiserne Ringe mit

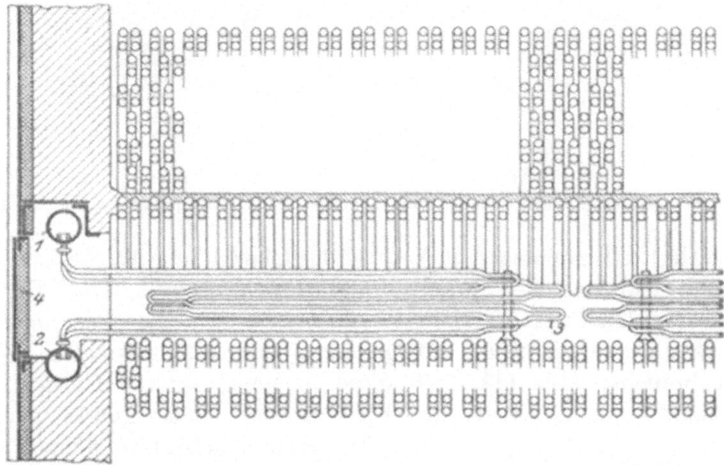

Abb. 95. Einbau des Überhitzers der Superheater Co. im Springfield-Kessel in Abb. 35.
1 = Eintrittssammelrohr, *2* = Austrittssammelrohr, *3* = Überhitzerschlange, *4* = Befahrungstüre.
Beachte: Einfache Ausbaumöglichkeit der Überhitzerschlangen.

Heizrippen aufgeschrumpft sind, über die Umbiegungsstelle der Stahlrohre sind zweiteilige gußeiserne Hülsen gelegt, Abb. 98. Die Gußeisenringe sollen die Berührungsfläche zwischen Rohrwand und Rauchgasen vergrößern, das Rohr schützen und bei Belastungswechseln durch ihre Masse stärkere Temperaturschwankungen verhindern.

Abb. 96. Umbiegung der Überhitzerschlangen der Superheater Co.

Bemerkenswert sind die RHA-Foster-Überhitzer derselben Firma (RHA = Radiant Heat Absorbing = strahlende Hitze aufnehmend). Sie erinnern an die in Abb. 82, 83 und 86, 87 dargestellten Konstruktionen und werden gleichfalls der unmittelbaren Einwirkung der strahlenden Hitze der Roste ausgesetzt, woher sie ihren Namen haben. Sie bestehen wie die normalen Foster-Überhitzer aus nahtlosen Stahlrohren, über die gußeiserne Hülsen eigenartiger Form geschoben sind, Abb. 99 u. 100. Die flache Seite dieser Hülsen ist dem Feuerraum zugewendet. In passenden Abständen sind die Hülsen mit dem dahinterliegenden, kräftigen, schmiedeisernen Traggerüst verschraubt. Die Rohre mit den Hülsen sitzen zwischen vorspringenden Schamotteleisten, die einen Teil der strahlenden Hitze abfangen sollen und deren Höhe entsprechend der gewünschten Überhitzung bemessen wird. Die schweren eisernen Hülsen (1 m Überhitzrohr mit Hülse wiegt

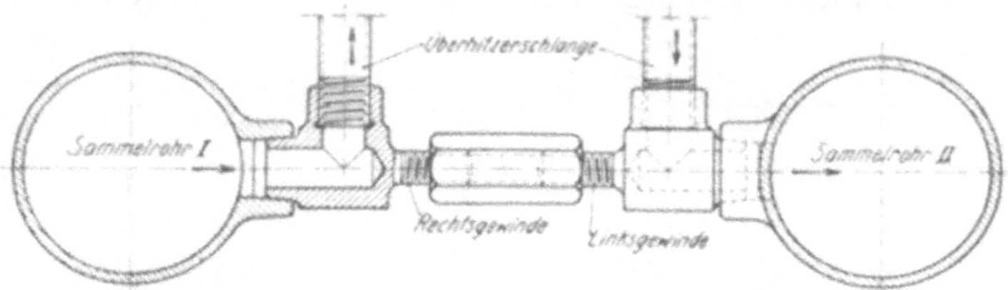

Abb. 97. Sammelkästen des Jeavens-Überhitzers der Superheater a. Engineering Co.

rd. 60 kg) sollen plötzlichen Wechsel der Überhitzung bei Änderungen in der Feuerführung oder im Dampfdurchfluß verhindern. Die RHA-Überhitzer werden in einer freien Wand des Feuerraumes oder des ersten Zuges untergebracht, die infolgedessen nur verhältnismäßig dünn zu sein braucht, Abb. 111. Ob diese in konstruktiver Hinsicht überraschend einfache Bauart sich bei den hohen Feuerraumtemperaturen neuzeitlicher Dampfkessel bewähren wird, muß die Erfahrung zeigen. Außer dem gußeisernen Schutzmantel scheinen besonders die verhältnismäßig schmalen Schamottezungen gefährdet. Freilich läßt sich die schärfste Hitze oft durch nahezu senkrechte Anordnung des Überhitzers und entsprechende Führung der heißesten Gase bis zu gewissem Grade mildern und vom Überhitzer fernhalten. Für den Kesselbauer wären solche Überhitzer insofern recht bequem, als er bei der Durchbildung des Kessels (besonders bei Steilrohrkesseln) auf ihre Unterbringung fast keine Rücksicht zu nehmen brauchte. Beim RHA-Überhitzer und bei Überhitzern mit zwischen den Kesselrohren liegenden Schlangen kann endlich der eigentliche Kessel gedrungener gebaut werden, ferner fallen besondere Zugscheidewände für den Überhitzer weg, und die Entaschung des Kessels wird einfacher.

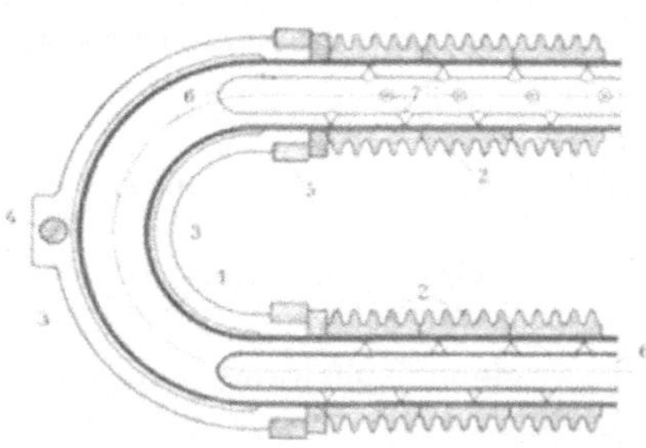

Ab. 98. Überhitzerrohr des Foster-Überhitzers der Power Specialty Co.
1 = Nahtloses Stahlrohr, *2* = gußeiserne Rippenringe, *3* = zweiteilige Überwurfhülsen für Umbiegung, *4* = Schraube zum Zusammenhalten von *3*, *5* = Schrumpfringe zum Zusammenhalten von *3*, *6* = Einsatzrohr, *7* = Distanzwarzen auf *6*.

Die Unterbringung ausreichender Umlaufquerschnitte für das zwischen den Obertrommeln von Steilrohrkesseln kreisende Wasser ist bei der in Deutschland üblichen Überhitzeranordnung bei manchen Kesselsystemen nicht immer einfach möglich, und Konzessionen an gute Einbaumöglichkeit des Überhitzers lassen sich manchmal nicht umgehen. Auch diese Schwierigkeit würden die beiden vorerwähnten amerikanischen Anordnungen großenteils vermeiden. Endlich fällt der Einfluß der strahlenden Hitze glühender Mauerwerkswände und des Rostes bei Überhitzern, die zwischen den Wasserrohrreihen des ersten Rohrbündels von Steilrohrkesseln hängen, fast völlig weg, was bei Werken mit plötzlicher scharfer Belastungsabnahme erwünscht sein kann. Es ist aber andererseits damit zu rechnen, daß die Dampftemperatur bei solchen Überhitzern mit der Belastung ziemlich stark wechselt, während bei der deutschen Einbauweise innerhalb eines weiten Belastungsbereiches fast völlig konstante Temperatur erreicht werden kann, wenn, was meist einfach möglich ist, dafür Sorge getragen wird, daß bei Schwachlast die Rauchgase sich möglichst gleichmäßig über die ganze Überhitzerheizfläche verteilen, aber bei hoher Belastung nur einen Teil davon berühren. So ändert sich z. B. bei den in Kraftwerk Golpa aufgestellten Kesseln der Düsseldorf-Ratinger Röhrenkesselfabrik, der Deutschen Babcockwerke und von Walther die Dampftemperatur zwischen 20 und 30 $kgm^{-2} st^{-1}$ Heizflächenbelastung nur um ungefähr 10° C.[1])

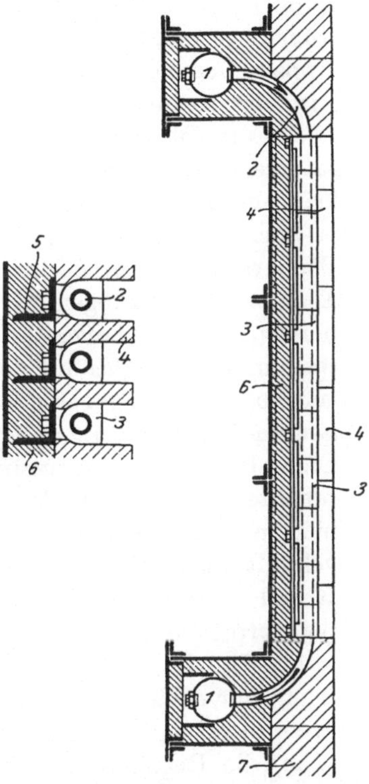

Abb. 99 u. 100. RHA-Foster-Überhitzer der Power Specialty Co.
1 = Sammelkästen, *2* = nahtloses Stahlrohr, *3* = gußeiserne Hülsen, *4* = Schamottezungen, *5* = Unterstützungskonstruktion zum Halten der Überhitzerrohre, *6* = abnehmbare Stirnwand des Kessels, *7* = feste Stirnwand des Kessels.

Der Ersatz schadhafter Schlangen liegender Überhitzer ist bei breiten Kesseln oft sehr schwierig, weil zwischen nebeneinander liegenden Kesseln meist nicht genügend Raum für die Auswechselung ist. Hängende Überhitzer sind in dieser Hinsicht überlegen, können aber bei Schrägrohrkesseln hoher Leistung im allgemeinen nicht untergebracht werden.

[1]) Münzinger: Untersuchungen an Steilrohrkesseln, Zeitschrift d. Vereines deutscher Ingenieure, 1920.

Dagegen steht fast stets an der Stirnseite der Kessel genügend Platz zur Verfügung. Bei den von Sargent and Lundy für das neue Waukegan-Kraftwerk bei Chicago entworfenen Kesseln sind daher je 2 von 3 nebeneinander liegenden Sektionen des unteren Rohrbündels kürzer ausgeführt und mit den darüber liegenden des oberen durch lange Rohrstücke verbunden. Dadurch entstehen zwischen den Verbindungsnippeln Gassen, durch welche die Überhitzerschlangen nach der Stirnseite des Kessels zu herausgezogen werden können, Abb. 80.

In die Obertrommeln der Kessel eingebaute Überhitzungstemperaturregler scheinen in Amerika nicht bekannt zu sein oder doch keine größere Verbreitung gefunden zu haben. Ihren Vorzügen steht ja auch der Nachteil gegenüber, daß sie die Zugänglichkeit zu den Wasserrohren verschlechtern und daß in größeren Kraftwerken bei Temperaturänderungen die Ventile zahlreicher Regler verstellt werden müssen. Die Hannoversche Maschinenbau A. G. bringt jetzt einen Zentraltemperaturregler auf den Markt, der in die Hauptdampfsammelleitungen eines Werkes eingebaut wird und die Temperatur der von einer ganzen Kesselbatterie gelieferten Dampfmenge reguliert. Er arbeitet nach dem gleichen Prinzip wie die in den Kesseltrommeln untergebrachten Regler, d. h. dadurch, daß ein veränderlicher Teil des überhitzten Dampfes durch wasserumspülte Rohre geleitet und heruntergekühlt wird. Der aus dem Kühlwasser entwickelte Dampf wird dem Kessel oder der Dampfleitung zugeführt. Der Vorteil zentraler Temperaturregelung ist m. E. darin zu erblicken, daß

a) Einbauten in den Kesseln wegfallen,

b) nur noch ein einziger Eingriff zur Regulierung des von mehreren Kesseln erzeugten Dampfes nötig ist,

c) die Regulierung vom Kesselhaus dahin verlegt wird, wohin sie gehört, nämlich in die Hand des Turbinenwärters.

Im letzteren Umstand ist meines Erachtens der Hauptfortschritt zu erblicken.

Bei Dampfturbinen großer Leistung wird die Überschreitung einer Höchtstemperatur von 325° bis 350° C besonders wegen der Gefahr schädlicher Wärmedehnungen der großen Turbinengehäuse bei nicht ganz sachgemäßer Bedienung des Kessel, bzw. der Turbinen im allgemeinen nicht gerne gesehen. Da erfahrungsgemäß trotz aller Vorschriften die als zulässig bezeichnete Höchsttemperatur gelegentlich überschritten wird und die Turbinen manchmal sehr unvorsichtig angewärmt werden, hat sich eine oberste zulässige Grenze von 325° bis 350°C für den praktischen Betrieb als zweckmäßig herausgestellt. Bei erstklassiger Betriebsführung, insbesondere aber dann, wenn Gewähr für eine von schroffen Wechseln freie Dampftemperatur gegeben ist, kann aber wohl auf 350° C Dampftemperatur gegangen werden. Es hängt dies aber, wie gesagt, nicht so sehr von der Turbine als von der Art der Betriebsführung und der Kesselanlage ab und ist bisher oft lieber vermieden worden, weil eine konstante, 350° C nicht überschreitende Dampftemperatur nicht zuverlässig eingehalten werden konnte. Bei zentraler, in die Hände des Turbinenwärters gelegter Temperaturregelung liegen die Verhältnisse wesentlich günstiger, weil

a) nur noch wenige Meßstellen vorhanden sind, in welche durchaus zuverlässig zeigende Thermometer eingebaut werden können,

b) die Betätigung der Regulierklappen vom Schaltbrett oder vom Stand des Turbinenwärters aus erfolgen kann,

c) die Turbinenwärter großer Anlagen ohnehin $^1/_4$-oder $^1/_2$stündliche Ablesungen aller wichtigen Temperaturen und Drücke machen, so daß die Gefahr, ein unzulässiges Ansteigen der Dampftemperatur zu übersehen, wesentlich kleiner ist, als wenn viele, durch andere Arbeiten stark in Anspruch genommene Heizer die Regulierung bewirken,

d) die Temperatur viel schneller und sicherer (gegebenenfalls selbsttätig) verstellt werden kann als bisher.

VIII. Ekonomiser.

Ekonomiser werden in Amerika nicht in dem Maße verwendet wie in Deutschland. Selbst sehr große, auf das modernste eingerichtete Kraftwerke arbeiten ohne sie. Die Frage, ob sich der Einbau eines Ekonomisers empfiehlt, ist ja in erster Linie eine wirtschaftliche. In Deutschland kostete vor dem Kriege 1 m² gußeiserner Ekonomiserheizfläche ungefähr 60 v. H. von 1 m² Kesselheizfläche. Da somit die Heizfläche von Ekonomisern billiger war und zudem mehr leistet als die letzte Kesselheizfläche, lohnte sich der Einbau von Ekonomisern in den meisten Fällen. In Amerika scheinen die Verhältnisse wesentlich anders zu liegen, und auch bei uns haben sie sich gegenüber der Vorkriegszeit etwas verschoben.

Seit einigen Jahren ist aber in Amerika die Neigung zum Einbau von Ekonomisern unverkennbar größer geworden, obgleich sich die Ekonomiserpreise gegenüber früher in stärkerem Maße erhöht haben sollen als die Kohlenpreise. Hierzu soll die wesentlich bessere Ausführung der jetzt hergestellten Ekonomiser beigetragen haben, es haben aber m. E. auch die erheblichen mittelbaren Vorteile von Ekonomisern, wie Schonung und Entlastung der Kessel und Vermeidung von Wärmespannungen infolge großer Temperaturunterschiede eine Rolle gespielt. Gußeiserne Ekonomiser sind in Amerika in den letzten Jahren nur ganz unwesentlich geändert worden. Während man aber in Deutschland seit 1916 von schmiedeisernen Ekonomisern wieder abgekommen ist, sind sie in Amerika zurzeit „große Mode“.

Schmiedeiserne Ekonomiser werden, wie vor etwa 10 Jahren bei uns, häufig mit dem Kessel organisch zusammengebaut (sog. Integral-Ekonomiser). Derartige Integral-Ekonomiser erhalten oft nur 25—50 v. H. der Kesselheizfläche, während neuzeitliche deutsche Kraftwerke mit gußeisernen Ekonomisern bis auf 60—75 v. H. gehen.

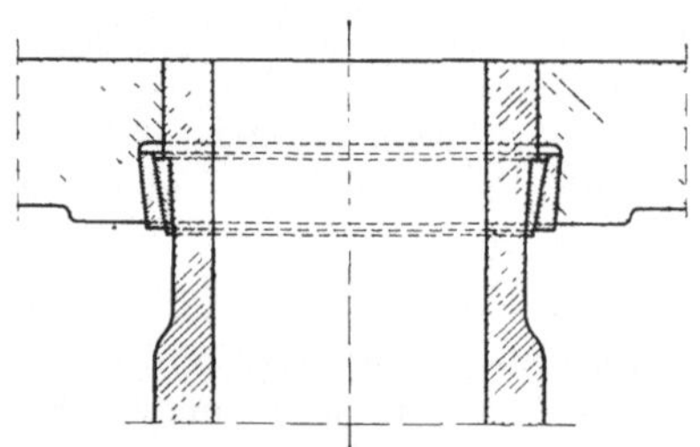

Abb. 101. Sicherung der Sammelkästen gußeiserner Ekonomiser gegen Abstreifen von den Rohren.

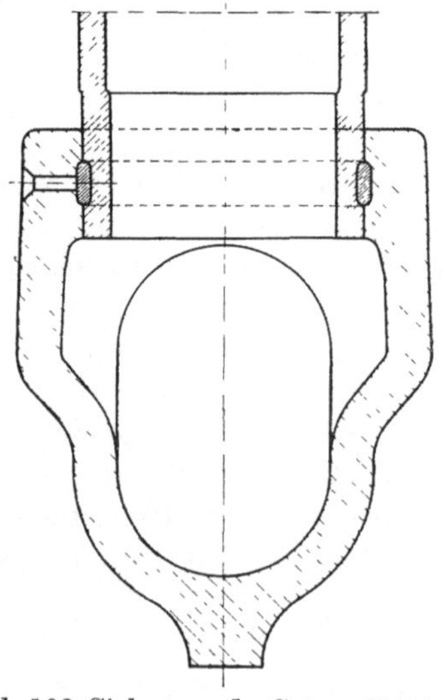

Abb. 102. Sicherung der Sammelkästen gußeiserner Ekonomiser gegen Abstreifen von den Rohren.

In der Frage der Bewährung schmiedeiserner Ekonomiser trifft man in Amerika vielfach Ansichten, die sich bei uns als nicht zutreffend erwiesen haben, so z. B. die Meinung, Schmiedeisen sei im Gebiet höherer Wassertemperaturen Anrostungen weniger ausgesetzt u. a. m. Obgleich in Amerika viel Sorgfalt auf die Herstellung destillierten, gasfreien Wassers verwendet wird, muß mit ähnlichen Erfahrungen mit schmiedeisernen Ekonomisern wie bei uns gerechnet werden. In der Erzeugung gasfreien Wassers sind allerdings seit 1916 Fortschritte gemacht worden, und außer Korrossionen entscheiden noch andere wichtige Punkte über die Wahl des Ekonomiserbaustoffes. Schmiedeisen ist für hohe Drücke als Baustoff an sich zweifellos geeigneter als Gußeisen, einige Amerikaner sagen aber selbst, daß dieser Vorteil durch die größeren Unkosten für die Herstellung gasfreien Wassers aufgewogen wird.

Als zulässiger Höchstdruck für gußeiserne Ekonomiser gelten in Amerika 11 bis 24 at, man geht aber nicht gern über 18 at, und zwar erblickt man die Gefahr höherer Drücke besonders darin, daß die Sammelkästen von den Rohren abgeschoben werden. Zur Vermeidung dieses Übelstandes hat Eisenwerk und Maschinenbau-A.-G., Düsseldorf-Heerdt, eine neue Bauart durchgebildet und die neuartigen Ekonomiserelemente Drücken bis zu 80 at ausgesetzt, ohne daß Bruch oder Abstreifen eintrat, Abb. 101. Eine andere, demselben Zweck dienende Bauart soll das Abziehen der Sammelkästen durch Eingießen einer kupferhaltigen Legierung in eine in die Dichtungskonusse eingedrehte Nut verhindern, Abb. 102. Die sichere Verhinderung der Lockerung der Sammelkästen und größere Festigkeit gegen

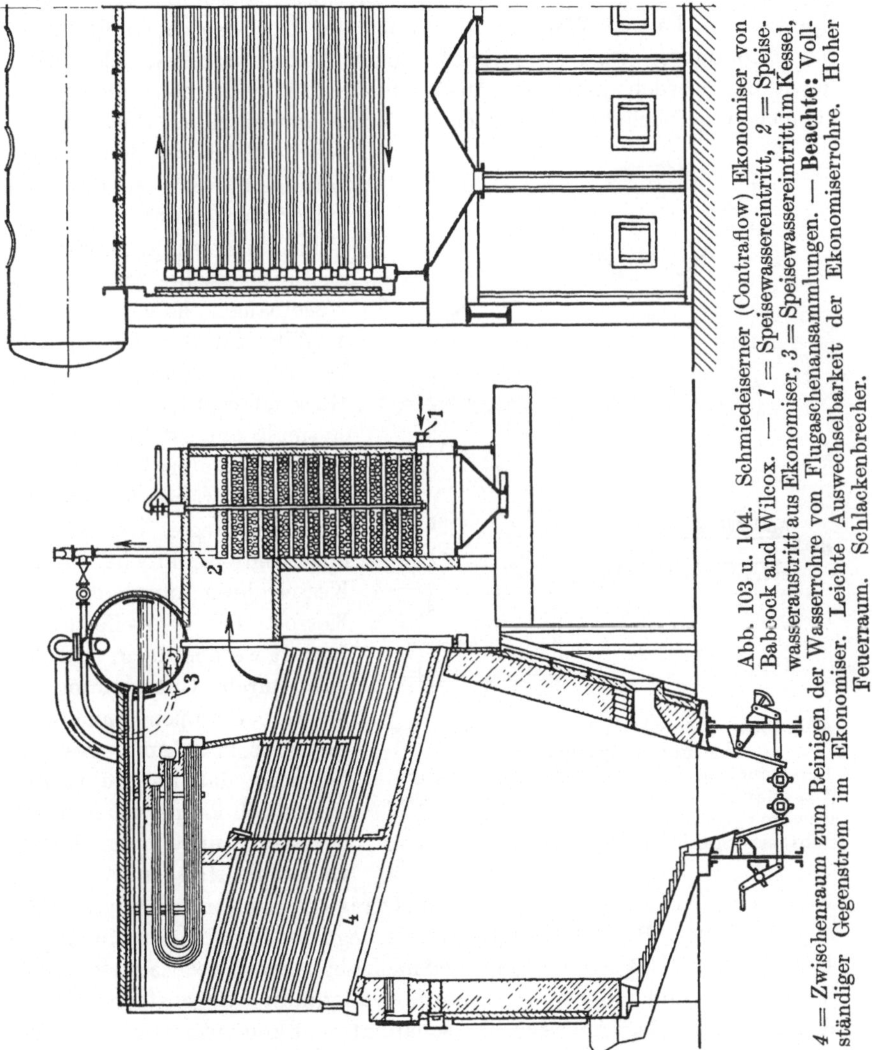

Abb. 103 u. 104. Schmiedeeiserner (Contraflow) Ekonomiser von Babcock and Wilcox. — *1* = Speisewassereintritt, *2* = Speisewasseraustritt aus Ekonomiser, *3* = Speisewassereintritt im Kessel, *4* = Zwischenraum zum Reinigen der Wasserrohre von Flugaschenansammlungen. — **Beachte:** Vollständiger Gegenstrom im Ekonomiser. Leichte Auswechselbarkeit der Ekonomiserrohre. Hoher Feuerraum. Schlackenbrecher.

hohe Drücke würden gußeisernen Ekonomisern zweifellos neue Gebiete erschließen. Es ist aber selbstverständlich, daß die Bewährung gußeiserner Ekonomiser für hohe Drücke außer von zweckmäßiger Verankerung sehr viel von gutem Guß, sorgfältiger Herstellung, sachgemäßem Transport und guter Montage abhängt. Die Festigkeit ließe sich weiter durch zweckmäßigere Formgebung der oberen und unteren Sammelkästen unschwer wesentlich verbessern. Schuld am Abstreifen der Sammelkästen sind übrigens weniger hohe Drücke, als schroffe Temperaturwechsel bei gelegentlichen längeren Speisepausen und plötzlichem Speisen von kaltem Wasser. Aber auch der Überwachung und Pflege der Ekonomiser wird in Zukunft mehr Aufmerksamkeit als bisher gewidmet werden müssen. Insbesondere dürfte es notwendig sein, sie gegen gefährliche Überdrücke, wie sie hauptsächlich durch dynamische Stöße in den Speiseleitungen auftreten, mehr als bisher zu sichern.

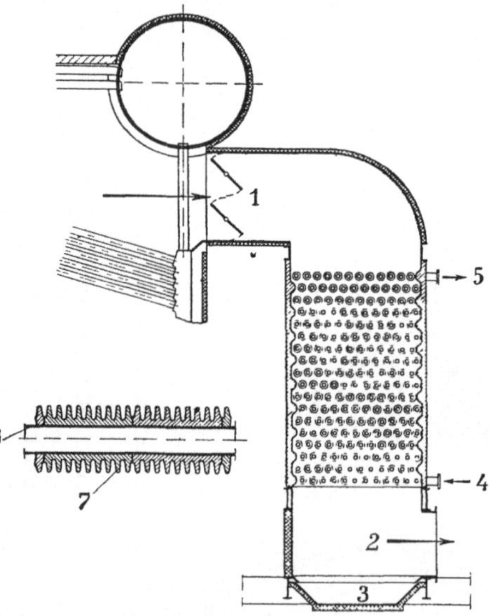

Abb. 105 u. 106. Schmiedeiserner Ekonomiser der Power Specialty Co.
1 = Rauchgaseintritt, *2* = Rauchgasaustritt, *3* = Pfanne für Abspülwasser, *4* = Speisewassereintritt, *5* = Speisewasseraustritt, *6* = nahtloses Stahlrohr, *7* = gußeiserne Hülsen.

Im Zusammenhang mit Hochleistungskesseln der Schiffskesselbauart haben Babcock & Wilcox außer der auch in Deutschland verbreiteten, im Märkischen Elektrizitätswerk erstmals aufgestellten Anordnung zwei weitere Ekonomiserbauarten herausgebracht. Bei der einen liegen die Ekonomiserrohre senkrecht zu den Kesselrohren oberhalb dem Kessel. Die Vorteile dieser Bauart werden darin erblickt, daß durch Unterteilung in mehrere Gruppen annähernd Gegenstromwirkung geschaffen wird, daß der Zugverlust wesentlich kleiner ist und daß bei Anrostungen am kalten Ekonomiserteil nur wenige Rohre erneuert zu werden brauchen. Derartige Ekonomiser erhalten 2″- oder 4″-Rohre. Bei der anderen Bauart liegt der Ekonomiser hinter dem Kessel, das Wasser strömt von unten nach oben und abwechselnd von links nach rechts und umgekehrt, wodurch vollständige Gegenstromwirkung erzielt wird. Das Auswechseln schadhafter Ekonomiserrohre soll besonders einfach und der Zugverlust sehr gering sein, Abb. 103 u. 104. Die Rohre der schmiedeisernen Ekonomiser der Power Specialty Co. sind ähnlich wie diejenigen der Foster-Überhitzer von gußeisernen, rippenförmigen Hülsen umgeben, um die Berührungsfläche zwischen Rohr und Heizgasen zu erhöhen, Abb. 105 u. 106.

Die Ursache innerer Korrosionen erblicken die Amerikaner im Gehalt des Wassers an CO_2 und O und versuchen daher, diese Gase durch Erwärmen des Wassers auf 100° C, durch Destillieren unter Luftabschluß oder durch Entgasung mittels Luftleere vor der Speisung auszuscheiden. Als zulässiger unschädlicher Höchstgehalt an O werden 0,2—0,3 ccm lit^{-1} angegeben, ein Wert, der mit deutschen Erfahrungen übereinstimmt. Es wird über Ergebnisse aus 3 großen Werken berichtet, wo das Speisewasser ungefähr 65° C hatte und wo die schmiedeisernen Rohre stark angegriffen wurden trotz ihrer Galvanisierung. Periodischer Anstrich mit Teerfarbe, Durchleiten des Wassers durch Eisenfeilspäne und Auskochen des Wassers sollen Erfolg gehabt haben.

Zum Reinigen der äußeren Heizfläche gußeiserner Ekonomiser dienen in Amerika entweder Kratzer oder, worauf noch zurückgekommen wird, Rußbläser. Kratzer scheinen noch vorzuherrschen, es wird ihnen aber Eindringen vieler falscher Luft durch die Öffnungen für die Antriebsketten und sehr häufiges Schadhaftwerden vorgeworfen. Eine Firma empfiehlt, die äußere Heizfläche schmiedeiserner Ekonomiser durch Abspritzen mit Wasser zu reinigen und die Ekonomiser vor der Wiederinbetriebnahme sorgfältig zu trocknen. Nach anscheinend befriedigenden Ergebnissen stellten sich aber in einem Werke heftige äußere Anrostungen ein, wenn nicht sofort nach dem Abwaschen die Rohre sorgfältig getrocknet wurden. Zum Auffangen des Abspritzwassers sitzen unterhalb des Ekonomisers gußeiserne Pfannen. Das Abwaschen wird wohl nur bei Foster- und ähnlichen Ekonomisern angewendet, bei welchen die Stahlrohre in gußeisernen Hülsen stecken.

Die nahtlosen 2″ Rohre des Ekonomisers in Abb. 105 u. 106 haben aufgeschrumpfte Gußeisenhülsen. Der Ekonomiser wird während des Betriebes täglich mit kaltem Wasser abgespritzt, was 10—15 Min. dauern und auf das Arbeiten des Kessels keinen anderen Einfluß haben soll als eine etwa halbstündige Verringerung der Speisewasseraustrittstemperatur. Nach dreimonatlichem Betriebe sollen sich Anstände nicht gezeigt haben. Bei gußeisernen Ekonomisern empfehlen die Amerikaner, die einzelnen Rohre vor dem Zusammenbau mit einem höheren als dem Betriebsdruck zu prüfen, die Sammelkästen aber erst nach dem Zusammenbau, doch soll der Prüfdruck keinesfalls so hoch liegen, daß die Elastizitätsgrenze des Apparates überschritten wird.

An einigen Stellen sind sog. zweistufige Ekonomiser im Betriebe. Der in den kälteren Abgasen liegende Teil wird aus Gußeisen ausgeführt und arbeitet mit Drücken von 1—10 at, der unmittelbar an den Kessel anschließende besteht aus Schmiedeisen und steht unter Kesseldruck. Die Unterteilung verwickelt aber den Betrieb erheblich, und es ist deshalb m. E. fraglich, ob sich zweistufige Ekonomiser einführen werden. U. a. sind mit Rücksicht auf die erforderlichen Reserven sehr viele Pumpen nötig. Im Kraftwerk der Boston Edison Co. sollen sich allerdings zweistufige Ekonomiser bewährt haben, bei welchen die Kesselspeisepumpen unter dem Einfluß selbsttätiger Speisewasserregler stehen, während die Niederdruckpumpen von Reglern betätigt werden, die die Pumpenleistung auf konstanten (nämlich den gewünschten) Zwischendruck einstellen.

IX. Luftvorwärmer.

In Amerika wird, wie in Deutschland, die Vorwärmung der Verbrennungsluft durch die Abgase eines Kessels mit lebhaftem Interesse verfolgt, und es besteht zwischen beiden Ländern auch insofern Übereinstimmung, als trotzdem über Betriebsergebnisse so gut wie keine Mitteilungen vorliegen. Während — wenigstens in Deutschland — Luftvorwärmer auf Schiffen vielfach angewendet werden und sich gut bewährt haben, sind sie meines Wissens bisher noch in keinem bedeutenderen deutschen Kraftwerk in Betrieb gekommen, jedenfalls sind keine diesbezüglichen Nachrichten an die Öffentlichkeit gelangt. Über die Bewährung von Luftvorwärmern auf Schiffen liegen sehr günstige Berichte vor, ohne daß aber aus ihnen zu ersehen wäre, inwiefern die in der Luft zurückgewonnene Wärme als solche, inwiefern der Einfluß der Warmluft auf die Verbrennung und inwiefern der Unterwind am erzielten Erfolge Anteil haben. In Deutschland werden meines Wissens Luftvorwärmer von der Rotator-Gesellschaft und von R. O. Meyer in Hamburg, in Amerika von der Power Specialty Co. und von der Combustion Engineering Corporation ausgeführt. Alle diese Bauarten bestehen aus aneinandergereihten, flachen Blechtaschen und unterteilen Rauchgase und Verbrennungsluft in flache Scheiben, um auf möglichst kleinem Raum möglichst viel und wirksame Heizfläche unterzubringen. Sie verraten fast alle das Bemühen, die Apparate im Gegensatz zu Ekonomisern recht billig und leicht und unter Wahrung guter Reinigungsmöglichkeit der von den Rauchgasen bespülten Seiten auszuführen.

Auch die Frage, ob Luftvorwärmer ratsam und Ekonomisern überlegen seien, wird vielfach von einseitigem wärmetechnischem Standpunkt aus behandelt. Häufig wird dabei so verfahren, daß untersucht wird, ob durch Zuschalten eines Luftvorwärmers zum Ekonomiser der Wirkungsgrad verbessert werden kann. Man begegnet hierbei zum Teil ganz phantastischen Vorstellungen, die meist völlig außer acht lassen, ob denn die aufgewendeten Mittel zum erstrebten Erfolg noch in einem vernünftigen Verhältnis stehen. Es ist an sich natürlich möglich, hinter Ekonomiser noch Luftvorwärmer zu schalten und in gewissen Fällen den Wirkungsgrad noch um einige Prozente zu verbessern. Wirtschaftlich ist dies aber nicht ohne weiteres, weil Abschreibung, Verzinsung und Unterhaltung der Luftvorwärmer oft teurer werden als die Ersparnisse an Kohlenkosten. Aber selbst da, wo das Gegenteil zutrifft, sind die Kohlenersparnisse nicht immer so groß, daß sie die durch den Luftvorwärmer bewirkte Verwicklung der Anlage und das Risiko seiner Aufstellung rechtfertigen. Wie Verfasser an anderer Stelle ausführlich gezeigt hat, ist es vielfach billiger und einfacher, den Ekonomiser zur Verringerung des Kohlenverbrauches zu vergrößern oder die Heizflächenbelastung des Kessels etwas zu verringern. Eine Abkühlung der Abgase unter etwa 200° C lohnt sich nur in Ausnahmefällen, wie z. B. bei sehr teurer Kohle oder sehr hohem Belastungsfaktor[1]).

Trotzdem wäre die Annahme, Luftvorwärmer hätten bei ortsfesten großen Dampfkesseln überhaupt keine wirtschaftliche Berechtigung, falsch. In allen Werken, wo aus irgendwelchen Gründen das Speisewasser schon wärmer als etwa 60—70° ist, wo heftige Belastungsschwankungen auftreten, wo die Dampfleistung vorhandener Kessel unter allen Umständen erhöht werden soll, wo zur Speisewassererwärmung sonst verlorengehender Abdampf zur Verfügung steht oder wo Kohlen oder andere Brennstoffe verfeuert werden, die mit warmer Luft besser brennen, können Luftvorwärmer sehr wohl am Platze sein und sich unter Umständen schnell bezahlt machen. Auch bei Kohlenstaubfeuerungen haben sie keine schlechten Aussichten. Das gleiche gilt da, wo heiße Luft für Trockenzwecke benötigt wird, und zwar besonders dann, wenn ihre Reinheit keine große Rolle spielt. In indischen Zuckerfabriken, in denen der Abfall des Zuckerrohres, die sog. Bagasse, verheizt wird, haben sich Luftvorwärmer ausgezeichnet bewährt.

Einige der Hauptgründe, weshalb bisher weder in Amerika noch bei uns Luftvorwärmer in nennenswertem Maße Eingang in Kraftwerken gefunden haben, ist außer ihrer Neuartigkeit wohl hauptsächlich der Umstand, daß noch keine Erfahrungen darüber vorliegen, wie sich Rostleistung und Feuerungswirkungsgrad bei vorgewärmter Luft verbessern und wie die Feuerraumtemperatur mit der Höhe der Luftvorwärmung zunimmt. Letztere Frage ist daher nachstehend für einen normal gebauten Wasserrohrkessel rechnerisch so genau geprüft worden, wie es beim heutigen Stand unserer Erkenntnis möglich ist.

Es ist einleuchtend, daß die Feuerraumtemperatur nicht um denselben Betrag zunimmt, um welchen die Verbrennungsluft vorgewärmt wird, weil

1. die spezifische Wärme der Verbrennungsgase bei hoher Temperatur größer ist als die der Luft im Gebiete verhältnismäßig tiefer Temperaturen und weil

[1]) Münzinger: Leistungssteigerung S. 130—135.

2. die Wärmeabgabe vom Rost nach der bestrahlten Kesselheizfläche etwa mit der 4. Potenz der Feuerraumtemperaturen zunimmt.

Bei vorgewärmter Verbrennungsluft wird daher bei demselben verbrannten Kohlengewicht verhältnismäßig und absolut mehr Wärme durch Strahlung an die Kesselheizfläche übertragen. Der Berechnung wurde ein Kessel von 500 m² Heizfläche mit einem Ekonomiser von 320 m² und einem Wanderrost von 20 m² zugrunde gelegt, in welchem das Speisewasser von 35 auf 105° C, d. h. um 70° C erwärmt wird. Es wurde nun unter Beachtung der verschiedenen spezifischen Wärmen und des Einflusses der Wärmeübertragung durch Strahlung untersucht, um wieviel die Verbrennungsluft vorgewärmt werden muß, wenn bei derselben stündlichen Dampferzeugung derselbe Wirkungsgrad wie mit einem Ekonomiser erreicht werden soll. Ein weiterer Rechnungsgang ermittelte die Verhältnisse, wenn das Speisewasser von 35 auf nur 70° C erwärmt und ein entsprechend großer Luftvorwärmer hinter den Ekonomiser geschaltet wird. Die Berechnung ergab, daß zur Erreichung desselben Wirkungsgrades eine etwas stärkere Vorwärmung der Luft nötig ist, als der wegfallenden Wassererwärmung entspricht, und zwar beträgt der Unterschied, wenn der Ekonomiser völlig durch einen Luftvorwärmer ersetzt wird, etwa $12^1/_2$ v. H., Abb. 107 (Unterschied zwischen „äquivalenter" und „erforderlicher" Luftvorwärmung). Abb. 107 zeigt ferner, daß die Erhöhung der Feuerraumtemperatur nur rd. 30 v. H. der Luftvorwärmung ausmacht. Hauptschuld an dieser Erscheinung ist die stärkere Wärmeübertragung durch Strahlung, die z. B. bei völligem Ersatz des Ekonomisers durch einen Luftvorwärmer um rd. 17 v. H. größer wird. Abb. 108 zeigt für verschiedene Wasservorwärmung unter gleichzeitiger Luftvorwärmung und unter der Voraussetzung, daß in allen Fällen der Gesamtwirkungsgrad der Dampferzeugung derselbe ist, die Wärmebilanz und die Verteilung der aufgenommenen Wärmemengen auf Kessel (unterteilt in Wärmeübertragung durch Strahlung und durch Berührung), Ekonomiser und Luftvorwärmer. Die in der Kohle zugeführten und die im Dampf wiedergewonnenen Wärmemengen sind, wie gesagt, stets die gleichen. Bei Ersatz von Ekonomiserheizfläche durch Luftvorwärmerheizfläche entfällt aber auf den Kessel eine größere Wärmeaufnahme, dafür wird ihm auch eine um den Wärmewert der vorgewärmten Verbrennungsluft größere Wärmemenge zugeführt.

Die Verhältnisse liegen etwas anders, wenn der Wirkungsgrad eines ohne Ekonomiser arbeitenden Kessels, der z. B. bei einer Heizflächenbelastung von 30 $kg m^{-2} st^{-1}$ 69 v. H. betragen möge, durch Zuschalten eines Luftvorwärmers verbessert werden soll. Die Temperaturen der Verbrennungsgase im Feuerraum, hinter Kessel und hinter Luftvorwärmer und die Temperatur der vorgewärmten Luft wurden bis zu einem Gesamtwirkungsgrad von 85 v. H. für denselben Kessel, an dem das vorherige Rechenbeispiel durchgeführt wurde, für eine konstante Belastung von 15 000 kgst^{-1} ermittelt und in Abb. 109 eingetragen. Es fällt auf, daß hier bei Zuschalten eines Luftvorwärmers die Feuerraumtemperatur viel langsamer als in Abb. 107 ansteigt und z. B. bei einer Erwärmung der Luft auf rd. 225° C nur um rd. 35° C, d. h. nur um rd. 16 v. H. der Luftvorwärmung anwächst.

Der Grund hierfür ist, daß infolge des besseren Wirkungsgrades bei vorgewärmter Luft die verfeuerte Kohlenmenge abnimmt. Wie aber

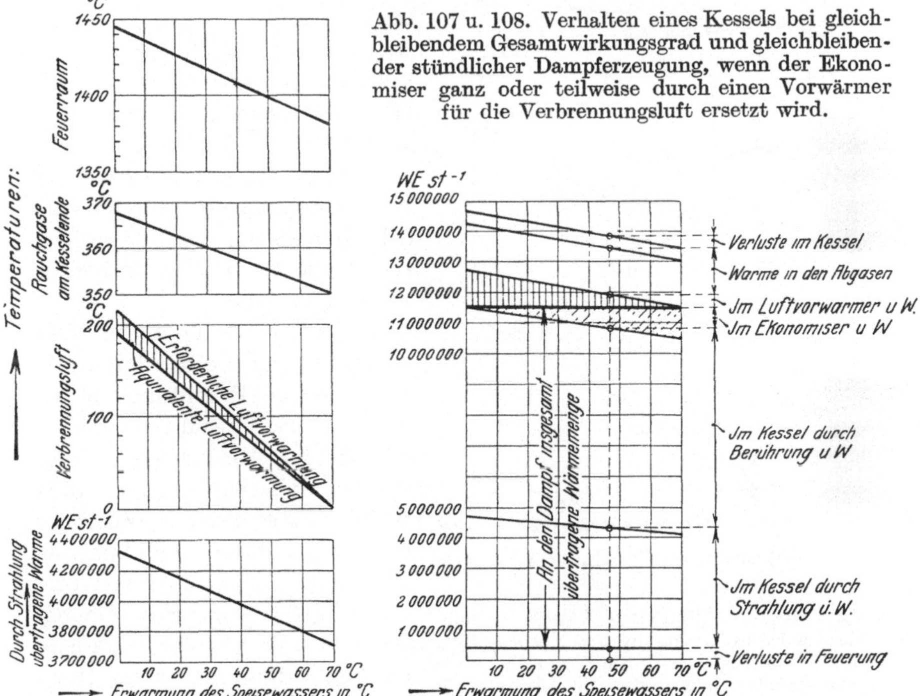

Abb. 107 u. 108. Verhalten eines Kessels bei gleichbleibendem Gesamtwirkungsgrad und gleichbleibender stündlicher Dampferzeugung, wenn der Ekonomiser ganz oder teilweise durch einen Vorwärmer für die Verbrennungsluft ersetzt wird.

Verfasser an anderer Stelle nachgewiesen hat, wird in einer Feuerung die Temperatur um so niedriger, je weniger Kohle unter sonst gleichen Verhältnissen in ihr verbrannt wird[1]). Abb. 107 bis 109 werden, sinngemäß angewandt, in zahlreichen anderen Fällen eine Beurteilung davon ermöglichen, welchen Einfluß die Vorwärmung der Verbrennungsluft auf das Verhalten eines Kessels hat.

In vielen Fällen wird selbst bei völligem Ersatz des Ekonomisers durch einen Luftvorwärmer die Erhöhung der Feuerraumtemperatur ohne

[1]) Münzinger: Leistungssteigerung, S. 14.

nachteiligen Einfluß auf das Mauerwerk und die Schlackenbildung sein. Eine genügende Kühlung der Roststäbe dürfte sich durch geeignete Stabform, insbesondere durch hohe, nach ihrer vom Feuer abgewendeten (unteren) Seite sich verjüngende Stäbe erzielen lassen. Im allgemeinen wird aber eine Luftvorwärmung um mehr als 100 ° C wohl selten in Frage kommen; etwas anders liegen die Verhältnisse voraussichtlich nur in Brikettfabriken und ähnlichen Werken, wo sich Ekonomiser im allgemeinen nicht lohnen. Dort treten aber infolge des eigenartigen Brennstoffes ohnehin nur mäßige Feuerraumtemperaturen auf. Werden Kessel von vornherein für vorgewärmte Verbrennungsluft gebaut, so können übrigens die Höchsttemperaturen durch reichliche Bemessung der bestrahlten Heizfläche noch stärker herabgedrückt werden.

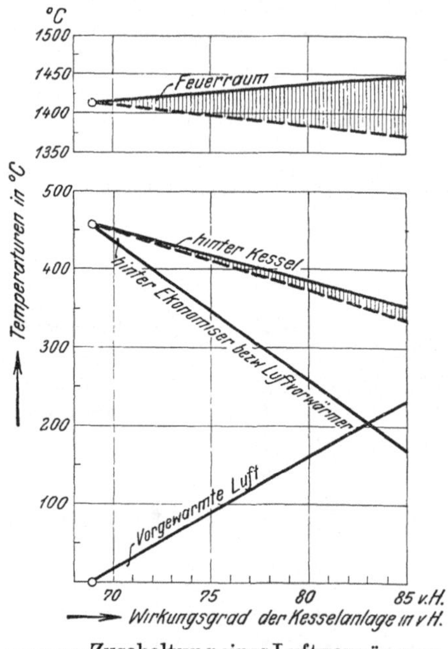

— - = Zuschaltung eines Luftvorwärmers.
- - - - - = „ „ Ekonomisers.

Abb. 109. Verhalten eines Kessels bei konstanter Dampferzeugung und Verbesserung des Wirkungsgrades durch Zuschalten eines Ekonomisers oder eines Vorwärmers für die Verbrennungsluft.

(Wirkungsgrad des Kessels ohne Ekonomiser und ohne Luftvorwärmer zu 69 v. H. angenommen.)

Jedenfalls verdient die Vorwärmung der Verbrennungsluft aufmerksame Beachtung, ist sie doch ein wirksames Mittel zur Steigerung der Heizflächenleistung und zur wirtschaftlichen Ausnützung heizwertarmer Brennstoffe. Die Konstruktion der Luftvorwärmer muß sich aber zur Verbilligung der Baukosten die besonderen Verhältnisse zunutze machen. Röhren sind als Heizelemente offenbar zu teuer und auch insofern nicht am Platze, als der Druckunterschied zwischen Luft und Rauchgasen sehr klein ist. Sie haben ferner den Nachteil, daß es schwierig ist, beide Medien in innige Berührung mit der Heizfläche zu bringen und eine bequeme Reinigung der von den Rauchgasen bespülten Flächen zu ermöglichen. Es bestehen denn auch meines Wissens alle bisher bekannt gewordenen Luftvorwärmer für ortsfeste Dampfkessel aus ebenwandigen Heizelementen von einfacher Form und einfachem Zusammenbau. Sie sind aber zum Teil ohne genügende Berücksichtigung leichter Reinigung und leichten Ersatzes schadhafter Teile ausgeführt und tragen der Forderung eines organischen Zusammenbaues mit dem ganzen Kesselsatz nicht immer genügend Rechnung. Diese Schwäche kommt besonders darin zum Ausdruck, daß entweder die Luft- oder die Rauchgaskanäle zwischen Kessel und Vorwärmer mehrfach abgebogen werden müssen oder unverhältnismäßig viel Platz beanspruchen oder so lang ausfallen, daß ihre Isolierung Schwierigkeiten macht oder daß sich die warme Luft bis zum Eintritt unter den Rost wieder merkbar abkühlt. Die günstigsten Aussichten haben, solange die Korrosionsfrage bei schmiedeisernen Ekonomisern noch nicht gelöst ist, Luftvorwärmer bei Kesseldrücken von mehr als 25—30 at und in Fällen, wo das Speisewasser durch Auspuffdampf und Anzapfdampf angewärmt wird, falls die von den Amerikanern auf diese Art der Wasservorwärmung gesetzten Hoffnungen sich erfüllen. Endlich eignen sie sich besonders für Unterwindroste, da hier ohnehin Ventilatoren vorhanden sind. In welchem Maße sie sich einbürgern werden, hängt aber letzten Endes wohl davon ab, um wieviel sie billiger sind als Ekonomiser und um wieviel Rostbelastung und Feuerungswirkungsgrad, besonders bei minderwertigen, billigen Brennstoffen, bei vorgewärmter Verbrennungsluft günstiger werden.

X. Höchstdruckkessel.

Auch die Amerikaner messen der Anwendung sehr hochgespannten Dampfes viel Bedeutung bei, haben aber bisher noch keinen größeren Höchstdruckkessel gebaut oder gar schon Betriebserfahrungen gesammelt. Sie befürchten, daß die hohen Anlage- und Unterhaltungskosten die wärmetechnischen Vorteile von Höchstdruckdampfwerken großenteils ausgleichen. Im Jahre 1921 wurden 25 at als oberster, im praktischen Betrieb erprobter und zulässiger Kesseldruck angesehen. Das Teesbank-Kraftwerk der New Castle Supply Co (England) mit 32 at Frischdampfdruck galt zugestandenermaßen in hohem Maße als Versuchsanlage. In Deutschland sind zur Zeit mehrere Anlagen mit Drücken über 30 at, darunter eine Steilrohrkesselanlage für 32 at in einer großen chemischen Fabrik in Ausführung, die im ersten Ausbau aus 12 Hanomag-Kesseln von je 600 m² Heizfläche mit Unterwindwanderrosten besteht, und zahlreiche andere Werke planen die Einführung von Dampfdrücken von 30—35 at. An sich sehen die amerikanischen Kesselfirmen im Bau von Kesseln bis zu 35 at und mehr keine Schwierigkeit, meinen aber, daß bisher ein Bedürfnis nach solchen Kesseln nicht bestehe. Die General Electric Co. ist der Ansicht, daß grundlegende Änderungen gegenüber der heutigen Bauweise von Kesseln, Turbinen und der gesamten Einrichtung eines Kraftwerkes nötig wären, wenn man die Vorteile von

Höchstdruckdampf in vollem Umfang ausnutzen wollte und daß die Quecksilber-Zweistoffturbine wahrscheinlich größere Vorteile biete, ohne daß die Gesamtanlage verwickelter werde als bei Höchstdruckdampf. Sie baut zur Zeit eine Quecksilberdampfkraftanlage für die Hartford Electric Light Co., die einen 565 m²-Kessel ersetzen soll. Der zugehörige Kessel braucht ebensoviel Grundfläche und dieselben Feuerraumabmessungen wie ein normaler Dampfkessel. Der Quecksilberdampf von 2,5 at und 430° C wird nach seiner Arbeitsleistung in der Turbine in einem Kondensator durch Wasser niedergeschlagen. Der erzeugte Wasserdampf von 14 at wird nach vorheriger Überhitzung durch die Abgase des Quecksilberkessels gleichfalls zur Krafterzeugung ausgenutzt. Die Quecksilberturbine soll etwa 1800 kW, die zugehörige Wasserdampfturbine (unter Zugrundelegung eines Dampfverbrauches von 5 kgkWst⁻¹) etwa 2500 kW leisten.

In Amerika sind schon verschiedene Kessel durchgebildet worden, die zwar zur Zeit nur mit normalen Spannungen arbeiten, sich aber auch für höchste Dampfspannungen eignen. Der eine dieser Kessel ist der bereits erwähnte, von Sargent & Lundy für das neue Waukegan Kraftwerk bei Chicago entworfene 1300 m² Kessel für 28 at[1]), Abb. 80. Dieses Werk ist das erste amerikanische Kraftwerk mit mehr als 24,6 at Frischdampfspannung. Die Kessel werden von Babcock & Wilcox gebaut, unterscheiden sich aber völlig von deren üblicher Konstruktion.

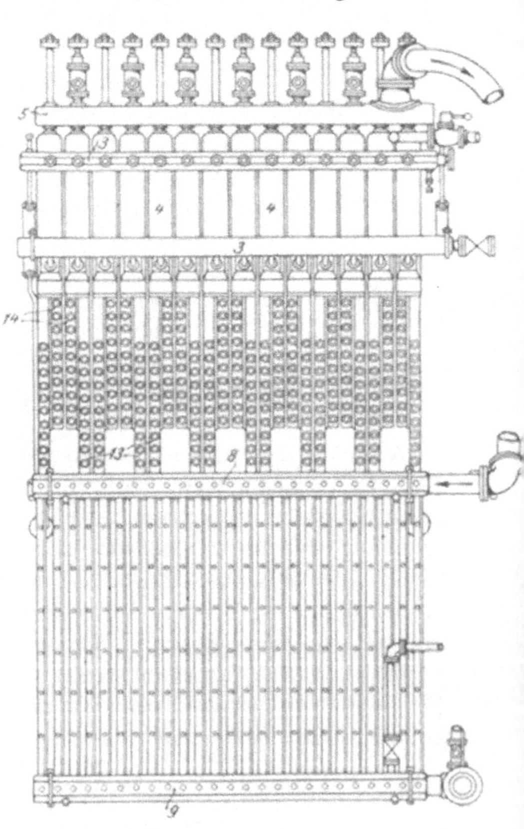

Abb. 110 u. 111. Kessel für 70 at der Power Specialty Co.

1 = Speisewassereintritt in *2*, *2* = Speisewasseraustritt aus Ekonomiser, *3* = Speisewasserverteilrohr, *4* = Speisewassereintritt in Sammler *5*, *5* = Sammler, *6* = Ekonomiser, *7* = RHA-Foster-Überhitzer (s. Abb. 99 u. 100), *8* = Überhitzereintritt, *9* = Schlackenfall, *13* = Sektionen für Wasserzulauf zu ablauf aus den Wasserrohren, *A* = Verbindungs- **Beachte:** Vermeidung von Kesseltrommeln und Wasserrohre. Kessel hat nur einen

[1]) Power 1922, S. 417.

Der Durchmesser der 8 untersten Rohrreihen ist 82,5 mm, der der oberen 50 mm, die Rohrlänge beträgt 4500 mm. Die Abmessungen der einzelnen Kesselteile sind so gewählt, daß man mit normalen Wandstärken auskommt. Im Gegensatz zu der in Amerika sonst üblichen senkrechten Lage der Sektionen wurde die in Deutschland bevorzugte schräge Stellung angewendet. Der Kessel hat nur 2 Züge, die Rauchgase strömen zwischen den langen Verbindungsnippeln der hinteren Sektionen hindurch zum Ekonomiser, der aus 6 m langen, schmiedeisernen 2″ Rohren besteht, die in Sektionen aus Gußstahl eingewalzt sind. Bemerkenswert sind die sehr reichlichen Befahrungsräume zwischen den Wasserrohren und um den Überhitzer herum, die gute Reinigungsmöglichkeit von Flugasche bezwecken. In der Stirn- und Rückwand des Feuerraumes unterhalb der untersten Rohrreihe sind Türen angeordnet, um die

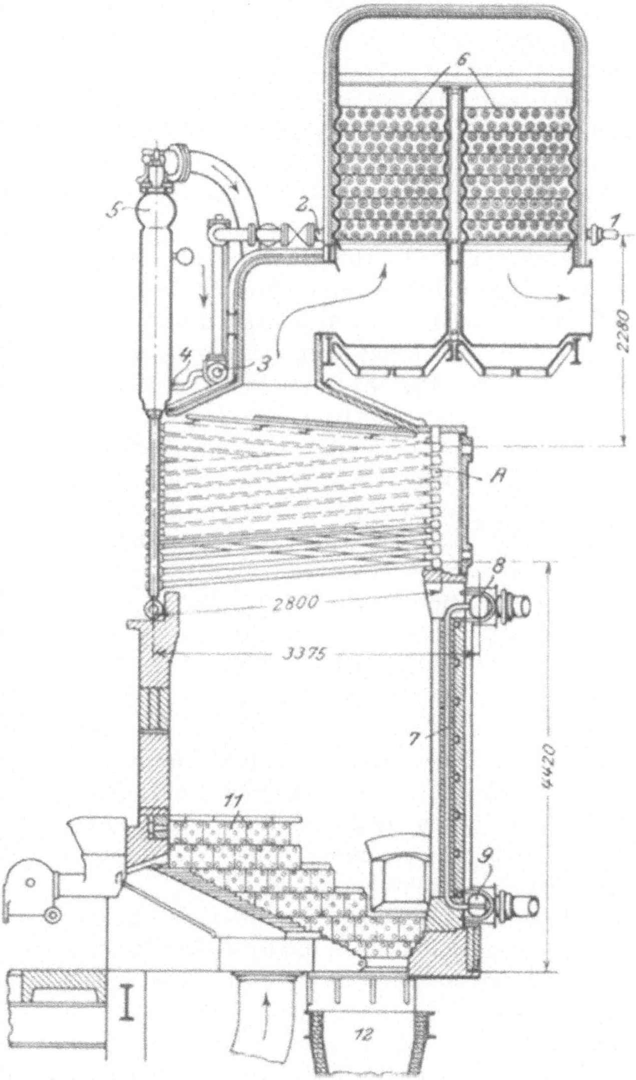

Überhitzeraustritt, *11* = luftgekühlte feuerfeste Steine, *12* = den Wasserrohren, *14* = Sektionen für Dampf- und Wasserkopf zweier zusammengehöriger Wasserrohre (siehe Abb. 112). jeglicher Teile von größerem Durchmesser. Kleine Länge der Zug. Lage des RHA-Überhitzers.

infolge der hohen Rostbelastung und der eigenartigen Kohle zu erwartenden Schlackenansätze an den Wasserrohren leicht abstoßen zu können. Die Hauptabmessungen des Kessels enthält Zahlentafel 1. Die Ohio Power Co. will dieselben Kessel für 45 at Druck aufstellen, sie aber nur mit 36 at und 385° C betreiben[1]). Ein weiterer solcher Kessel von 1460 m² mit Ekonomiser von 850 m² für 85 at und 400° Dampftemperatur wurde für Calumet-Kraftwerk bestellt. Er arbeitet auf eine besondere Turbine, deren Auspuffdampf im gleichen Kesssel wieder auf 400° C überhitzt und dann in die vorhandenen Turbinen geschickt wird[2]).

Ein anderer Kessel für Drücke bis 70 at ist der von der Power Specialty Co. für das Gaswerk in Albany gebaute Dampferzeuger, der aber nur mit 16 at betrieben wird, Abb. 110 u. 111. Kessel- und Ekonomiserrohre sind 2zöllige nahtlose Stahlrohre von insgesamt 92,9 bzw. 76,5 m² reiner Rohroberfläche. Mit Ausnahme der 4 untersten Reihen sind auf die Rohre gußeiserne Ringe aufgeschrumpft, die die Rohrheizfläche auf 371 m², bzw. 460 m² tatsächlich wirksamer Heizfläche erhöhen. An Stelle einer einzigen Obertrommel sind über je 2 nebeneinanderliegenden, vorderen Sektionen senkrechte Sammelgefäße angeordnet, aus denen das Wasser in die eine Sektion niederströmt. Diese Sektion ist mit der daneben liegenden durch haarnadelförmige, geneigte Rohrelemente verbunden, durch welche der Wasserumlauf erfolgt.

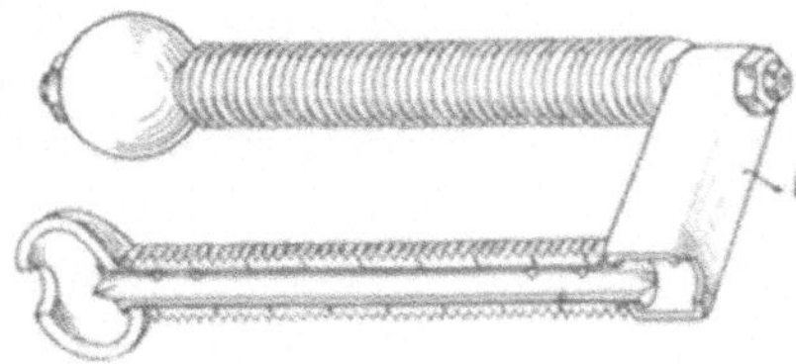

Abb. 112. Wasserrohrelement mit Verbindungskopf A für den 70 at-Kessel in Abb. 86 u. 87.

Einsätze in den Wasserrohren pressen Wasser und Dampf in einem engen Ringquerschnitt an die Rohrfläche heran, Abb. 112. Der Nutzen dieser Einsatzstücke dürfte indes infolge der erhöhten Rohrreibung und aus anderen Gründen ein etwas problematischer sein. Ausgleichrohre zwischen den senkrechten Sammlern sollen für gleichen Wasserstand und gleichmäßige Wasserzufuhr sorgen.

Die mannigfachen, vorstehend geschilderten Varianten der Kesselkonstruktionen, wie sie in den letzten Jahren in immer steigender Zahl auftreten, im Verein mit den Bestrebungen, auch die Überhitzer anders als bisher auszuführen, dürfen vielleicht als ein Zeichen dafür angesehen werden, daß die von der jetzigen Ingenieurgeneration übernommenen Kesselbauarten sich allmählich der Grenze ihrer Entwicklungsfähigkeit nähern und daß die in den letzten 2—3 Jahrzehnten so stark veränderten technischen und wirtschaftlichen Anforderungen und Voraussetzungen nach neuen Ausdrucksformen verlangen. Die erheblichen

[1]) Power 1922, S. 630. — [2]) Power 1923, S. 838.

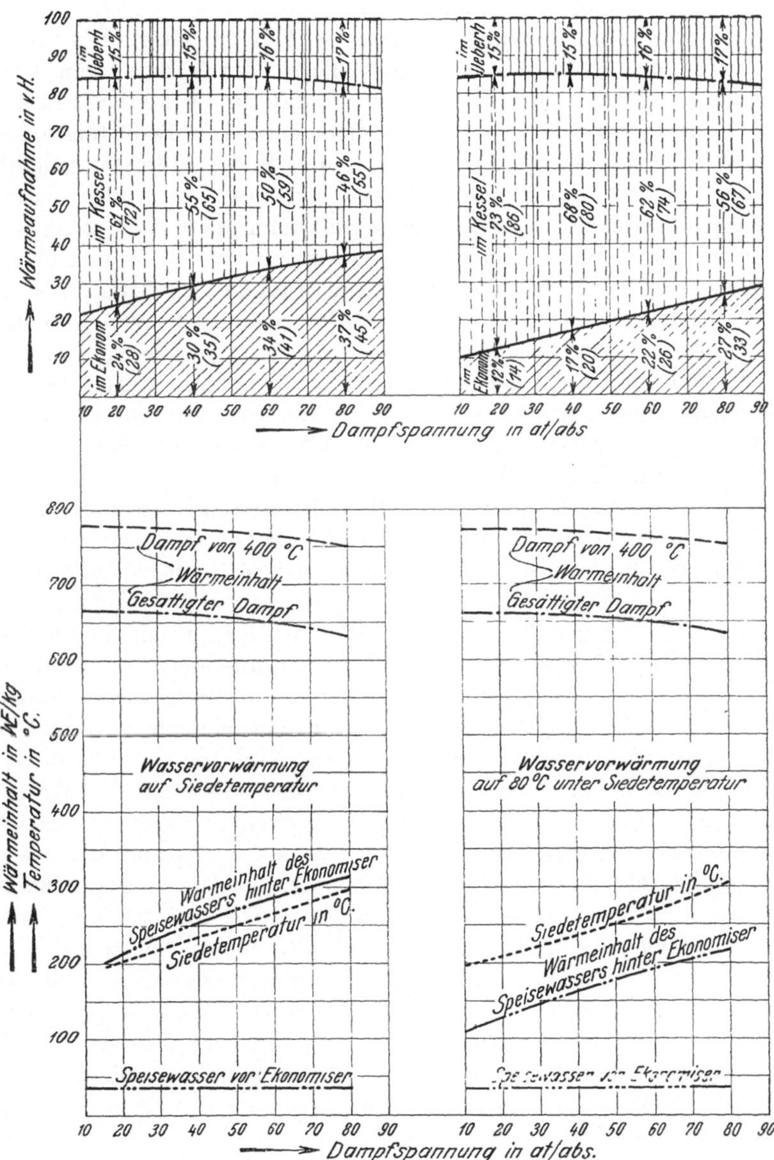

Abb. 113 u. 114. Verhältnismäßige Wärmeaufnahme von Kessel, Überhitzer und Ekonomiser bei verschiedenen Dampfdrücken und zweierlei Wasservorwärmung im Ekonomiser. Dampftemperatur bei allen Drücken 400° C.
(Die eingeklammerten Zahlen geben die verhältnismäßige Wärmeaufnahme für Kessel- und Ekonomiser ohne Überhitzer an.)

Beachte: Mit zunehmendem Kesseldruck wächst die auf den Ekonomiser entfallende verhältnismäßige Wärmeaufnahme.

Änderungen in Bau und Leistung von Rosten, insbesondere das Aufkommen von Kohlenstaubfeuerungen, wirken in gleicher Richtung, und es könnte wohl sein, daß eines Tages durch eine vom Überkommenen grundsätzlich abweichende Bauform die stetige Entwicklung unterbrochen und eine neue Angleichung von Bedürfnis an Erfüllung vollzogen wird. Vergleicht man z. B. die Unterbringung der Feuerungen in einem Flammrohrkessel und in einem großen neuzeitlichen Wasserrohrkessel miteinander, so kann man sich nicht ganz des Eindruckes erwehren, als ob erstere in mancher Beziehung harmonischer gelöst sei, insbesondere, wenn man an die Schwierigkeiten mit dem Mauerwerk bei den heutigen hohen Feuerraumtemperaturen denkt. Der Bettington-Kessel lehnte[1]) sich in mancher Beziehung wieder an das Vorbild des Flammrohrkessels an, seine Leistungsfähigkeit ist aber aus verschiedenen Gründen eine beschränkte. Wie sich nun die weitere Entwicklung auswirken wird, mag hier dahingestellt bleiben.

Ob die sehr kleinen Wasser- und Dampfräume von Kesseln nach Abb. 110 u. 111 für den praktischen Betrieb ausreichen werden, erscheint fraglich, auch dürften die zahlreichen kleinen Sammler ziemlich teuer werden. Da die Dampfabgabe von 1 m³ auf Sättigungstemperatur erhitztem Wasser bei einer Druckabsenkung um 1 at bei 60 at Anfangsdruck nur rund 2,3 kg gegenüber 6,2 kg bei 15 at beträgt, und da die Speisung in einem großen Werke vielen Zufälligkeiten ausgesetzt ist, wird man bei Höchstdruckkesseln wahrscheinlich unter einen gewissen Wasserinhalt nicht heruntergehen können, wenn Betriebssicherheit und Zuverlässigkeit nicht gefährdet werden sollen. Nun sind bei Höchstdruckkesseln für 60 at mit Kesseltrommeln von 600—1000 mm Durchmesser und einigermaßen auskömmlichen Wasserräumen die Kosten des nackten Kesselkörpers einschließlich Überhitzer rund 2,5—3,0 mal, die des gesamten Kessels einschließlich Ekonomiser, Rost und Einmauerung 1,5—2 mal so hoch wie bei Kesseln für 20 at. Die auch von den Amerikanern geäußerten Befürchtungen, daß die hohen Anlagekosten die thermischen Vorteile von Höchstdruckdampf wieder großenteils aufheben, ist daher nicht ganz von der Hand zu weisen, und es bleibt abzuwarten, ob die endgültige, betriebsbrauchbare Lösung der Erzeugung von Höchstdruckdampf unter Anlehnung an überkommene Vorbilder sich als möglich erweisen wird oder ob hierfür grundsätzlich neue Wege beschritten werden müssen.

Bei sehr hohen Drücken ist die Verteilung der Wärmeaufnahme des Ekonomisers, Kessels und Überhitzers erheblich anders als bei Spannungen von rund 20 at und zwar derart, daß bei gleichbleibender Dampftemperatur mit steigendem Dampfdruck die verhältnismäßige und absolute Wärmeaufnahme im Ekonomiser zunehmen und im Kessel

[1]) Münzinger: Kohlenstaubfeuerungen für ortsfeste Dampfkessel, S. 60.

zurückgehen, Abb. 113 u. 114. Gleichzeitig verschieben sich aber auch die mittleren Temperaturgefälle zwischen Wärmeaufnehmer (Wasser) und Wärmeträger (Rauchgase). Beide Einflüsse sind bei Bemessung der Kessel- und Ekonomiserheizfläche sorgsam zu beachten, wenn der gewünschte Wirkungsgrad und die vorgeschriebene Wassererwärmung im Ekonomiser erreicht werden sollen.

XI. Unterwindversorgung und Rauchgasabführung.

Es wurde wiederholt darauf hingewiesen, daß in fast sämtlichen, großen, neuzeitlichen, amerikanischen Kraftwerken die Rauchgase oben aus dem Kessel abgeführt werden. Infolgedessen liegen im Gegensatz zur deutschen Praxis auch die Rauchgasfüchse hoch und werden meist aus Schmiedeisen, das mit Wärmeschutzmitteln gefüttert ist, hergestellt. Häufig ist der Rauchgasaustritt aus der Kesselanlage so breit wie der Kessel und daher im Vergleich zu seiner Breite sehr schmal, Abb. 115, 119. Der Übergang zu einem kompakten Querschnitt erfolgt gewöhnlich erst im Fuchs selber, in dessen Formgebung die Amerikaner sehr frei und originell sind. Die großen, oft bis 100 m hohen Blechschornsteine stehen häufig freitragend auf der Eisenkonstruktion des Gebäudes, die so ausgebildet wird, daß sie ein einziges, starres, wohl versteiftes Ganzes bildet, Abb. 115 bis 118, an dem nicht selten auch die Kessel und Kohlenbunker aufgehängt werden. In manchen Fällen, besonders bei im Freiem aufgestellten Kesseln, wird auch das Kesselgerüst so ausgeführt, daß es Bunker und Schornsteine mit trägt. Die Ladd-Kesselanlage in Abb. 119 gibt dafür ein Beispiel. In Abb. 115 sind die Füchse von je 2 Kesseln frei über Dach zu den in der Kesselhausmittelebene aufgestellten Schornsteinen geführt. Im Hell-Gate-Kraftwerk Abb. 116 bis 118, sind die Füchse in einem besonderen Stockwerk unter Dach untergebracht. Sämtliche Saugzugventilatoren sind in dieser Anlage ausschaltbar. Für die Unterbringung der Füchse ist fast ebensoviel Bauhöhe erforderlich wie für die Kessel selber. Die durch den ausschaltbaren Saugzugventilator bewirkte Erhöhung der Betriebssicherheit wird aber m. E. wahrscheinlich mehr als ausgeglichen durch den Zugverlust und den Mehrkraftverbrauch infolge der zahlreichen Einschnürungen und Richtungsänderungen der Füchse. Im übrigen stellt aber die Zusammenfassung von 6 großen Kesseln in einen zentral gelegenen Schornstein nach Abb. 116—118 eine recht eigenartige und sehr elegante Lösung dar.

Zuweilen, aber offenbar nur bei sehr großen Einheiten, erhält auch jeder Kessel einen besonderen Schornstein, wie z. B. bei den 2460 m² Ladd-Kesseln im River-Rouge-Kraftwerk, Abb. 120.

In neuzeitlichen deutschen, mit Saugzug arbeitenden Steinkohlenkraftwerken hat meistens jeder Kessel seinen eigenen Blechschornstein, oder es werden doch fast stets nicht mehr als 2 Kessel an einen gemeinsamen Schornstein angeschlossen, wobei auf möglichst kurze

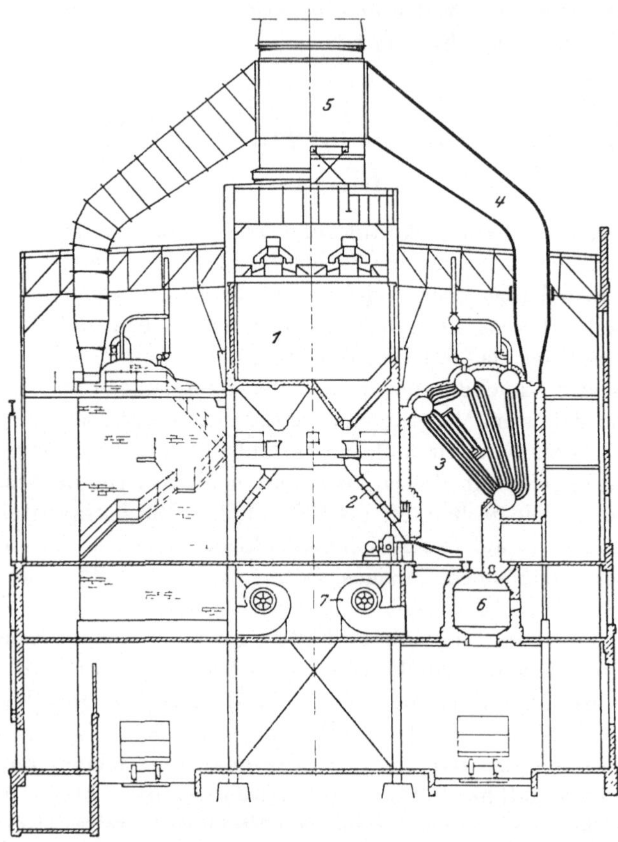

Abb. 115. Industrielles Kraftwerk von Dodge Bros. in Detroit mit sechs Connelly-Kesseln von 1200 m^2 Heizfläche.
1 = Kohlenbunker, *2* = Kohlenlutten, *3* = Feuerraum, *4* = Fuchs, *5* = Schornstein, *6* = Schlackenkühlkammer, *7* = Unterwindgebläse.
Beachte: Hoher Aschenkeller. Besonderer Zwischenstock für Unterwindgebläse und Schlackenkühlkammern. Schornstein steht freitragend auf Eisenkonstruktion des Gebäudes. Füchse liegen frei über Dach. Unterwind. Natürlicher Zug. Keine Ekonomiser. Aschenabzug unmittelbar in die Eisenbahnwagen.

Rauchgaskanäle zwischen Kessel und Kamin besonderer Wert gelegt wird. Dagegen schalten die Amerikaner bis zu 10000 bis 12000 m^2 Kesselheizfläche (6—8 Kessel) auf einen großen, bis 100 m hohen, meist mit einem Steinfutter ausgekleideten Blechschornstein. Da sie außerdem häufig jedem Kessel einen besonderen Saugzugventilator geben, der

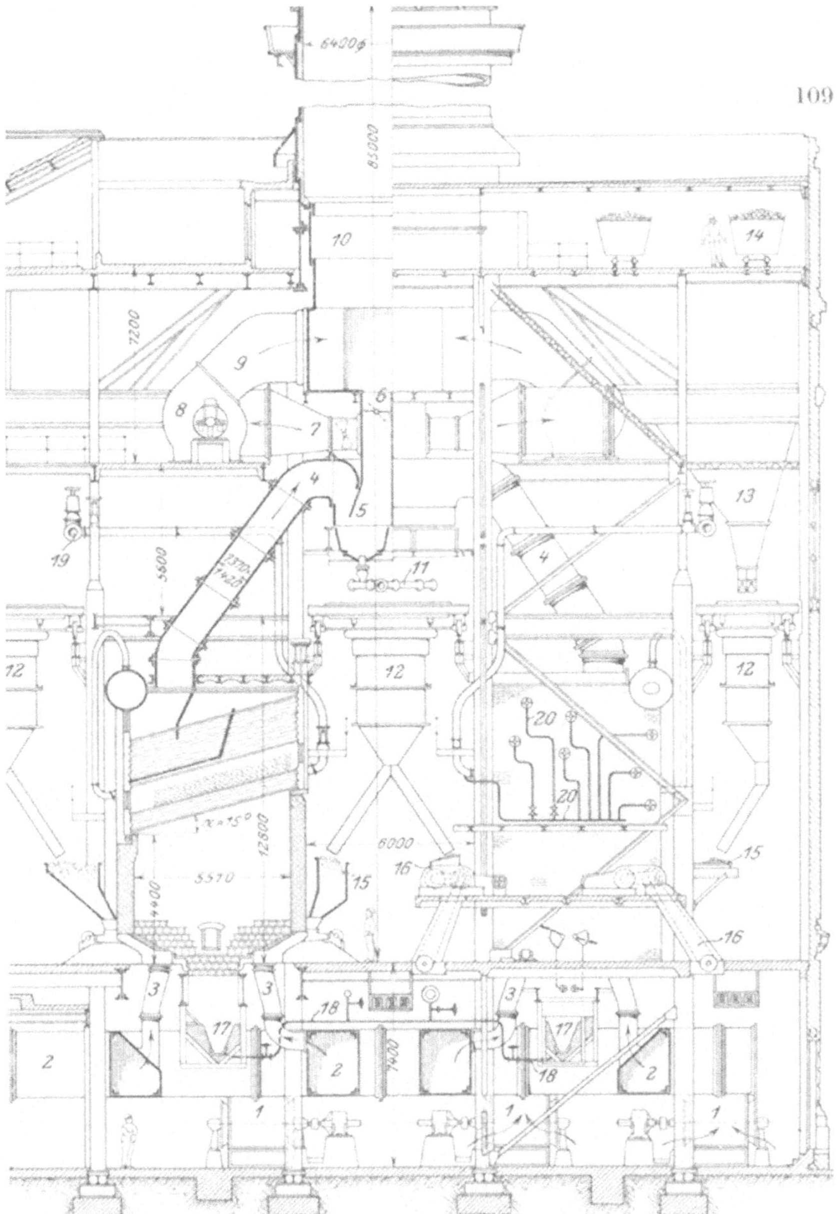

Abb. 116. Schnitt durch das Kesselhaus des Hell-Gate-Kraftwerkes.
1 = Unterwindventilatoren, *2* = Unterwindleitungen, *3* = Anschlüsse der Roste an *2*, *4* = Fuchs, *5* = Flugaschenfänger, *6* = Umführungsklappe, *7* = Saugstutzen von *8*, *8* = Saugzugventilator, *9* = Druckstutzen von *8*, *10* = Schornstein, *11* = pneumatische Absaugung der Flugasche, *12* = fahrbare Kohlenladebunker, *13* = feste Kohlenvorratsbunker, *14* = Kohlenkarre, *15* = Kohlentrichter vor den Rosten, *16* = Rostantrieb, *17* = Rinne zum Wegspülen der Schlacke, *18* = Leitungen für Spülwasser, *19* = Dampfsammelleitung, *20* = Rohrleitungen für Rußbläser.
Beachte: Keine Ekonomiser. Sehr hohe Aschenkeller infolge der großen Unterwindkanäle. Große Bauhöhe zum Unterbringen der Sammelfüchse erforderlich. Ausschaltbare Saugzugventilatoren. Kessel und Schornstein werden von Eisenkonstruktion des Gebäudes getragen. Eisenkonstruktion des Gebäudes im Dreieckverband ausgebildet zwecks Aufnahme der großen Windkräfte auf Schornstein und Gebäude. Füchse, Saugzuggebläse und Schornstein über den Kesseln angeordnet. Unterwind und Saugzug. Kleiner Grundflächenbedarf der Anlage.

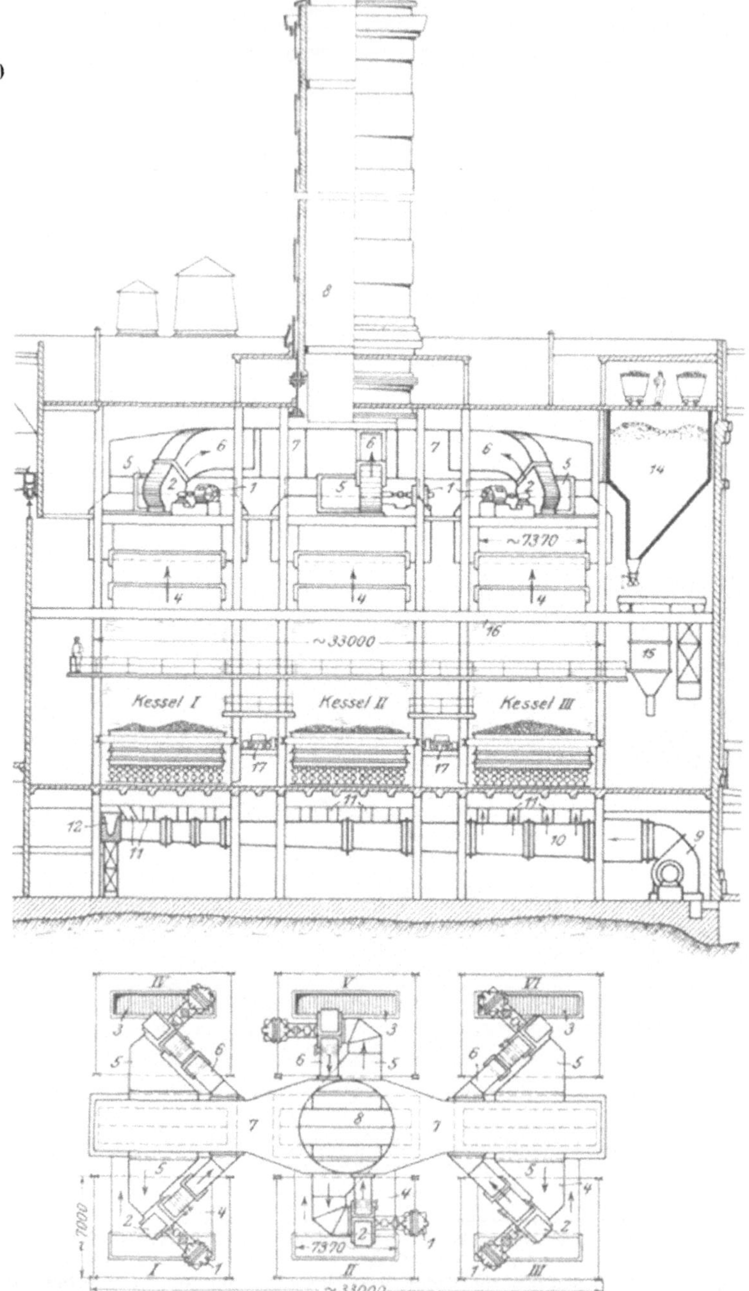

Abb. 117 u. 118. Anordnung der Füchse im Hell-Gate-Kraftwerk.
1 = Motoren für Saugzugventilatoren, *2* = Saugzugventilatoren, *3* = Rauchgasaustritt aus Kesseln, *4* = Anschluß der Kessel an die Aschenfänger, *5* = Saugstutzen von *2*, *6* = Druckstutzen von *2*, *7* = Sammelfuchs, *8* = Schornstein, *9* = Unterwindgebläse, *10* = Unterwindkanäle, *11* = Anschluß der Kessel an *10*, *12* = Spülrinne für Schlacke, *14* = fester Kohlenvorratsbunker, *15* = fahrbarer Kohlenladebunker, *16* = Laufschiene für *15*, *17* = Antriebsmotore für die Roste.
Beachte: 1 Schornstein für 6 Kessel. Häufige Umlenkung der Rauchgase infolge Ausschaltbarkeit der Saugzugventilatoren. Anordnung der Kohlenzufuhr zu den Kesseln.

vielfach aus den Rauchgasen ausschaltbar ist, entstehen oft sehr ausgedehnte Füchse mit außerordentlich großer Oberfläche, die, da sie fast durchweg aus Blech hergestellt und mit Wärmeschutzmitteln ausgekleidet werden, teuer sind und zuweilen viel Platz beanspruchen.

Es mag sein, daß der teure Bodenpreis in Amerika oder der Zwang, sehr hohe Schornsteine aufstellen zu müssen oder andere Einflüsse, die bei uns eine untergeordnete Rolle spielen, zu solchen Anordnungen

Abb. 119. Ladd-Steilrohrkessel mit angebauten Kohlenbunkern und Schornsteinen. *1* = Kohlenbunker, *2* = Kohlenfallrohr, *3* = Antrieb des Unterschubrostes, *4* = Tragkonstruktion für Oberkessel, *5* = Fuchs, *6* = Schornstein, *7* = Ausblasöffnungen für Wasserrohre.
Beachte: Zusammenbau von Kesselgerüst mit Kohlenbunker und Schornstein. Kräftiges Kesselgerüst.

zwingen. Sollten aber derartige Einflüsse nicht vorliegen, so wären Anordnungen, bei welchen jeder Kessel samt Ekonomiser, Unterwindgebläse, Saugzugventilator und Schornstein ein in sich geschlossenes Ganzes ist, wahrscheinlich öfters überlegen.

Daß auch Hochleistungskessel mit gußeisernen Ekonomisern unter voller Wahrung guter Zugänglichkeit und Übersichtlichkeit bei eingeschossiger Bauweise mit Kessel und Saugzuganlage außerordentlich gedrängt zusammengebaut werden können, wobei trotzdem der Kessel mit oder ohne Ekonomiser und mit oder ohne Saugzugventilator arbeiten kann, zeigt die in Abb. 121 bis 124 dargestellte Anordnung, die von der AEG. zur Zeit in mehreren großen Kraftwerken zur Anwendung gelangt.

Auch die zentrale Erzeugung des Unterwindes für die Roste verursacht in großen Werken ähnliche Nachteile. Die langen Verbindungskanäle zwischen den einzelnen Kesseln und Gebläsen werden sehr groß und teuer, brauchen fast ein ganzes Stockwerk für sich, außerdem verbauen sie den Raum, erschweren den Durchgang und die Unter-

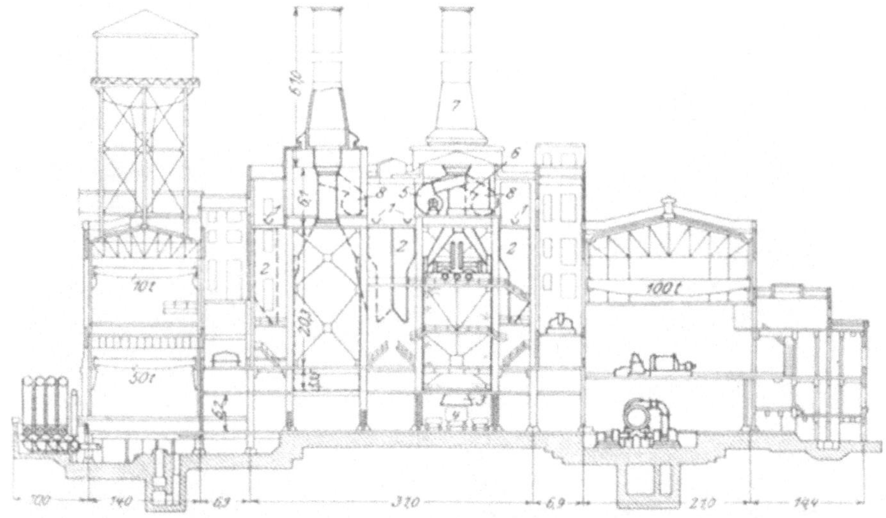

Abb. 120. Schnitt durch das Kesselhaus des River Rouge-Kraftwerkes mit 2460 m² Ladd-Steilrohrkesseln.
1 = Konveyor für Kohlenstaub, *2* = Bunker für Kohlenstaub, *3* = Aschenfall des Feuerraumes, *4* = Eisenbahnwagen für Aschenabfuhr, *5* = Saugzugventilatoren, *6* = Fuchs, *7* = Schornstein, *8* = Saugzugventilatoren.
Beachte: Aschenabzug unmittelbar in die Eisenbahnwagen. Eisenkonstruktion für Gebäude trägt Kessel, Bunker, Saugzug und Schornstein. Getrennter Schornstein für jeden Kessel. Schornsteine stehen über den Kesseln.

bringung der Rohrleitungen und verursachen endlich so große Reibungsverluste, daß die Überlegenheit an Wirkungsgrad und an Anlagekosten der großen zentralen Gebläse gegenüber Einzelgebläsen für jeden Kessel dagegen voraussichtlich zurücktritt.

Kessel von 1000 bis 3000 m² Heizfläche brauchen überdies schon so große Verbrennungsluftmengen, daß auch bei Versorgung mehrerer solcher Kessel durch e i n Gebläse kaum anzunehmen ist, daß dasselbe einen nennenswert besseren Wirkungsgrad hat. Wie Abb. 32, 33 und 115 zeigen, hat man diesen Umstand auch in Amerika erkannt.

Die außerordentliche Vereinfachung der ganzen Anlage durch zweckentsprechende Einzelversorgung jedes Kessels mit Unterwind gegenüber der in Abb. 116, 117 u. 125 dargestellten zentralen Versorgung zeigt Abb. 123, wo die Reihengebläse 11 kaum mehr in die Augen fallen.

Es ist bereits wiederholt darauf hingewiesen worden und wird auch in Kapitel XII noch für die Einmauerung gezeigt werden, daß der Bau der großen amerikanischen Kessel die Durchbildung gewisser neuartiger Konstruktionselemente bewirkte oder zur Voraussetzung hatte. Er hat aber in ähnlicher Weise auch den Aufbau des ganzen Kesselhauses stark beeinflußt und ist meines Erachtens eine der Hauptursachen für die vorzugsweise „vertikale Bauweise“ großer amerikanischer Dampfkesselhäuser. Die Abführung der Rauchgase am Kopfende der Kessel und die für Amerika charakteristische Anordnung der Schornsteine oberhalb der Kessel mitten auf dem Dach, Abb. 126, hat für große Kraftwerke eine Reihe grundlegender Vorteile:

a) kurze Füchse, deren Querschnitt infolge ihrer geringen Länge verhältnismäßig klein gemacht werden kann,

b) die Vermeidung von Grundwasserschwierigkeiten, die infolge des großen Querschnittes tiefliegender, gemauerter Sammelfüchse sehr lästig werden können,

c) den Wegfall besonderer, große Grundfläche beanspruchender Fundamente für die Schornsteine, die die Zugänglichkeit zu den Kesselhäusern erschweren und die meistens ziemlich breite Höfe zwischen nebeneinander liegenden Kesselhäusern erfordern,

d) freien Durchgang in allen Stockwerken des Kesselhauses, was sowohl für die Betriebsführung als auch die Unterbringung der Rohrleitungen sehr erwünscht ist,

e) freie Zugänglichkeit zu der Rückseite der Kessel und dadurch die Möglichkeit, Roste beliebiger Breite von rückwärts bequem überblicken und bedienen zu können,

f) kürzere Dampf- und Speisewasserleitungen,

g) Ersparnisse an bebauter Grundfläche und an Gebäudekosten.

Zunächst könnte man vielleicht meinen, Kesselhäuser mit vorwiegend horizontaler Ausdehnung und möglichst wenig Geschossen seien stets überlegen. Bei Kraftwerken liegen die Verhältnisse aber so, daß hauptsächlich e i n Geschoß von den Mannschaften und den Überwachungsingenieuren benutzt wird und daß von diesem Stockwerk aus auch die übrigen so ausreichend überblickt werden können, daß ein Höher- oder Tiefersteigen nur selten nötig wird. Da nun die Kesselhäuser im Vergleich zu den Maschinenhäusern ohnehin viel Platz beanspruchen, wird insbesondere für die Leitung und Überwachung des gesamten Betriebes die vertikale Bauweise häufig einfacher und übersichtlicher.

Auch in Deutschland ist daher schon vor 13 bis 15 Jahren von

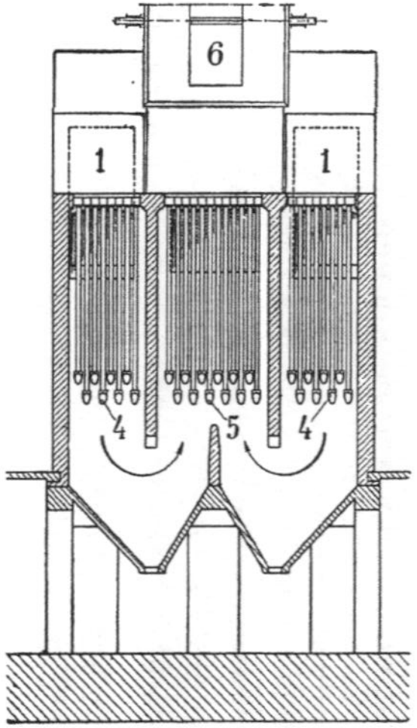

Schnitt *BB*.

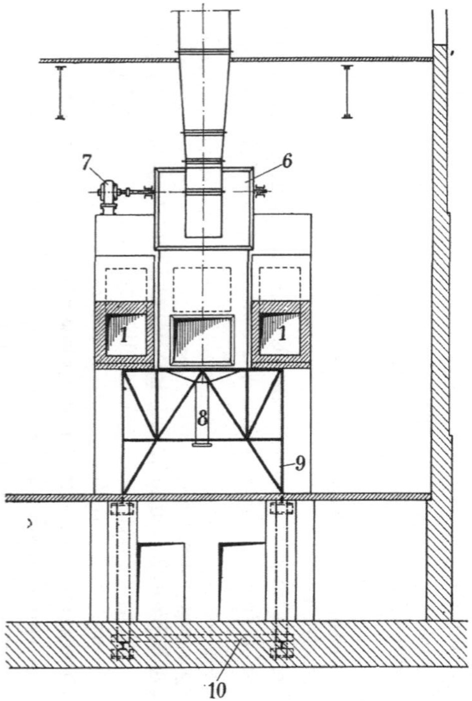

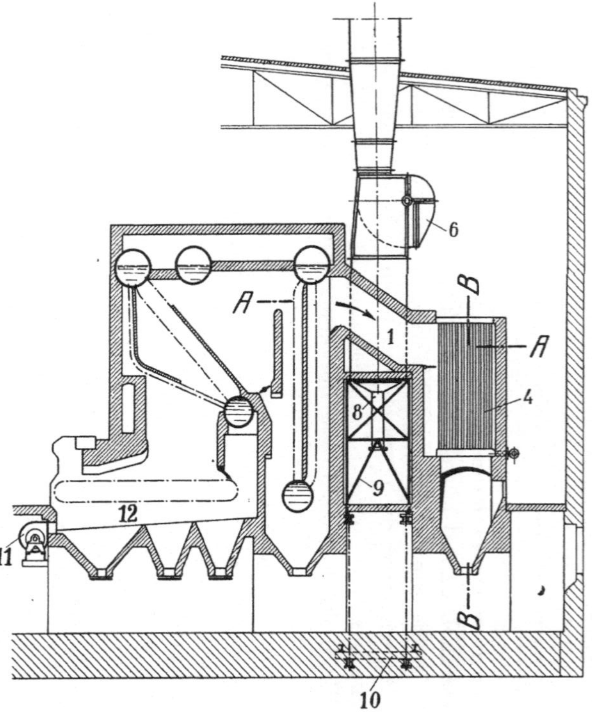

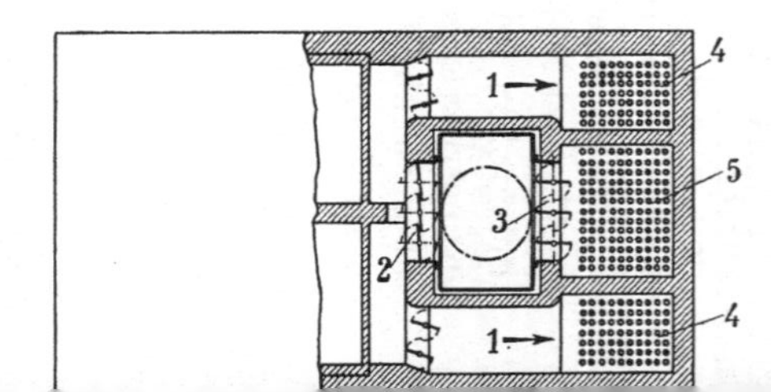

Abb. 121 bis 124. Organischer Zusammenbau von Kessel, gußeisernem Ekonomiser, Unterwind- und Saugzuganlage.

1 = Rauchgaskanal zwischen Kessel und Ekonomiser, *2* = unmittelbare Verbindung zwischen Kessel und Saugzug, *3* = Austritt der Rauchgase aus dem Ekonomiser, *4* = fallende Züge im Ekonomiser, *5* = steigender Zug im Ekonomiser, *6* = Saugzugventilator, *7* = Motor für *6*, *8* = Aschenabzug aus dem Schornstein, *9* = Gerüst für Schornstein, *10* = Verankerung von *9* mit Fundamenten, *11* = Unterwind-Reihengebläse (siehe Abb. 17 u. 18), *12* = Unterwindraum unter Rost.

Beachte: Fast völliger Wegfall von Füchsen. Sehr kleiner Grundflächenbedarf. Sehr kleine Mantelflächen. Einfache Ausschaltbarkeit des Ekonomisers der aus Rauchgasen. Große Standsicherheit des Schornsteins. Wegfall von Unterwindkanälen. Ersparnis an Gebäudekosten. Leichte Ausschaltung schadhafter Eko-

Geheimrat Klingenberg an der Entwicklung der vertikalen Bauweise mit großer Energie gearbeitet worden [die von der A. E. G. gebauten Anlagen des Märkischen Elektrizitätswerkes und der Victoria Falls and Power Co. in Südafrika usw.][1]). Die durch Klingenberg eingeleitete Entwicklung wurde aber durch überlebte behördliche Vorschriften schnell zum Schaden unserer Industrie und der Verbraucher abgeschnitten und es ist dringend zu wünschen, daß in dieser Beziehung möglichst bald freie Bahn geschaffen wird.

Man könnte vielleicht einwerfen, große Kessel hätten sich seinerzeit in Deutschland als wenig empfehlenswert erwiesen, es sei daher besser,

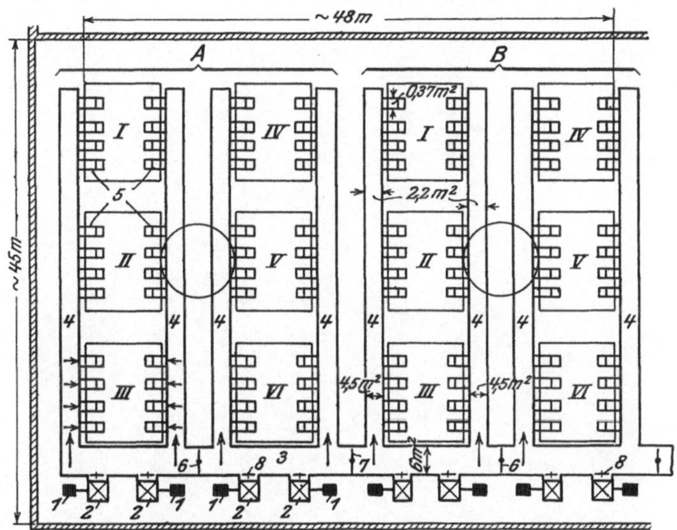

Abb. 125. Kesselhausgrundriß und Unterwindversorgung im Hell-Gate-Kraftwerk. *1* = Motore, *2* = Saugzugventilatoren, *3* = Haupt-Unterwindkanal, *4* = Verteil-Unterwindkanäle, *5* = Anschlüsse der Kessel an *4*, *6* = Absperrklappen (im normalen Betriebe geöffnet), *7* = Absperrklappe (im normalen Betriebe geschlossen), *8* = Absperrklappen für *2*. *I* bis *VI* = Kessel.

Beachte: Sehr lange und große Unterwindleitungen. Sehr gedrängte Anordnung der gesamten Kesselanlage. Kleiner Grundflächenbedarf.

bei der erprobten Heizfläche von höchstens 500 bis 600 m² zu bleiben. Der Grund für den geringen Erfolg der wenigen Kessel von rund 1000 m² Heizfläche, die in den Jahren 1908 bis 1912 in einigen deutschen Werken aufgestellt wurden, war aber nicht durch die große Heizfläche als solche verursacht worden, sondern bestand vorwiegend darin, daß

a) jene Kessel in vorhandenen, für weit kleinere Einheiten gebauten Kesselhäusern untergebracht werden mußten. Dadurch war die Zugänglichkeit von Anfang an sehr schlecht, ferner konnten die Kessel nicht so gebaut werden, wie es hätte gefordert werden müssen,

[1]) Klingenberg: Bau großer Elektrizitätswerke.

b) der Sprung von einer Heizfläche von 350 bis 400 m² auf 1000 m² mit dem Bau unzureichend erprobter Steilrohrkessel und ebensolcher schmiedeiserner Ekonomiser verquickt wurde,

c) Konstruktionselemente in unveränderter Form übernommen wurden, die für so große Heizflächen nicht mehr brauchbar waren. Dies gilt besonders für die Wanderroste, von welchen 3 bis 4 schmale Roste

Abb. 126. Ansicht des in Abb. 115 im Schnitt dargestellten Kesselhauses von Dodge Bros in Detroit.
1 = Füchse zwischen Kesseln und Schornsteinen.
Beachte: Typisches amerikanisches Kesselhaus. Schornsteine stehen über den Kesseln mitten auf dem Dach. Füchse liegen großenteils im Freien.

nebeneinander gereiht wurden, meist ohne eine Möglichkeit vorzusehen, um die mittleren Roste überblicken und bedienen zu können,

d) jenesmal die Wichtigkeit sorgsamer Aufbereitung des Kesselspeisewassers und bester Betriebsführung noch nicht voll erkannt wurde,

e) man jenesmal noch nicht genügend einsah, daß eine zweckentsprechende und sachgemäße Projektierung einer ganzen Kesselanlage ebenso wichtig und ebenso schwer ist und dieselben Erfahrungen verlangt wie diejenige der einzelnen Maschinen selber.

Hält man sich vor Augen, daß in modernen Kraftwerken Turbinen mit Leistungen bis 50 000 kW und einem Dampfverbrauch bis rund 300 000 kg/st laufen, so wird man zugeben müssen, daß Kessel von 500 bis 750 m² Heizfläche mit einer Erzeugung von 15 000 bis 28 000 $kgst^{-1}$ in keinem rechten Verhältnis mehr hierzu stehen. Bei Kraftwerken für minderwertige Braunkohle liegen die Verhältnisse freilich etwas anders, weil schon bei 700 bis 800 m² Heizfläche die Roste so groß werden, daß die Kessel anormal breit gebaut werden müssen, um die langen Roste noch unterzubringen und befriedigend bedienen zu können. Auch aus anderen zwingenden Gründen kann man — wenigstens zur Zeit — bei minderwertiger Braunkohle die Kesselheizfläche noch nicht so groß wie bei guter Steinkohle machen.

XII. Einmauerung.

Amerikanische Einmauerungen großer Dampfkessel mit mechanischen Rosten unterscheiden sich zum Teil erheblich von deutschen. Man kann den Unterschied vielleicht am sinnfälligsten zum Ausdruck bringen, indem man sagt, daß in Amerika die aus dem Hoch- und Tiefbau übernommenen bautechnischen Elemente in einer dem besonderen Verwendungszweck wesentlich stärker angepaßten Weise benutzt werden als in Deutschland. Schräg hochgeführte Kesselwände sind z. B. keine Seltenheit, Abb. 43, 58, 86, 88, 103, und die Amerikaner gebrauchen Steine und Mörtel bei Kesseleinmauerungen viel freier als wir. Daß dabei manchmal Konstruktionen unterlaufen, die mehr originell als brauchbar sind und bald wieder verschwinden, nimmt kein Wunder. Im großen und ganzen fragt aber der amerikanische Kesselbauer in erster Linie danach, wie eine Einmauerung mit Rücksicht auf den vorliegenden Fall aussehen müßte und versucht dann, sie diesen Forderungen möglichst gut anzupassen: er baut die Einmauerung mehr nach dem Kessel als umgekehrt.

Besonders auffallend ist der Unterschied zwischen deutschen und amerikanischen Feuergewölben für Wanderroste. Hier und an anderen Stellen ist das bautechnische Detail besonders stark vom Maschinenkonstrukteur beeinflußt. Die leicht erkennbare Hauptursache der abweichenden amerikanischen Konstruktionen besteht vor allem darin, daß amerikanische Wanderroste weit breiter als bei uns ausgeführt werden. Dadurch reichen in vielen Fällen gewölbeartige Konstruktionen nicht mehr aus, weil ihr Stich zu groß werden müßte. Die Amerikaner befestigen daher die Gewölbe an kalt liegenden Eisenunterstützungen und ersetzen die Wölbung durch eine ebene Fläche, was auch in feuerungstechnischer Beziehung vorteilhafter ist. Die Formsteine werden entweder jeder für sich, Abb. 127 bis 130, oder zu mehreren gemeinsam mit Klammern an einem eisernen Zwischenstück oder an eisernen Trägern, denen zuweilen Kühlluft zugeführt wird und die oberhalb des Gewölbes liegen, aufgehängt, oder sie bestehen nach der Bauart der Liptak Fire Brick Arch Co. aus zwei übereinanderliegenden, mit Nut und Schwalbenschwanz miteinander verbundenen Steinlagen, deren obere an kaltliegenden Eisen hängt[1]), Abb. 132. Ein besonderer

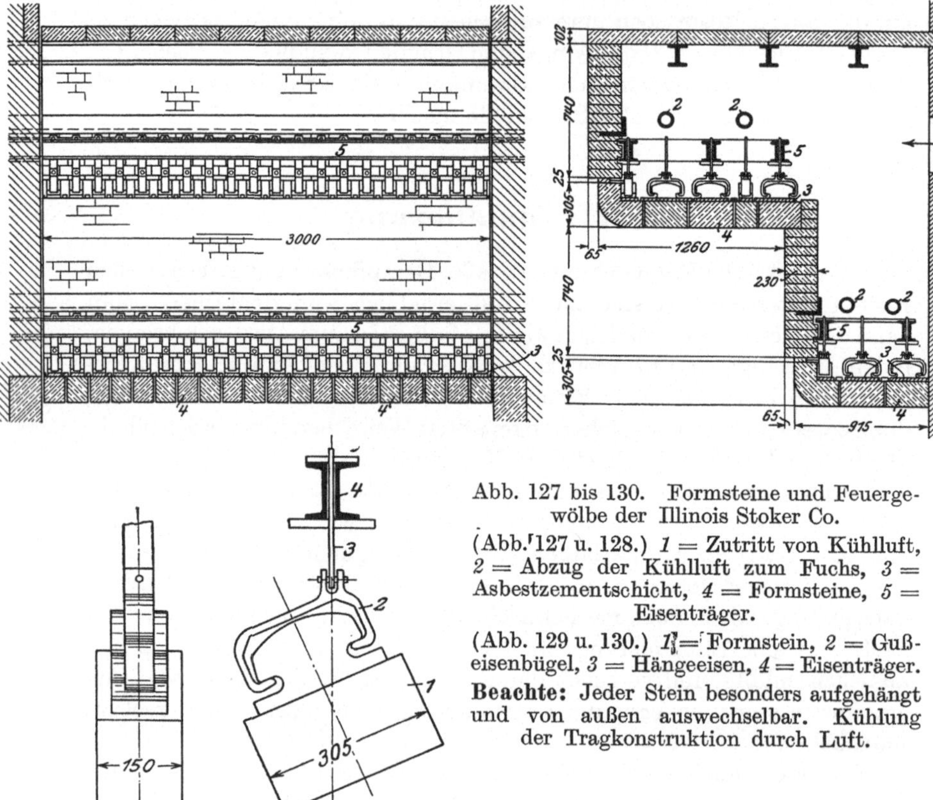

Abb. 127 bis 130. Formsteine und Feuergewölbe der Illinois Stoker Co.

(Abb. 127 u. 128.) *1* = Zutritt von Kühlluft, *2* = Abzug der Kühlluft zum Fuchs, *3* = Asbestzementschicht, *4* = Formsteine, *5* = Eisenträger.

(Abb. 129 u. 130.) *1* = Formstein, *2* = Gußeisenbügel, *3* = Hängeeisen, *4* = Eisenträger. **Beachte:** Jeder Stein besonders aufgehängt und von außen auswechselbar. Kühlung der Tragkonstruktion durch Luft.

Vorteil aufgehängter Feuergewölbe soll darin bestehen, daß man schadhafte Steine sehr bequem und schnell, z. T. ohne den Kessel außer Betrieb zu nehmen, auswechseln kann. Auch in anderen Fällen haben solche Aufhängungen gegenüber schwerfälligen normalen bautechnischen Konstruktionen oft große Vorteile.

Diese neuartige Aufhängung der feuerfesten Steine, die überhaupt keine Kräfte mehr aufzunehmen, sondern nur noch ihrem eigentlichen Zweck, dem Schutz vor der größten Hitze, zu dienen brauchen, ist

[1]) Siehe auch Münzinger: „Leistungssteigerung", S. 50.

für den Aufbau des Kessels selber beinahe noch wichtiger als für die Konstruktion der Feuergewölbe, weil sie nahezu jede Formgebung der feuerfesten Ausmauerung gestattet. Sie verspricht meines Erachtens für die Weiterentwicklung des Baues großer Kessel eines der wertvollsten und dankbarsten Konstruktionselemente zu werden und er-

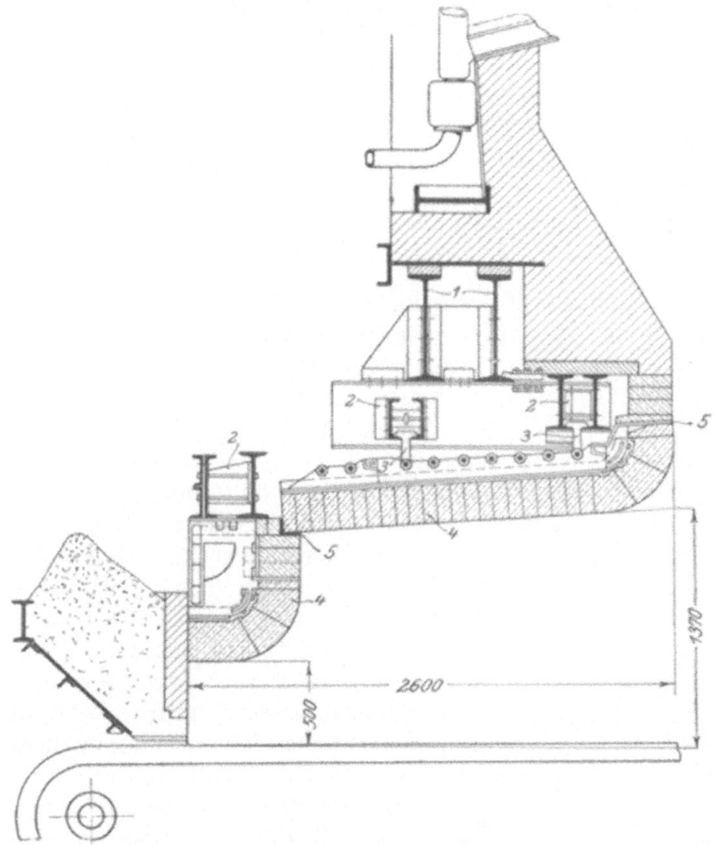

Abb. 131. Ausführung des Zünd- und Feuergewölbes der Detrick Co. *1* = Hauptquerträger für das Feuergewölbe, *2* = Hilfsträger für Feuer- und Zündgewölbe, *3* = Hängependel für gußeiserne Zwischenstücke, *4* = feuerfeste Formsteine, *5* = Ausdehnungsschlitz.

öffnet in mancher Beziehung ganz neue Möglichkeiten in Bemessung und Anordnung von Dampfkesseln. So z. B. hätte ohne sie die Feuerraumdecke in Abb. 40, 42 und 43, die Stelle „*10*" in Abb. 58, die Decke „*3*" in Abb. 82 und das Maul des Feuerraumes in Abb. 88 kaum ausgeführt werden können. Man hätte sich entweder mit einer „Verlegenheitskonstruktion" behelfen oder den Kesseln eine weniger zweckmäßige

Form geben müssen. Es ist wohl möglich, daß der Aufbau von Kesseln mit Hilfe der erwähnten Mauerwerksaufhängung, besonders wenn sie noch weiter ausgebildet wird, sich wesentlich ändern wird.

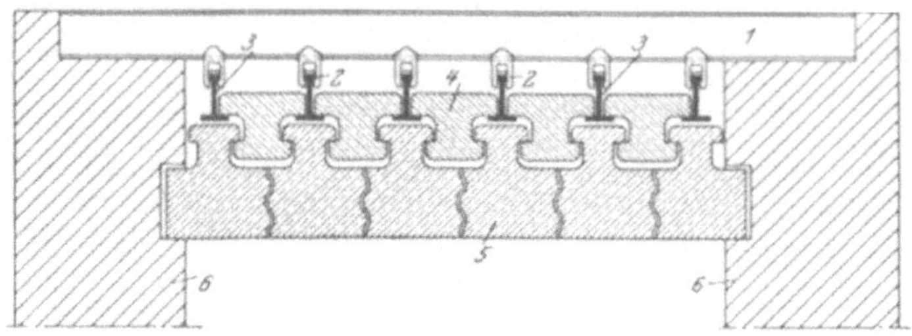

Abb. 132. Feuergewölbe der Liptack Fire Brick Arch Co.
1 = Tragebalken, *2* = Bügel, *3* = Längsträger, *4* = obere Formsteine, *5* = untere Formsteine, *6* = Seitenmauern.

Da wo glühende Kohlenschicht und Mauerwerk miteinander in Berührung kommen, werden vielfach durchlöcherte Steine angewendet, durch welche Luft eingeblasen wird, die das Ansintern von Schlacke erfolgreich verhindern soll, Abb. 35, 111. Einige Werke berichten aber, daß sich die Löcher schnell mit Schlacke verstopfen. Außer Kühlsteinen trifft man eiserne luftgekühlte Kästen, teils mit, teils ohne Löcher nach dem Feuerraum zu, Abb. 1, 2, 6, 8. Die in den Feuerraum einströmende Kühlluft soll den Wirkungsgrad nur wenig herabsetzen.

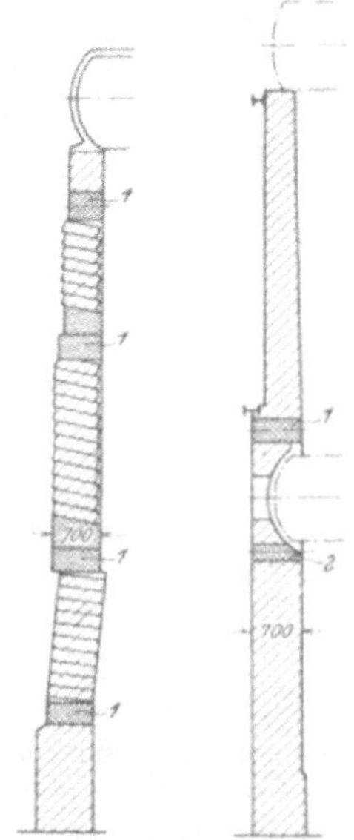

Abb. 133 u. 134. Rechts normale, links Ausführung der Seitenmauer eines Steilrohrkessels bestehend aus schräg gelagerten, mit dem Kesselgerüst nach Abb. 135 und 136 verbundenen Formsteinen.

Um das Mauerwerk mit dem Kesselgerüst innig zu verbinden, wird zuweilen zu etwas seltsamen Ausführungen gegriffen, Abb. 133, bei welcher die Steinschichten schräg aufeinander gelagert sind und nach Abb. 135 u. 136 mit Bändern am Kesselgerüst hängen. Während diese Bauart schnell wieder verlassen worden zu sein scheint, trifft man Anordnungen, bei welchen auf einige normale Steinschichten eine Schicht aus Formsteinen kommt, die mit dem Kesselgerüst verankert ist, Abb. 137, und die sich besonders für stark beanspruchte Feuerräume, z. B. bei Kohlenstaubfeuerungen empfehlen, weil sie dem angegriffenen Mauerwerk bis zuletzt guten Halt geben. Bei der üblichen Ausführung nach Abb. 138, wo das feuerfeste Mauerwerk alle 4 bis 6 Schichten mit dem dahinter liegenden gewöhnlichen Ziegelmauerwerk im Verband gemauert ist, ist der Ersatz einer größeren ausgebrannten Stelle oft schwierig, weil der ganze Mauerungsverband in Mitleidenschaft gezogen wird. Die Liptak Co. hat daher eine Ausführung durchgebildet, Abb. 139, bei welcher die Binderschicht aus hochkant gestellten Formsteinen 1 besteht, die in entsprechend geformte Steine 2 des dahinter liegenden, geschützten Mauerwerkes hakenförmig eingreifen und durch übergeschobene Flachsteine 3 festgehalten werden. Sie bilden gewissermaßen durchlaufende Regale, auf denen das feuerfeste Futter aufruht. Durch Losschlagen der Steine 3 können auch die eigentlichen Tragsteine 1 leicht entfernt werden. Auswechslungen schadhafter Mauerwerksteile stören nicht mehr das Gefüge des gesammten Verbandes und sind schnell durchführbar.

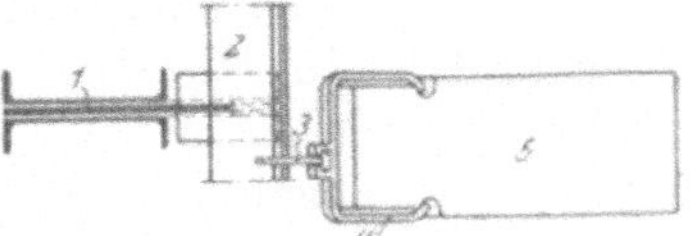

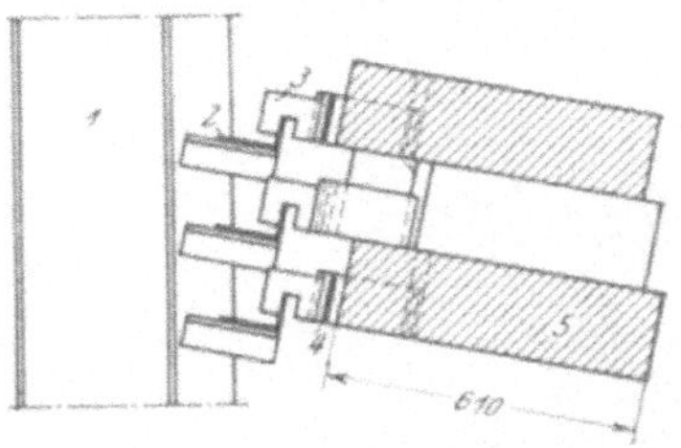

Abb. 135 u. 136. Detail zu Abb. 105, linke Seite.
1 = Kesselgerüst, *2* = Haltewinkel, *3* = Tragbänder, *4* = Bügel, *5* = feuerfester Stein.

Zur Aufnahme der Wärmedehnungen längerer Wandungen werden zuweilen Ausdehnungsschlitze im Mauerwerk angebracht, Abb. 140, die aber voraussichtlich bald durch Zusetzen mit Schmutz unwirksam werden dürften und den Verband des Mauerwerkes schwächen. Eigenartig ist die Ausführung der Seitenwangen des Wanderrostes in Abb. 141 bis 143, wo durch Schrägstellen der in Höhe der Kohlenschicht über Rostoberkante mit Zwischenräumen vermauerten Schamottesteine Zugang für einen Teil des als Kühlluft dienenden Unterwindes geschaffen wurde.

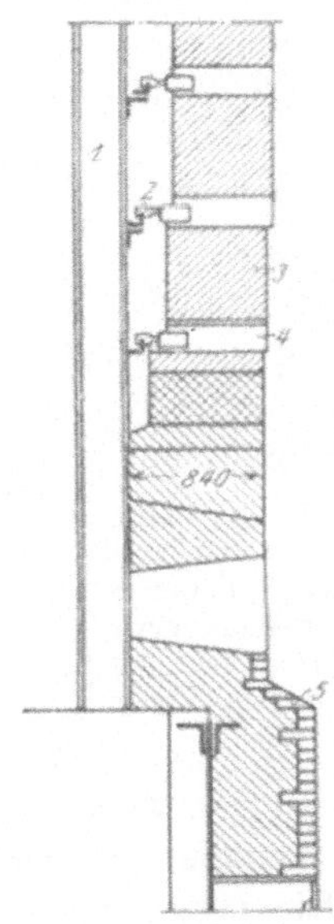

Abb. 137. Befestigung der Kesseleinmauerung am Kesselgerüst durch Formsteine mittels Bändern.
1 = Kesselgerüst, *2* = Tragband, *3* = normale Steinlagen, *4* = Formsteine.

Damit das höherliegende Mauerwerk der Feuerraumwandungen nicht zusammenbricht, wenn das darunter befindliche im Laufe der Zeit weggeschmolzen wird, werden wie bei uns in höhere Wände oft 2 oder 3 übereinanderliegende Entlastungsbogen eingezogen, Abb. 58, 59, 83, 85. Die Feuerraumwände, insbesondere die Rückwand, werden oft mit einer kleinen Neigung hochgemauert, damit einzelne abgebrannte Steine nicht herausfallen können und der Mauerwerksverband besser erhalten bleibt, Abb. 40 bis 43, 58. Insbesondere empfiehlt es sich, die Innenwandungen der Feuerräume von Kohlenstaubkesseln aus demselben Grunde etwas nach außen zu neigen.

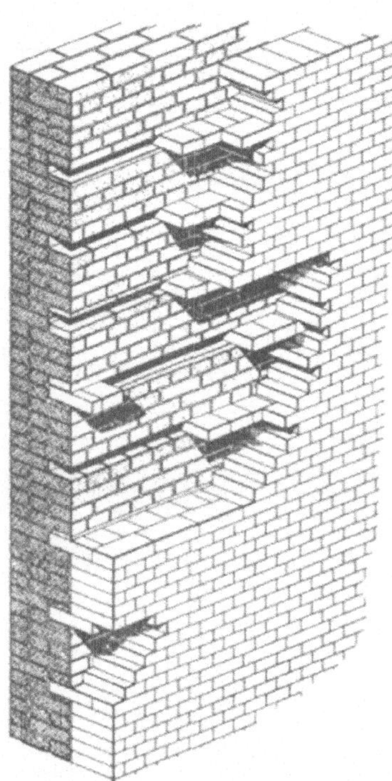

Abb. 138. Normaler Mauerwerksverband.
Beachte: Feuerfestes und gewöhnliches Mauerwerk sind in jeder sechsten Schicht durch Binderschichten im Verband gemauert.

Für Feuergewölbe, die nur auf einer Seite erhitzt werden, wird ein Material empfohlen, welches bei etwa 1260° C zu erweichen beginnt, aber bei einer um einige 100° C höheren Temperatur noch gute Druckfestigkeit besitzt.

Abb. 144 und 145 zeigen die Ausdehnung von feuerfesten Steinen der Harbison Walker Refractories Co. bei Erhitzung in belastetem und in unbelastetem Zustand. Der zugehörige Bericht erwähnt aber, daß die untersuchten Steine weit besser waren als die üblichen, im Handel als Steine erster Qualität bezeichneten Marken. Bemerkenswert ist, daß die belasteten Steine um mehrere 100° C früher zusammen zu sinken beginnen mit Ausnahme der Spezialmarke Star Silica, die auch bei 1700° C noch raumbeständig war. Ob diese Marke aber wegen ihres sehr hohen SiO_2-Gehaltes schroffe Temperaturwechsel verträgt und für Dampfkesselfeuerungen geeignet ist, ist nicht angegeben.

Wegen der schwierigen Herstellung feuerfester Steine von genau gleichen Abmessungen wird empfohlen, für denselben Besteller möglichst gleich große Steine aussuchen zu lassen, damit die Fugen klein und dicht werden. Die Zerstörung des feuerfesten Mauerwerkes durch geschmolzene Schlacke wird als vorzugsweise mechanischer Prozeß aufgefaßt, bei welchem die niederfließende Schlacke das Mauerwerk „wegwäscht". Die Schlacke dringt in die Fugen und Risse der Steine ein und löst das Bindemittel auf, welches die Steinkörner zusammenhält. Die Schlacke soll daher erst dann wirklich gefährlich werden, wenn sie anfängt zu fließen.

Erfahrene amerikanische Ingenieure sehen zur Zeit die einzige Begrenzung für die spezifische Leistung von Kesseln in der beschränkten Widerstandsfähigkeit der feuerfesten Einmauerung. Soweit es sich um Spitzenkessel handelt, wo der Wirkungsgrad während der Spitzen keine entscheidende Rolle spielt, haben sie m. E. hiermit weit-

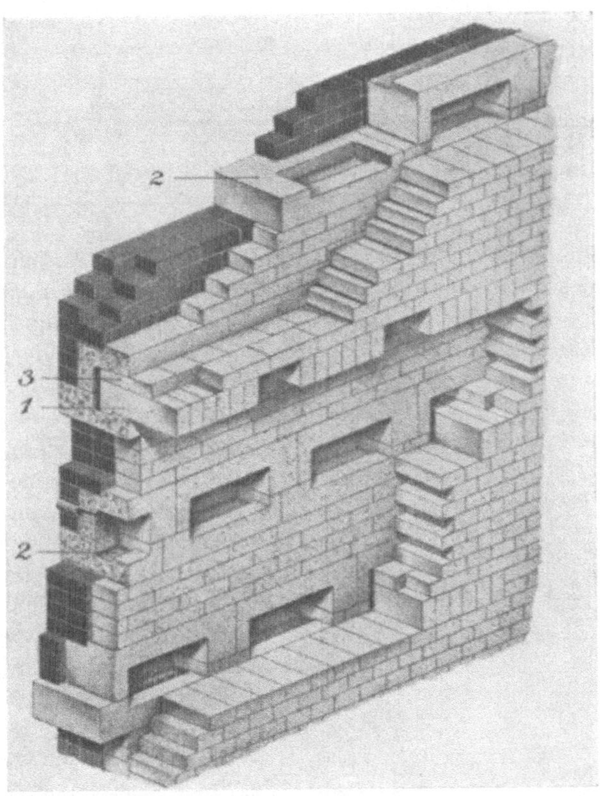

Abb. 139. Regal-Mauerwerksverband der Liptak Fire-Brick Arch Co. *1* = Regal-Verbandsteine, *2* = Muttersteine für *1*, *3* = Zwischensteine.

gehend recht. Aber auch in Amerika ist m. W. noch kein Steinmaterial gefunden worden, welches in Dampfkesselfeuerungen Temperaturen über 1550° C auf die Dauer gewachsen ist. Hieran dürften auch die gegenteiligen Behauptungen der Hersteller von Spezialsteinen wenig ändern. Die großen Schwierigkeiten der Erzeugung von feuerfesten Steinen für Dampfkesselfeuerungen sind an anderer Stelle ausführlich geschildert[1]).

[1]) Münzinger: „Leistungssteigerung", S. 37ff.

Von Spezialsteinen haben sich auch in Amerika Karborundumsteine nur zum Teil bewährt, insbesondere sollen sie sich nicht für Kohlen mit mehr als 1 v. H. Schwefel- oder mit größerem Eisengehalt eignen.

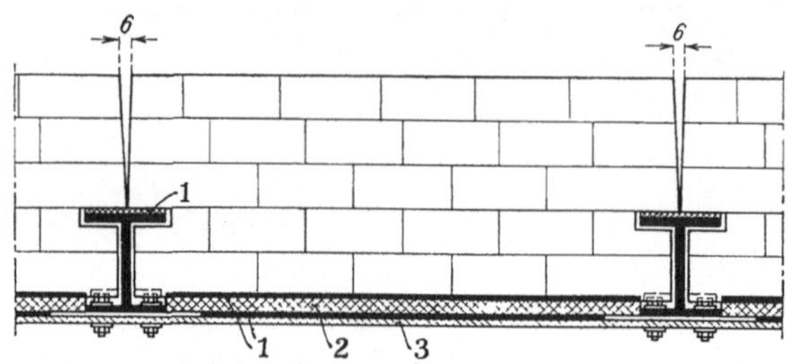

Abb. 140. Ausdehnungsschlitze in der Seitenwand eines Kessels. *1* = Asbestschichten, *2* = Magnesiaschicht, *3* = Blechplatte.

Über den Wert sog. feuerfester Zemente sind die Ansichten geteilt. Versuche des U. S. Bureau of Standards sollen ergeben haben, daß ein Überzug des Mauerwerkes mit feuerfestem Zement wenig nütze. Der Wert feuerfesten Zementes wird daher vielfach wie derjenige von „Kesselsteinmitteln" beurteilt.

Dagegen wird der Wahl geeigneter feuerfester Mörtel große Bedeutung beigemessen und verlangt, daß alle Steine vor Erreichung der Sintertemperatur zu einer zusammenhängenden Masse verkitten, damit die Schlacke keine Angriffsmöglichkeiten hat. Größere, schadhaft gewordene Mauerwerksteile werden häufig dadurch ersetzt, daß die noch brauchbaren Rückstände zermahlen und mit einem Sondermörtel zu einer Paste vermengt werden, welche mit Hämmern und anderen geeigneten Werkzeugen in die ausgebrannten Löcher eingetrieben und sauber mit dem gesunden Mauerwerk verstrichen wird. Auf diese Weise sollen sich auch größere Schäden beseitigen lassen, doch sei hierzu viel Erfahrung und große Geschicklichkeit erforderlich.

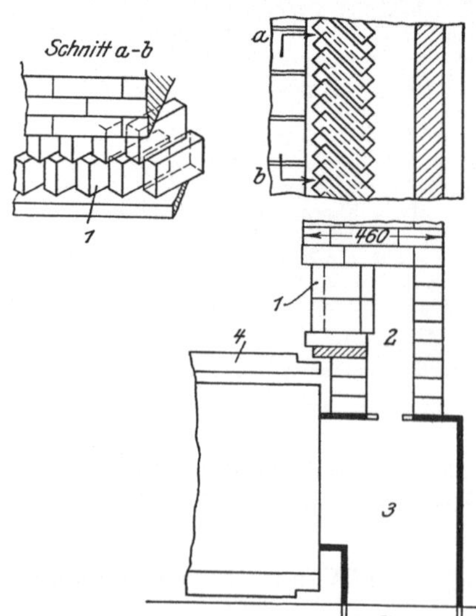

Abb. 141 bis 143. Als Kühlsteine gegen Schlackenansatz ausgebildete Steinschichten bei einem Wanderrost. *1* = mit Luftzwischenräumen schräggestellte Steine, *2* = Kühlluftkanal, *3* = Unterwindzufuhr, *4* = Wanderrost.

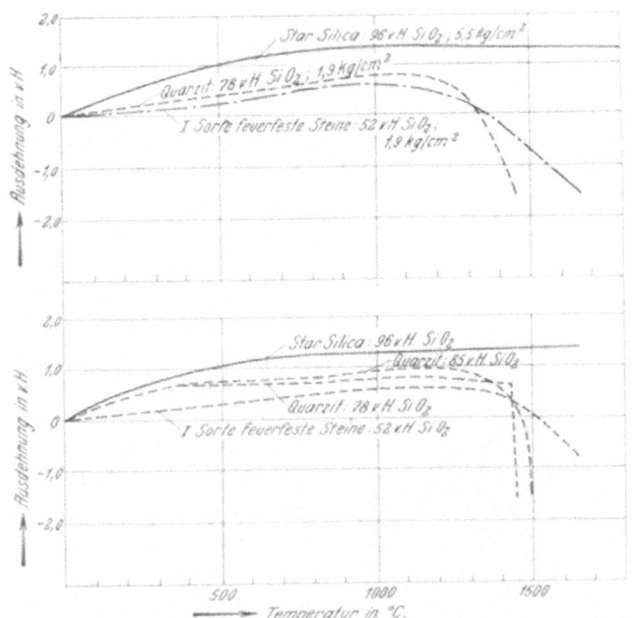

Abb. 144 u. 145. Ausdehnungslinien verschiedener feuerfester Steine der Harbison Walker Refractories Co. in unbelastetem und belastetem Zustande.
Versuch mit belasteten Steinen:
Star Silica bis zuletzt unbeschädigt, nicht deformiert. Quarzit Gestalt verloren, gesintert. I. Sorte feuerfeste Steine: Anzeichen von Sinterungen.
Versuch mit unbelasteten Steinen:
Star Silica bei 1650° C kein Anzeichen von Erweichen oder Sintern. Beide Quarzite erweichen bei 1480° C, daher keine weiteren Messungen möglich. I. Sorte feuerfeste Steine am Versuchsende in guter Beschaffenheit.
Schmelzpunkte: Reiner Quarz: 1875° C, Star Silica: 1860° C, I. Sorte feuerfester Steine: 1843° C, Quarzit 70—75 v. H. SiO_2: 1732° C, Quarzit 80—90 v. H. SiO_2: 1650° C.

Für die Isolierung der Kesselseitenwände wird u. a. eine Anordnung nach Abb. 146 u. 147 empfohlen.

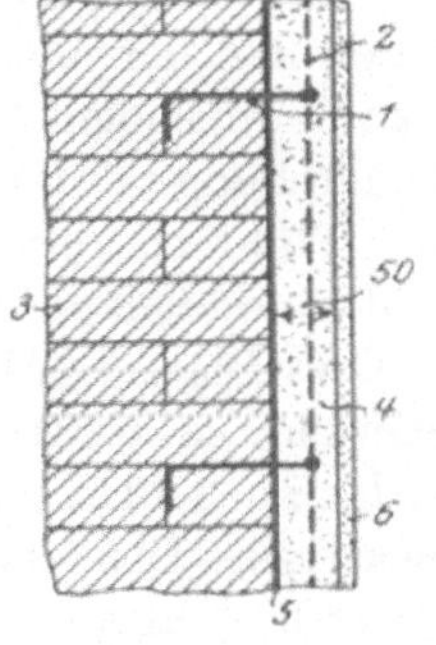

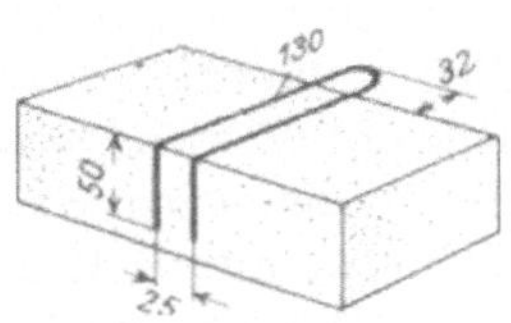

Abb. 146 u. 147. Seitenwand einer Kesseleinmauerung.
1 = Drahthaken, *2* = Drahtgeflecht, *3* = Mauerwerk, *4* = Spezialasbestmasse, *5* = Asphaltanstrich, *6* = Spezialasphaltmasse.

XIII. Kesselarmaturen.

a) Rußbläser.

Zur Reinigung der Kesselzüge werden in Amerika in sehr großem Ausmaße Rußbläser verwendet, die in die Kesselzüge fest eingebaut sind und auf deren Durchbildung weit mehr Sorgfalt verwendet wird als auf die auch in Deutschland gelegentlich anzutreffenden, ähnlichen Zwecken dienenden, fest eingebauten Apparate. Allein die Diamond Specialty Co. hat z. B. in 3 Jahren über 4 000 000 m² Kesselheizfläche mit ihren Bläsern ausgestattet. Um sie gegen die Einwirkungen der heißen Rauchgase unempfindlicher zu machen, werden sie durch Behandlung in Aluminiumpulver „kalorisiert". Das Aluminium dringt hierbei tief in das Eisengefüge ein, und ändert seine Struktur von Grund aus. Derartig behandelte Bläser sollen weit unempfindlicher gegen Hitze und chemische Einflüsse als nicht kalorisierte sein.

Abb. 148. Ventil zum Rußbläser der Diamond Power Specialty Co. *1* = Dampf- oder Preßluftzutritt, *2* = Bläserrohr, *3* = Kettenrad zum Drehen von *2*, *4* = Abschlußventil für *1*, *5* = Pfeife.

Die Bläser werden an geeigneten Stellen in den Zügen untergebracht. Sie bestehen meist aus einem, mit eingeschweißten Düsen versehenen Rohr, das mittels Zahnradgetriebe und Handkette vom Heizerstand aus gedreht werden kann. Durch geeignete Vorrichtungen wird Dampf- oder Preßluft selbsttätig während der Zeit eingeblasen, während welcher die Bläseröffnungen zu der zu reinigenden Heizfläche richtige Stellung haben. Während einer Umdrehung wird etwa 5—7 sk lang geblasen, 2—3 Drehungen genügen. Während des Blasens ertönt eine kleine Pfeife, damit der Mann nicht zu schnell oder zu langsam dreht. Abb. 148 zeigt Antrieb und Ventil eines Bläsers, Abb. 116 die Anordnung der Bläser an der Kesselseitenwand, Abb. 34 im Inneren eines Babcock- & Wilcox-Kessels. Es werden auch Bläser geliefert, die sich selbsttätig durch Anschluß an eine elektrische Uhr einschalten und arbeiten.

Der Nutzen der Rußbläser besteht außer in der Schaffung einer andauernd sauberen Heizfläche hauptsächlich darin, daß sie die Zeit bis zur nächsten Außerbetriebnahme eines Kessels zwecks äußerer Reinigung erheblich verlängern. Es wird angegeben, daß ein 1175 m²-Kessel, der mit ungefähr 37 $kgm^{-2} st^{-1}$ Heizflächenbelastung betrieben wird, nach einer 1 monatigen Betriebszeit, während welcher die Bläser nicht gearbeitet hatten, eine Abgastemperatur von 350° C hatte, die bei regelmäßiger Betätigung der Bläser auf 283° C sank. Der Erfolg von Rußbläsern wird außer von der Kohlensorte auch von der Rostbelastung und von der Bemessung des Verbrennungsraumes abhängen. Im übrigen wird die Betriebszeit eines Kessels von der Stärke der Aschen- und Schlackenansätze an den untersten Rohrreihen und davon beeinflußt, ob sie vom Heizerstand aus während einer Schwachlastperiode abgestoßen werden können oder nicht.

b) Ablaßventile.

Die amerikanischen Kesselvorschriften verlangen, daß in den Ablaßleitungen 2 Ventile oder 1 Hahn und 1 Ventil hintereinander sitzen. 2 eigenartige, von der Yarnall Waring Co. gebaute Ablaßventile zeigen Abb. 149 und 150 bis 152. Bei der Konstruktion nach Abb. 149 tritt an Stelle des Ventiltellers ein hohler Plunger, der an 2 Ringflächen gedichtet wird und hoch- und niedergeschraubt werden kann. Sie soll insbesondere die leicht undicht werdenden Ventilsitze vermeiden. Das doppelt dichtende Ventil besteht aus einer schwingbaren Abschlußplatte mit einer Durchlaßöffnung, die durch den Dampfdruck und einen beweglichen, federbelasteten, mit Dichtungen versehenen Plunger auf ihren Sitz gedrückt wird.

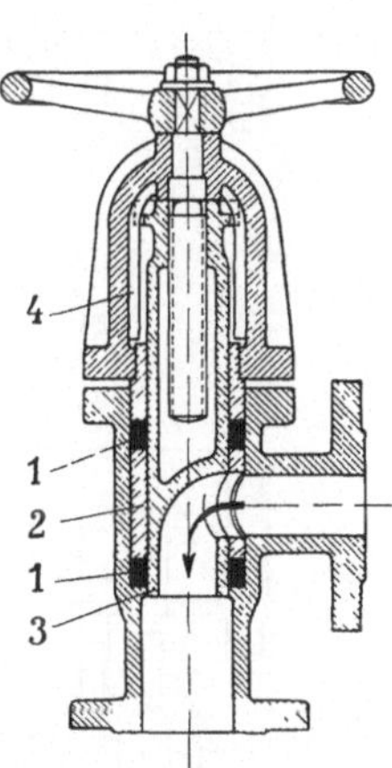

Abb. 149. Ablaßventil der Yarnall Waring Co. *1* = Dichtung, *2* = Distanzring, *3* = Plunger, *4* = Führung für Plunger.

c) Selbsttätige Speisewasserregler.

Die amerikanischen Speisewasserregler arbeiten teils mit Schwimmern, die unmittelbar auf ein entlastetes Doppelsitzventil einwirken, teils benutzen sie, wie der weit verbreitete Copes-Regler die Längendehnung eines geneigten, mit dem Kesselwasser der Obertrommeln kommunizierenden, je nach dem Wasserstand im Kessel mehr oder weniger mit Wasser gefüllten Metallrohres, das das Speiseventil anhebt. Für Sitze und Teller solcher Ventile, wie auch für andere, starkem Verschleiß ausgesetzte Teile kleiner Ventile (Probierhähne an den Wasserständen, Überhitzerablaßventile) wird vielfach Monelmetall verwendet.

Der Einfluß der Charakteristik eines Speisewasserreglers, d. h. des Zusammenhanges zwischen dem Wasserstand und bei beliebiger, aber konstanter Belastung des Kessels zugeführter Speisewassermenge, auf das Verhalten eines Kessels wird in Kapitel XVI genauer untersucht werden.

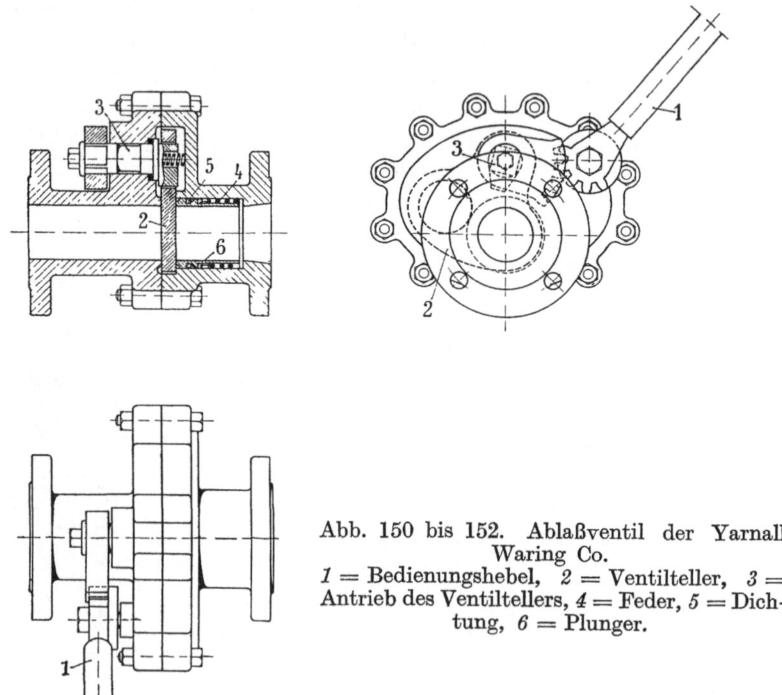

Abb. 150 bis 152. Ablaßventil der Yarnall Waring Co.
1 = Bedienungshebel, *2* = Ventilteller, *3* = Antrieb des Ventiltellers, *4* = Feder, *5* = Dichtung, *6* = Plunger.

XIV. Speisewasseraufbereitung.

Auch die Amerikaner sind sich noch nicht ganz klar darüber, ob Kalk-, Soda- bzw. andere chemische Wasserreiniger oder ob Verdampfer für die Aufbereitung des Speisewassers von Großkraftwerken besser sind. Doch ist die Neigung zur Aufstellung von Verdampfern größer als bei uns, was m. E. wohl mit der Neigung der Amerikaner zur Einrichtung einer für unsere Begriffe etwas verwickelten „Heat-Balance" zusammenhängt.

Der Begriff „Heat Balance" (wörtlich übersetzt = Wärmegleichgewicht) wird in Amerika angewendet auf die eigentliche Wärmebilanz irgendeines Systems und bezweckt die Klarlegung der Wärmezu- und abfuhr in jedem seiner Teile[1]). Man versteht unter „Heat Balance" aber auch die Anordnung und Kontrolle derjenigen Apparate im Wärme-

[1]) Power 1922, S. 670.

kreislauf eines Werkes, deren Zweck ist, den Betrieb mit möglichst geringen Wärmerverlusten zu führen und denkt dabei in erster Linie an Vorrichtungen und Maßnahmen für wirtschaftliche Vorwärmung des Speisewassers und sparsamen Betrieb der Hilfsmaschinen.

Geringer Gesamtdampfverbrauch kann nun entweder dadurch erzielt werden, daß man das Speisewasser mit Abdampf aus den Turbinen der Hilfsmaschinen anwärmt oder mit Dampf, dessen Arbeitsfähigkeit vorher auf andere Weise möglichst weitgehend ausgenutzt worden ist. Man kann aber auch die Hilfsmaschinen mit einem Mindestaufwand an Arbeit zu betreiben versuchen. Bei elektrischem Betrieb sämtlicher Hilfsmaschinen kann das Speisewasser durch aus verschiedenen Stufen der Hauptturbinen abgezapften Dampf in mehreren hintereinander geschalteten Heizkörpern erwärmt werden. Im letzteren Fall ist die Speisewasseranwärmung zwar unabhängig vom Arbeiten der Hilfsmaschinen, die aber in hohem Maße Störungen in den Hauptsammelschienen des Werkes ausgesetzt sind. Ein dritter Weg ist endlich der, die für die Hilfsmaschinen benötigte elektrische Energie durch einen besonderen Turbogenerator, „Hausturbine" genannt, zu erzeugen und den Abdampf dieser Turbine zum Vorwärmen des Speisewassers zu benutzen. Da aber die verhältnismäßige Größe der Belastung der Hauptturbinen und der Hausturbine sich nicht immer miteinander decken, muß ein Ausgleich in der Zufuhr des Anwärmedampfes geschaffen werden, wenn das Speisewasser dauernd dieselbe Temperatur haben soll. Dies kann entweder durch Ändern des Gegendruckes der Hausturbine oder dadurch geschehen, daß ein wechselnder Teil des für die Motoren der Hilfsmaschinen benötigten Stromes von den Hauptsammelschienen entnommen wird.

Im Hell Gate - Kraftwerk werden fast alle Motoren der Hilfsmaschinen von einer Hausturbine aus mit Strom versorgt. Der Abdampf dieser Hausturbine und Anzapfdampf aus den Hauptturbinen wird zum Vorwärmen verwendet. Die Motoren der Hilfsmaschinen werden nach Bedarf auf die Hauptsammelschienen oder auf die Sammelschiene der Hausturbine geschaltet.

Um Hausturbine und Hauptturbinen ganz unabhängig voneinander zu machen und den Antrieb der Hilfsmaschinen Störungen in der Hauptstromversorgung nicht auszusetzen, ist im Colfax-Kraftwerk die Anordnung so getroffen, daß ein von der Hauptsammelschiene mit Strom versorgter Motor mit einem parallel mit der Hausturbine arbeitenden Generator gekuppelt ist, deren Abdampf zur Speisewasservorwärmung dient. Wechselt die Belastung des Werkes und damit die Speisewassermenge, so wird die Abdampfmenge der Hausturbine dadurch angepaßt, daß die Umlaufszahl der Hausturbine verstellt und ein entsprechender Teil des Energiebedarfes der Hilfsmaschinen von dem Motorgenerator gedeckt wird.

Bei der Neigung der Amerikaner zu einfachen, betriebssicheren Anordnungen überraschen diese teilweise recht verwickelten Schaltungen und Maßnahmen zur Speisewasseraufbereitung. Man darf aber nicht übersehen, daß bei den großen, in Amerika üblichen Kesseln sorgfältigste Aufbereitung des Speisewassers ganz unumgänglich notwendig ist. Die Schwächen und Störungsmöglichkeiten von Kesseln normaler Abmessung sind bei den amerikanischen Riesenkesseln in verstärktem Maße vorhanden. Dies gilt besonders für das Durchbrennen der Wasserrohre infolge Kesselsteinbildung. Da nun der unerwartete Ausfall einer so großen Dampfleistung wegen eines an sich geringfügigen Schadens für den Betrieb äußerst lästig und teuer ist, muß alles geschehen, was Störungsmöglichkeiten auf ein Mindestmaß zu beschränken verspricht, und hierzu gehört in erster Linie die Speisung mit möglichst reinem, neutralem Wasser. Im übrigen gehen auch in Amerika die Ansichten über Wert und Zweckmäßigkeit der zahlreichen, zur Durchführung einer heat-balance angewendeten, verwickelten Schaltungen auseinander.

Da zudem in Amerika auch große Werke oft keine Ekonomiser haben, spielt wirtschaftliche Vorwärmung des Speisewassers durch Dampf eine größere Rolle als bei uns.

Es wäre eine dankbare Aufgabe, die zahlreichen Möglichkeiten der Speisewasservorwärmung, besonders diejenige durch Anzapf- und Auspuffdampf vom wirtschaftlichen und betriebstechnischen Standpunkt aus vergleichend zu untersuchen. Abgesehen von einigen während des Krieges erschienenen Arbeiten, die sich aber nur auf Teilgebiete erstrecken, ist meines Wissens diese wichtige Frage bisher fast nicht behandelt worden.

Über die zweckmäßigste Verdampferbauart scheinen noch wenig Erfahrungen vorzuliegen. Manche Ingenieure sagen, Hochdruckverdampfer seien in den Anlage- und Unterhaltungskosten billiger und in der Wartung einfacher, aber nicht so wirkungsvoll wie Vakuumverdampfer, die Reinwasser tieferer Temperatur liefern. Hochdruckverdampfer scheinen daher vielfach in Anlagen mit elektrisch angetriebenen Hilfsmaschinen und ohne Ekonomiser bevorzugt zu werden. Über nennenswerte Schwierigkeiten beim Reinigen der Verdampfer von Schmutz und Kesselstein wird nicht berichtet.

In Übereinstimmung mit deutschen Erfahrungen sind amerikanische Betriebsleiter der Ansicht, daß der Zusatzwasserverbrauch ein zuverlässiges Zeichen für die Güte der Betriebsführung eines Werkes sei. 10 v. H. werden als hoch angesehen, einige Werke kommen mit 3 v. H. aus, eine Zahl, mit der auch in großen, gut geleiteten deutschen Werken gerechnet wird.

Ein Werk hat nach Aufstellung einer Verdampfungsanlage unter undichten Einwalzstellen der Wasserrohre in den Obertrommeln seiner Steilrohrkessel gelitten, angeblich weil sich die feine Kesselsteinschicht auflöste, die sich in den Einwalzstellen gebildet hatte und die Dichtung mit besorgte. Wurde dann der Kessel gelegentlich zu tief gespeist und trat infolge örtlicher Überhitzung eine Lockerung der Walzstellen ein, so fingen sie bei Verwendung destillierten Wassers an zu lecken.

In der Entlüftung und luftfreien Aufbewahrung destillierten Speisewassers scheinen die Amerikaner noch nicht ganz so weit wie erstklassige deutsche Firmen zu sein. Sie klagen vielfach über Korrosionen bei Speisung mit destilliertem Wasser. Das USA-Navy Department hat diese Frage untersucht und festgestellt, daß die Anrostungen besonders dann auftreten, wenn das Speisewasser keine schwache Alkalität hat, „die etwas größer als 3 v. H. der normalen sein soll“. Wenn sie kleiner ist, sollen die Korrosionen heftiger sein als bei ganz neutralem Speisewasser. Darüber, ob der Sauerstoff- oder der Kohlensäuregehalt eines Wassers oder beide die Korrosionen verursachen, gehen die Ansichten auseinander. Vielfach wird ein Sauerstoffgehalt von 0,3 $ccm\,lit^{-1}$ als oberste zulässige Grenze bezeichnet, einige große Werke gehen aber nicht über 0,1 $ccm\,lit^{-1}$ und untersuchen das Wasser täglich zweimal.

In den mir bekannt gewordenen Fällen starker Korrosionen in den Kesseln (oder den schmiedeisernen Ekonomisern) deutscher Werke bei Speisung mit reinem Turbinenkondensat unter Beimengung von wenig, sehr weichem Zusatzwasser habe ich fast ausnahmslos feststellen können, daß die Korrosionen aufhörten, wenn dem Kondensat etwas Kalkmilch zugesetzt oder wenn es auf andere Weise mit Kalk gesättigt wurde. Es ist aber eine gewisse Geduld nötig, bis der Betrieb die zweckmäßige Dosierung an Kalkmilch ermittelt hat. Besonders heftige, ganz unvermutet auftretende Kesselkorrosionen, die sich zuweilen auch an solchen Stellen finden, wo das Wasser ziemlich bewegt ist, können übrigens bei genauen Nachforschungen meist auf ungewöhnliche Ursachen, wie z. B. schwere Fehler oder Nachlässigkeiten untergeordneter Organe oder nicht bemerktes Beimengen stark kohlensäurehaltigen Zusatzwassers zum Kondensat zurückgeführt werden.

Alles in allem hat man in Amerika die überragende Bedeutung voll erkannt, die gutem, kesselstein- und korrosionsfreiem Wasser zukommt und es ist zweifellos, daß dieser Frage immer mehr Beachtung wird gewidmet werden müssen, je mehr die Entwicklung in Richtung der Steigerung der Heizflächenbelastung und der Kesselgröße fortschreitet. Wie ich an anderer Stelle[1]) zu zeigen versucht habe, wird der Bau von Höchstleistungskesseln von der Beschaffenheit des Speisewassers beinahe entscheidend beeinflußt, und man würde wohl zu wesentlich

[1]) Münzinger: Leistungssteigerung, S. 152.

anderen Kesselkonstruktionen übergehen, wenn erst die zuverlässige und billige Erzeugung eines völlig reinen, neutralen Speisewassers gelungen wäre.

XV. Betriebsüberwachung.

Die großen neuzeitlichen amerikanischen Elektrizitätswerke legen auf gute Wärmewirtschaft außerordentlichen Wert und haben diesen Zweig technischer Verwaltung in einer Weise organisiert, wie er bei uns nur in wenigen Werken, vor allem den Wärmekraftwerken einiger großer chemischer Fabriken angetroffen wird.

Insbesondere fällt die zentrale Zusammenfassung der zu den verschiedenen Kesseln gehörenden Instrumente wie Zugmesser, Kohlensäuremesser, Fernthermometer für Dampf, Rauchgase usw. in einen gemeinsamen Operationsraum und die Erteilung der Befehle an die Mannschaften von diesem Raume aus auf. Abb. 153 zeigt z. B. die Apparatetafel für eine Kesselgruppe im Hell-Gate-Kraftwerk; insgesamt sind 4 solcher Kesselgruppen vorhanden, Abb. 125. Sämtliche Apparatetafeln mit den zugehörigen elektrischen Betätigungsvorrichtungen sind auf einer Galerie vereinigt, von welcher aus die erforderlichen Maßregeln teils durch Signale, teils durch elektrische Fernsteuerung von einem besonderen Ingenieur getroffen werden.

Große Einzelheizflächen der Kessel sind zweifellos für die Betriebsüberwachung insofern günstig, als die Zahl der erforderlichen Instrumente nur den vierten bis fünften Teil derjenigen beträgt, welche bei Kesseln von 500—600 m² Heizfläche erforderlich wäre. Dieser Umstand vermindert sowohl die Anlagekosten als auch die Kosten für laufende Betriebskontrolle, weil Preis und Wartung der meisten Instrumente nahezu dieselben bleiben, gleichgültig wie groß der von ihnen kontrollierte Kessel ist. Insbesondere wird die Auswertung der Aufzeichnungen registrierender Instrumente, wie z. B. der Kohlensäure-, Dampf- und Wassermesser in einem großen Werk sehr vereinfacht, weil nur verhältnismäßig wenig Diagramme bearbeitet werden müssen.

Einige Betriebe verwenden Apparate zur selbsttätigen, laufenden Entnahme von Kohlenproben für die chemische und kalorimetrische Untersuchung, die sich aber nicht überall bewährt haben sollen, weil sie stückige und grusförmige Kohle nicht gleichmäßig durchmengen, also keine ganz einwandfreie Probe liefern. Die Unterschiede sollen bis zu 280 bis 450 WE kg^{-1} betragen, also recht beträchtlich sein. Es wird daher empfohlen, bei Aufstellung solcher Apparate den besonderen Bedingungen des betreffenden Werkes sorgsam Rechnung zu tragen. Im Colfax-Kraftwerk erfolgt die automatische Entnahme der Proben da, wo die Kohle auf die Förderbänder aufgegeben wird. 10 v. H. der entnommenen

Proben werden in einer Mühle gemischt und zermahlen und dann für die chemische und kalorimetrische Untersuchung weiter unterteilt.

In großen neuzeitlichen Kraftwerken sollen 60 000 kW mit nur 3 Heizern erzeugt werden können, von denen 2 mit Überwachung der Wasserstände und der Speisung und der dritte mit Schmieren und allgemeinen Arbeiten beschäftigt ist.

Die zur Feststellung des im normalen Betriebe erreichten Kesselwirkungsgrades erforderliche Wägung der in einem bestimmten Zeitraum verbrannten Kohlenmenge macht in großen Werken erhebliche

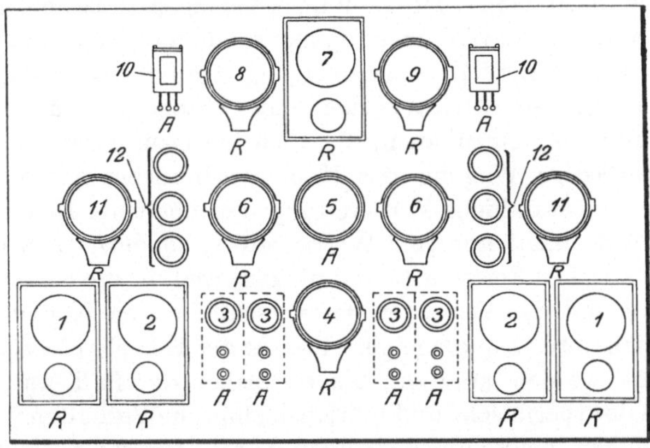

Abb. 153. Zentralschalttafel für 1 Kesselgruppe bestehend aus 6 Kesseln von je 1755 m² Heizfläche und 2 Turbinen von 35 000 KW. und 40 000 KW.-Leistung im Hellgate-Kraftwerk zur Durchführung der heat-balance.

1 = Kondensatmesser für Turbine *I* u. *II*, *2* = Speisewassermesser, *3* = Amperemeter für vier Unterwindventilatoren, *4* = Druck des überhitzten Dampfes und des Wassers in den Speiseleitungen, *5* = Druck des aus den Hauptturbinen zum Anwärmen des Speisewassers abgezapften Dampfes, *6* = Unterwinddruck, *7* = Messer für Zusatzwasser, *8* = Temperatur des Abdampfes der Hausturbine, *9* = Temperatur des Speisewassers, *10* = Zugstärke im Feuerraum, *11* = Dampftemperatur vor Turbine, *12* = Amperemeter für Saugzugventilatoren, *A* = anzeigende Instrumente, *R* = registrierende Instrumente.

Beachte: Linke Hälfte der Tafel dient für Turbine *II* und Kessel *I, III, V*, rechte Hälfte für Turbine *I* und Kessel *II, IV, VI*.

Schwierigkeiten. Soll der Kohlenverbrauch jedes Kessels ermittelt werden, so sind zahlreiche selbsttätige Wagen zwischen Bunkerausläufen und Kesseln erforderlich, die schwer unterzubringen, schlecht zu warten und sehr teuer sind und die meist nach einiger Betriebszeit mangelhaft arbeiten oder ganz versagen. Zentrale Kohlenwägung etwa an der Stelle, wo der Brennstoff auf die Verteilbänder aufgegeben wird, hat den Nachteil, daß das Verhalten einzelner Kessel nicht bestimmt werden kann und daß es fast unmöglich ist, am Anfange und am Ende einer Periode in den Kohlenbunkern das zur einwandfreien Ermittlung der verbrauchten Kohle erforderliche gleiche Kohlengewicht zu haben.

Es wird hierdurch eine Unsicherheit bedingt, die manchmal größer ist als die durch veränderte Betriebsweise oder durch Übergang zu einem anderen Brennstoff verursachte Änderung des Wirkungsgrades, so daß diese Einflüsse oft nicht zahlenmäßig genau festgestellt werden können. Die Amerikaner verwenden öfters einen fahrbaren Kohlenbehälter mit Wägevorrichtung, der aus einem festen, am Ende des Kesselhauses befindlichen Bunkerauslauf gefüllt wird und die jedem Kessel zugeführte Kohle abwägt, Abb. 116, 117. Dadurch wird eine einfache und zuverlässige Wägung erreicht, es wird aber zwischen Bunker und Kessel ein Glied eingeschaltet, dessen mehrstündiges Versagen große Schwierigkeiten verursachen könnte. Will man daher zu dieser Anordnung oder zu selbsttätigen Wagen nicht übergehen, so empfiehlt es sich fast stets dringend, in größeren Kraftwerken eine besondere Wägevorrichtung für Versuchszwecke einzubauen, die auch bei Dauerversuchen eine einfache, zuverlässige Wägung des Kohlenverbrauches jedes beliebigen Kessels ohne umständliche Vorbereitungen ermöglicht. Eine solche Einrichtung würde nicht nur dem Werke selber, sondern auch dem allgemeinen technischen Fortschritt viel nützen, weil unsere Kenntnisse über die Eignung und das Verhalten der verschiedensten Kohlensorten auf eine weit sicherere Grundlage gestellt und die Kessel selber weit besser durchforscht werden könnten, als es bisher der Fall war. Besserer Einblick in das thermische und betriebstechnische Verhalten von Kesseln und Feuerungen, vollkommenere Ausnützung der Baustoffe und gesteigerte Konkurrenzfähigkeit wären die Folge, wenn die Besitzer von Kesselanlagen die Dampfkesselindustrie auf diese Weise unterstützen würden.

XVI. Speicherung von Arbeit mittels heißen Wassers.

a) Die Speicherfähigkeit von Dampfkesseln.

Der in einem bei günstiger Belastung durchgeführten Abnahmeversuch gemessene Wirkungsgrad einer Kesselanlage wird im normalen Betriebe nur in ganz seltenen Ausnahmefällen erreicht. Hieran sind nicht nur Anheiz- und Leerlaufsverluste und der Umstand schuld, daß die durchschnittliche Belastung meist nicht der Normalleistung der Dampferzeuger entspricht und daß die Wirksamkeit der Heizfläche allmählich durch Ruß-, Aschen- und Kesselsteinansätze nachläßt, sondern vor allem die „Trägheit“ des Rostes, die erhebliche Verluste verursachen kann, wenn bei Belastungsänderungen das Gleichgewicht der Feuerung schnell gestört werden muß.

Besonders bei Großwasserraumkesseln ist es daher ein beliebter Kunstgriff der Heizer, durch Verstärkung oder Abschwächung der Speisewasserzufuhr Schwankungen des Kesseldruckes ohne Eingriffe in die Feuerung zu verhindern und die Wirkung von Belastungsstößen zu mildern. In neuzeitlichen deutschen Kraftwerken hat diese Art der Speisung keine Bedeutung erlangt, weil Wasserrohrkessel — wenigstens in größeren Anlagen — fast stets selbsttätige Speiseregler haben, die unabhängig von der Dampfentnahme annähernd konstanten Wasserstand halten. Man muß daher in solchen Werken bei Belastungsänderungen im allgemeinen die Feuerführung schnell verstellen, wodurch infolge der großen Rostfläche neuzeitlicher Kessel oft erhebliche Verluste entstehen, die wesentlich kleiner werden würden, wenn die Verstellung langsamer erfolgen und hinter der veränderten Dampfentnahme zeitlich stärker nacheilen dürfte. Die günstigste Wärmeausnutzung wird natürlich bei ganz konstanter Belastung erreicht, doch geht der Wirkungsgrad nur sehr wenig zurück, falls die Zeit bis zum Eintreten eines neuen Gleichgewichtszustandes ebenso lang oder länger sein darf, als der „Trägheit" eines Rostes entspricht, die in hohem Maße von seiner Bauart und zweckmäßigen Bemessung abhängt.

Vergleicht man den Kesselwirkungsgrad im normalen Betrieb mit dem Wert, der auf Grund der bei konstanten Belastungen ermittelten Charakteristik bei der betreffenden mittleren Belastung zu erwarten wäre, z. B. Punkt X und A in Abb. 36, so findet man, daß der Unterschied b im allgemeinen um so größer ist, je heftiger, öfter und unerwarteter Belastungsänderungen auftreten, je größer unter sonst gleichen Verhältnissen die glühende und brennende Kohlenmenge und je gasärmer der Brennstoff ist. Am günstigsten verhalten sich Kohlenstaubfeuerungen, bei denen die Masse der brennenden Kohle verschwindend klein ist und eine selbsttätige Anpassung der Brennstoffzufuhr an den Dampfbedarf technisch wohl lösbar wäre. Bei Rosten kann die Brennstoffmasse und damit die „Trägheit der Feuerung" durch Erhöhung der spezifischen Rostbelastung und Verwendung von Unterwind verringert werden, und man sollte schon aus diesem Grunde, soweit es die Beschaffenheit einer Kohle zuläßt, bei Werken mit Spitzen zu möglichst hohen, kurzzeitigen Rostleistungen gehen.

Aber auch hochbelastete Unterwindroste sind noch so „träge", daß eine schnelle Anpassung der Wärmeentwicklung an den Dampfbedarf ohne Einbuße an Wirkungsgrad trotz aller Aufmerksamkeit nicht gelingt. Bei Wanderrosten ist es z. B. bei schneller Verstellung unvermeidlich, daß zu gewissen Zeiten das hintere Rostende nur mangelhaft bedeckt ist oder daß unverbrannte Kohle in den Schlackenfall gelangt. Durch Einführung eines die Rostleistung bzw. die wirksame Rostfläche schnell verändernden Organes, wie z. B. Zufuhr von Unterwind oder Abschluß der Luftzufuhr auf einem (dem hinteren) Teil der Rostfläche, lassen sich zwar solche Verluste verringern. Von letzterem Mittel kann man aber nur in beschränktem Maße Gebrauch machen, weil bei Wanderrosten die abgedeckte Rostfläche leicht verbrennt. Feuerbrücken mit vom übrigen Teil des Rostes unabhängiger, willkürlich einstellbarer Unterwindzufuhr oder sogenannte Schlackengeneratoren sind sicherer und wirksamerer.

Aber selbst bei Kohlenstaubfeuerungen gelingt wegen der ausgedehnten glühenden Mauerwerksmassen bei plötzlichen, unerwarteten Belastungswechseln eine verlustlose Anpassung der Dampferzeugung an den Dampfbedarf nicht immer. Man könnte nun daran denken, auch den Wasserraum von Wasserrohrkesseln so groß zu machen, daß der Rost unter erträglichen Schwankungen des Kesseldruckes ohne überstürzte Eingriffe in die Feuerführung in den neuen Beharrungszustand überführt werden kann. Es soll daher untersucht werden, was auf diesem Wege erreichbar ist.

Die Speicherfähigkeit eines Kessels hängt ab von

1. seinem Wasserinhalt,
2. dem zulässigen Höchstdruck,
3. dem zulässigen Unterschied zwischen dem Kesseldruck bei Beginn und bei Ende einer Belastungsschwankung,
4. dem zulässigen Unterschied zwischen höchstem und tiefstem Wasserstand.

Der Wasserraum von Wasserrohrkesseln wird zur Zeit fast ausschließlich mit Rücksicht auf ausreichende Zugänglichkeit zu den Einwalzstellen der Wasserrohre, auf genügende Reinigungsmöglichkeit und auf Erzeugung genügend trockenen Dampfes bemessen. Im Interesse guter Wettbewerbsfähigkeit geht man daher, soweit nicht fabrikatorische Gesichtspunkte anders entscheiden, bis an die untere Grenze, bei welcher vorstehend genannte Forderungen noch befriedigend erfüllt werden.

Der Wasserinhalt auf 1 m² Kesselheizfläche beträgt bei

deutschen Steilrohrkesseln von 500—700 m² Heizfläche rd. 45—90 l,
Hochleistungsschrägrohrkesseln von der Schiffskesselbauart „ 35—40 l,
Ladd-Steilrohrkesseln von 2460 m² Heizfläche im River-Rouge-Kraftwerk (siehe S. 52, 53) . . . . „ 35 l,
Sargent a. Lundy-Kesseln von 1300 m² Heizfläche im Waukegan-Kraftwerk (siehe S. 75) . . . . „ 20 l.

Der spezifische Wasserraum hängt sehr von der Bauart eines Kessels und bei Steilrohrkesseln insbesondere von Zahl und Durchmesser der Kesseltrommeln ab. Abb. 154 bis 161 zeigen für einen 500 m²-Kessel die bei verschiedener Trommelzahl und für verschiedene Trommeldurchmesser sich ergebenden spezifischen Wasserräume und die Tiefe des Kesselblockes, wozu bemerkt werden möge, daß die „normalen" Werte etwa zwischen 55 und 75 lit m^{-2} liegen. Für die Speicherfähigkeit ist es natürlich gleichgültig, wie das Wasservolumen untergebracht ist, ob in einem Kessel von dem einfachen Aufbau, den

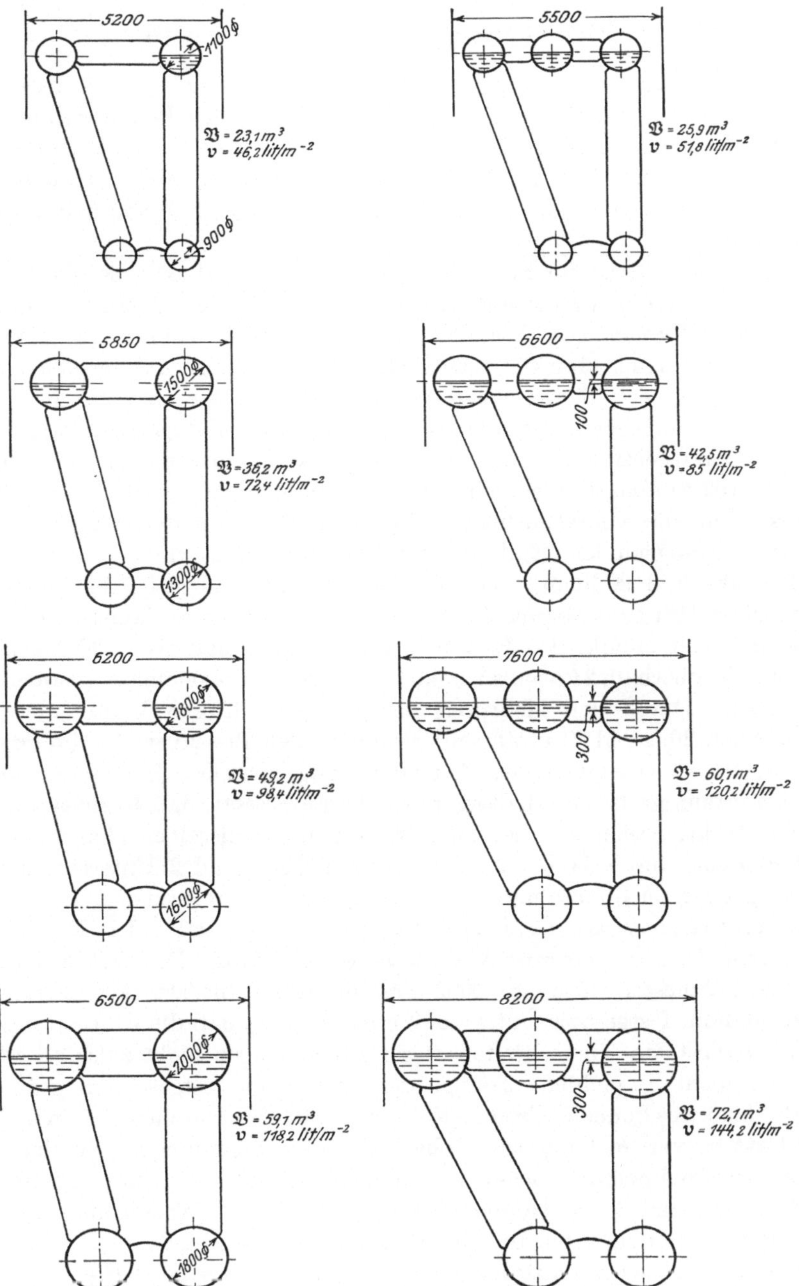

Abb. 154 bis 161. Hauptabmessungen eines Steilrohrkessels von 500 m^2 Heizfläche bei verschiedenem Wasserinhalt (verschiedener Zahl und verschiedenem Durchmesser der Kesseltrommeln).

$\mathfrak{V}$ = Wasserinhalt in m^3,
$\mathfrak{v}$ = Wasserinhalt in lit auf 1 m^2 Kesselheizfläche.

man heutzutage etwa als „normalen" bezeichnen könnte oder in irgendeiner anderen, oft ohne ersichtlichen Vorteil verwickelten Anordnung, falls sie nur so getroffen ist, daß die plötzliche starke, durch Druckabnahme und nicht durch Wärmezufuhr bewirkte Dampfentwicklung aus dem Wasserinhalt keine mittelbaren nachteiligen Folgeerscheinungen bewirkt.

In Abb. 162 ist für Steilrohrkessel von 500 m² Heizfläche der Preis eines vollständigen Kesselsatzes bestehend aus Kessel, Überhitzer, gußeisernem Ekonomiser, Wanderrost, Kesselgerüst, Einmauerung und sämtlichen Armaturen für verschiedene Kesseldrücke und verschiedene Größen des spezifischen Wasserraumes, der in Liter auf 1 m² Kesselheizfläche angegeben ist, dargestellt. Um von zufälligen Änderungen der Grundpreise und von der Kesselgröße unabhängig zu sein und Abb. 162 tunlichst allgemein benutzen zu können, wurden statt der absoluten die verhältnismäßigen Kosten als Ordinaten aufgetragen. Als Ausgangspunkt (Nullpunkt) wurde der Preis eines Kessels für 16 at/abs und 30 lit m^{-2} Wasserinhalt gewählt und gleich 1,0 gesetzt. Ein Kessel für 19 at/abs und 70 lit m^{-2} Wasserinhalt würde dann rd. 11 v. H. mehr kosten (Punkt A). Es wurde angenommen, daß bis zu 20,9 at/abs normale, oberhalb 21 at/abs verstärkte gußeiserne Ekonomiser verwendet werden. Durch den Mehrpreis der stärkeren Konstruktion entsteht zwischen 20,9 und 21 at/abs ein Sprung in den Preiskurven. Um einen eindeutigen gesetzmäßigen Zusammenhang zwischen Kesselpreis und Wasserraumgröße zu erhalten, wurde vorausgesetzt, daß Kesseltyp und Konstruktionselemente bei allen Wasserräumen dieselben bleiben. Der Rechnung wurde daher ein Kessel mit 2 Ober- und 2 Untertrommeln mit gebogenen Rohren und besonderem Dampfsammler zugrunde gelegt, wie er etwa von Walther, Hanomag, Babcockwerke, Linke-Hofmann-Lauchhammer A.-G. u. a. gebaut wird. Der größte Trommeldurchmesser wurde zu 2000 mm, die größte Blechstärke im Mantel zu 40 mm festgesetzt unter der Voraussetzung, daß die Einrichtungen der Fabrik ein Überschreiten dieser Abmessungen nicht zulassen oder doch nicht empfehlen. Infolge der auf 40 mm festgesetzten größten Blechstärke können Trommeln von 2000 mm Durchmesser nur bis 21 at/abs verwendet werden, oberhalb dieser Spannung nimmt der zulässige Trommeldurchmesser immer mehr ab. Bis 21 at/abs können in 2 Unter- und 2 Obertrommeln bis zu 118 lit m^{-2} Wasserraum untergebracht werden, Abb. 160, bei 31 at/abs nur noch rd. 62 lit m^{-2}. Sollen bei den vorgenannten Drücken größere Wasserräume geschaffen werden, so muß man 3 Obertrommeln nehmen, dadurch entsteht bei gleichem Wasserraum ein Mehrpreis von rd. 4 v. H. gegenüber Kesseln mit 2 Obertrommeln. Hierdurch ergibt sich der Sprung von B nach C bei Abszisse 118 lit m^{-2} in Abb. 162. In die Preiskurven ist eine Kurvenschar

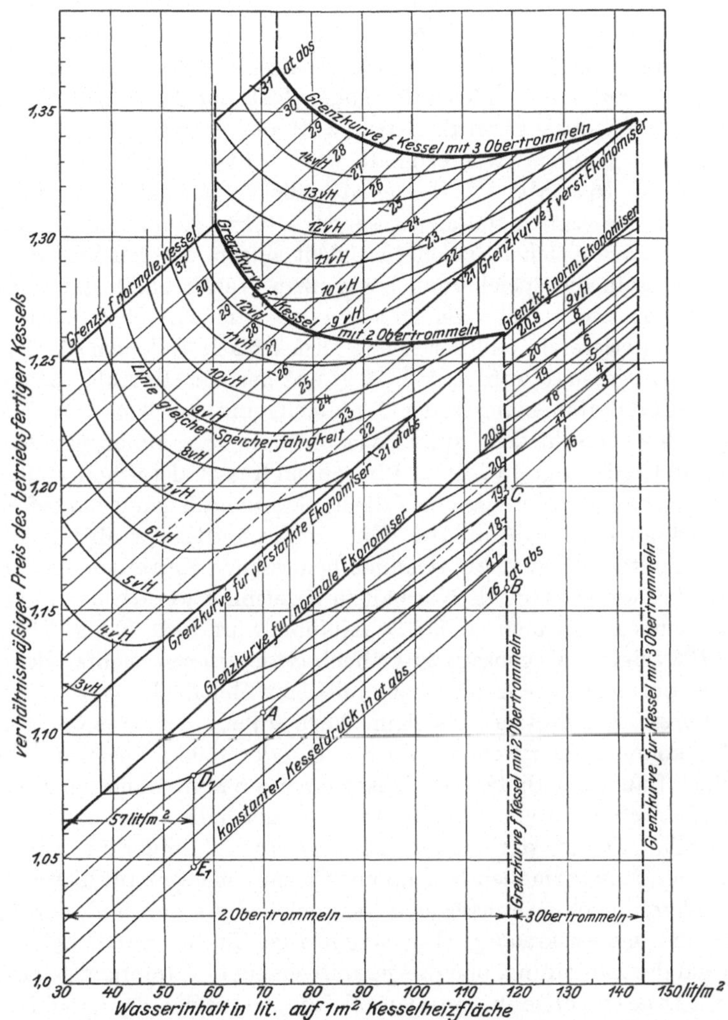

Abb. 162. Speicherfähigkeit eines 500 m² Steilrohrkessels bei einer Druckabsenkung vom Konzessionsdruck auf 16 at/abs und verhältnismäßiger Preis einer Steilrohrkesselanlage von 500 m² Kesselheizfläche bestehend aus Kessel, Überhitzer, Ekonomiser, Rosten, Kesselgerüst und Einmauerung für Drücke zwischen 16 und 31 at/abs und spezifische Wasserinhalte zwischen 30 und 150 lit auf 1 m² Kesselheizfläche.

(1 v. H. Speicherfähigkeit = 150 kg Dampf.)

Beachte: Bei einer Anordnung nach Abb. 154 bis 161 kann mit 2 Obertrommeln ein spezifischer Wasserinhalt bis rd. 120 lit m^{-2}, mit 3 Obertrommeln bis rd. 150 lit m^{-2} erzielt werden. (Die normale Kesselbelastung wurde zu 15 000 kg st^{-1} bzw. 30 kg st^{-1} m^{-2} angenommen. Ausgangspunkt für den verhältnismäßigen Preis ist ein Kessel für 16 at/abs mit 30 lit m^{-2} spezifischem Wasserinhalt.)

eingezeichnet, die angibt, wieviel v. H. der normalen stündlichen Dampferzeugung des Kessels, die zu 30 kg m^{-2} st^{-1} angenommen wurde, ohne Verstärkung der Feuer dadurch aus seinem Wasserinhalt gedeckt werden können, daß bei gleichbleibender Speisung der Druck im Kessel auf 16 at/abs abgesenkt wird. Betrug z. B. der Anfangsdruck 19 at/abs, so werden bei einem Wasserinhalt von 57 lit m^{-2} und einer Drucksenkung auf 16 at/abs 3 v. H. der stündlichen normalen Dampferzeugung, d. h. bei einem 500 m^2-Kessel rd. 450 kg Dampf frei, D_1 in Abb. 162. Die Linien gleicher Speicherfähigkeit zeigen, daß bei Viertrommelsteilrohrkesseln die Speicherung bei großem Wasserinhalt und Anfangsdrücken von nicht mehr als 20—21 at/abs am wirtschaftlichsten ist, immer vorausgesetzt, daß der tiefste Druck bis zu welchem die Dampfspannung abgesenkt werden soll, 16 at/abs beträgt. In Abb. 154 bis 161 sind die Hauptabmessungen der Trommeln und die Tiefe des Kesselblockes für verschieden große Wasserräume zusammengestellt. Die untere Grenze beträgt 46,2 lit m^{-2} bei einem Kessel, der schon recht enge Trommeln hat, aber für manche Fälle immerhin noch genügend befahrbar und zugänglich wäre, Abb. 154. Ein durchschnittlicher Mittelwert des Wasserinhaltes ist bei einem reichlich bemessenen Kessel von rd. 500 m^2 Heizfläche, wie er etwa als Normaltyp bezeichnet werden darf und von ersten deutschen Firmen vielfach ausgeführt wurde, rd. 70 bis 75 lit m^{-2}. Abb. 162 zeigt im Gegensatz zu vielfach geäußerten Ansichten deutlich, daß bei normalen Steilrohrkesseln mittlerer Heizfläche ganz beträchtliche kurzzeitige Spitzen aus dem Wärmeinhalt des Wassers gedeckt werden können, entsprechen doch 5 v. H. oder 750 kg Speicherfähigkeit bei einer Dauer der Spitze von beispielsweise 6 Min. Dauer einer stündlichen Dampfmenge von rd. 7500 kg, d. h. der halben, bei einer solchen von 3 Min. Dauer der vollen Kesselleistung. Immerhin wäre eine Speicherung einigermaßen bedeutender Energiemengen auf diesem Wege von anderen, noch zu erörternden Nachteilen abgesehen, außerordentlich teuer und unzweckmäßig. Der ungünstige Einfluß des Druckabfalles während der Entladung, den die gesamte erzeugte Dampfmenge erleidet, auf die Druckverluste in den Dampfleitungen infolge des zunehmenden spezifischen Dampfvolumens, sowie auf das Parallelarbeiten und die aus den Maschinen herausholbare Höchstleistung wird noch dadurch erhöht, daß auch die Überhitzung, wie später noch in anderem Zusammenhang gezeigt wird, stark zurückgeht, weil ja die Wärmezufuhr in der Feuerung nicht entsprechend der zunehmenden, durch den Überhitzer fließenden Dampfmenge verstärkt wird. Durch den gleichzeitigen Rückgang von Druck und Temperatur nimmt aber auch der spezifische Wärmeverbrauch von 1 KW st schnell zu, so daß die erzielbare Mehrleistung in KW kleiner wird als die Mehrleistung in kg Dampf.

Aus allen diesen Gründen erscheint daher eine Ausnützung der Speicherwirkung von Dampfkesseln oder der Bau von Wasserrohrkesseln, die organisch mit einem Wärmespeicher vereinigt sind, für die Erzeugung größerer Mengen von Spitzenenergie als wenig geeignet. Sie ist aber wahrscheinlich auch nicht wirtschaftlich. Der Zusammenbau eines Wasserrohrkessels mit einem Wärmespeicher in einer Einheit wäre nämlich, von den eben erwähnten Ursachen abgesehen schon deshalb offenbar recht gewagt, weil man bei den heutigen hohen Dampfdrücken peinlich bestrebt sein sollte, einen Kessel möglichst einfach und elastisch zu bauen und größere oder gar ungleichförmig verteilte Schwankungen der Temperatur seines Wasserinhaltes zu vermeiden, nachdem sich gezeigt hat, von welch verhängnisvollen Folgen ungleiche Wassertemperaturen oder behindertes Ausdehnungsvermögen auf das Gefüge eines Wasserrohrkessels sein können. Endlich ist noch zu bedenken, daß die Speicherfähigkeit dadurch auf etwa die Hälfte der in Abb. 162 angegebenen Beträge sinkt, daß der Kesseldruck sowohl nach unten als auch nach oben zur Aufnahme von Belastungen und Entlastungen Spielraum haben muß. Es steht daher nur der halbe Betrag der insgesamt zulässigen Druckänderung zum Belastungsausgleich zur Verfügung. Vorstehende Betrachtungen zeigen, daß auf diesem Wege nur sehr kurzzeitige Spitzen (Minutenspitzen) von allerdings beträchtlicher Größe vom Kessel selber ausgeglichen werden können und daß es, falls nicht besondere Gründe dagegen sprechen, am wirtschaftlichsten ist, unterhalb 21 at/abs zu bleiben und große Kesseltrommeln zu verwenden. Infolge der durch die plötzliche Druckabsenkung bei heftigen Spitzen verursachten Dampfentwicklung aus dem gesamten Wasserinhalt heraus können schwere Beeinträchtigungen des Wasserumlaufes und heftiges „Spucken“ auftreten. Die Umlauf- und übrigen Organe des Kessels müssen daher so bemessen und angeordnet werden, daß das allgemeine Aufwallen des Wasserinhaltes bei schneller Druckabnahme ohne nachteiligen Einfluß auf den Wasserumlauf und auf das allgemeine Verhalten des Kessels bleibt.

In vielen Fällen ist übrigens eine Steigerung des Wasserinhaltes über das unbedingt erforderliche Mindestmaß hinaus nicht erwünscht, weil dadurch die Anheizzeit verlängert wird. Wenn daher von einem Kessel mit normaler Rostfläche und ohne Saugzug und Unterwind gesagt wird, er habe einen sehr großen Wasserinhalt und könne sehr schnell angeheizt werden, so sind solche Ausführungen recht abwegig.

b) Einfluß selbsttätiger Speisewasserregler auf die Speicherfähigkeit eines Kessels.

Bei Kesseln mit von Hand regulierter Speisung können durch Abschwächen bzw. Verstärken der Speisung unter gleichzeitigem Absenken bzw. Anstauen des Wasserstandes Änderungen des Kesseldruckes bei

Belastungsschwankungen häufig gemildert oder ganz vermieden werden und von diesem einfachen Mittel wird in zahllosen Betrieben Gebrauch gemacht. Aber bei selbsttätigen Speisewasserreglern galt ein bei jeder Belastung möglichst gleichbleibender Wasserstand bisher als Ideal und verschiedene, vorzüglich arbeitende Reglerbauarten halten den Wasserstand unabhängig von der Belastung innerhalb weniger Millimeter auf gleicher Höhe. Daran, den Wasserstand je nach der Kesselbelastung auf verschiedene Höhe selbsttätig einzustellen, wurde bis vor verhältnismäßig kurze Zeit nicht gedacht, obgleich bei auskömmlich bemessenen Obertrommeln und entsprechend angeordneten Umlauforganen eine Verschiebung des Wasserstandes um Beträge bis zu $\pm$ 100 bis 150 mm von der Mittellage häufig zulässig wäre und für den Belastungsausgleich herangezogen werden könnte.

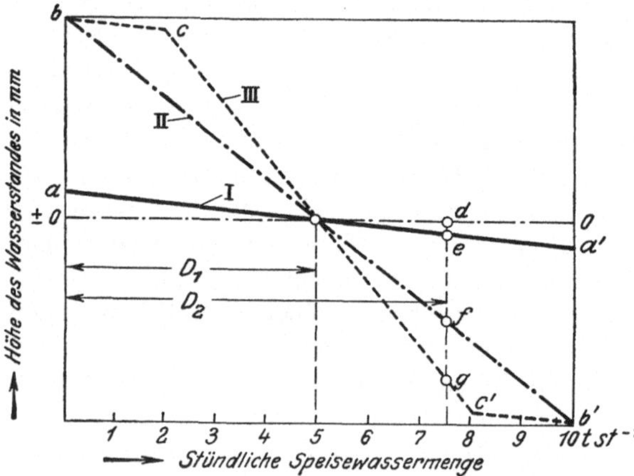

Abb. 163. Kennlinien verschiedener Speisewasserregler.

Abb. 163 zeigt die Kennlinien verschiedener Regler, bei welchen übereinstimmend der Wasserstand im Kessel mit zunehmender Dampfentnahme sinkt. Eine gewisse Absenkung ist nötig, um mittels eines Schwimmers oder eines anderen geeigneten Organes das Speiseventil entsprechend der verstärkten Dampfentnahme weiter zu öffnen und einen neuen Gleichgewichtszustand zwischen Speisewasserzufuhr und Dampfentnahme herzustellen. Der nach der üblichen Auffassung besonders gute Regler I, der zwischen Leerlauf und Vollast nur eine Wasserstandsabsenkung $= 2 \times a\,o$ zuläßt, die z. B. 20 mm betragen möge, hat den Nachteil, daß bei plötzlichen Belastungsänderungen, z. B. einer Zunahme, sofort verstärkte Speisung einsetzt. Die Dampfspannung fällt daher außer durch die erhöhte Dampfentnahme noch dadurch, daß gleichzeitig auch der Wärmebedarf für die Erhitzung des in verstärktem Maße zugeführten Wassers von Eintrittstemperatur auf Sättigungstemperatur wächst. Dieser Nachteil kann etwas gemildert werden, indem die Steigung der Charakteristik steiler gemacht und gegebenenfalls bis zu den Grenzlagen $b\,b'$ gegangen wird, die durch den überhaupt zulässigen höchsten und tiefsten Wasserstand (die bei normalen Steilrohrkesseln um etwa 200 bis 300 mm voneinander entfernt sein könnten) bestimmt sind, Regler II. Regler II gibt etwas günstigere Verhältnisse, weil bei derselben Belastungsänderung eine größere Wasserspiegelabsenkung

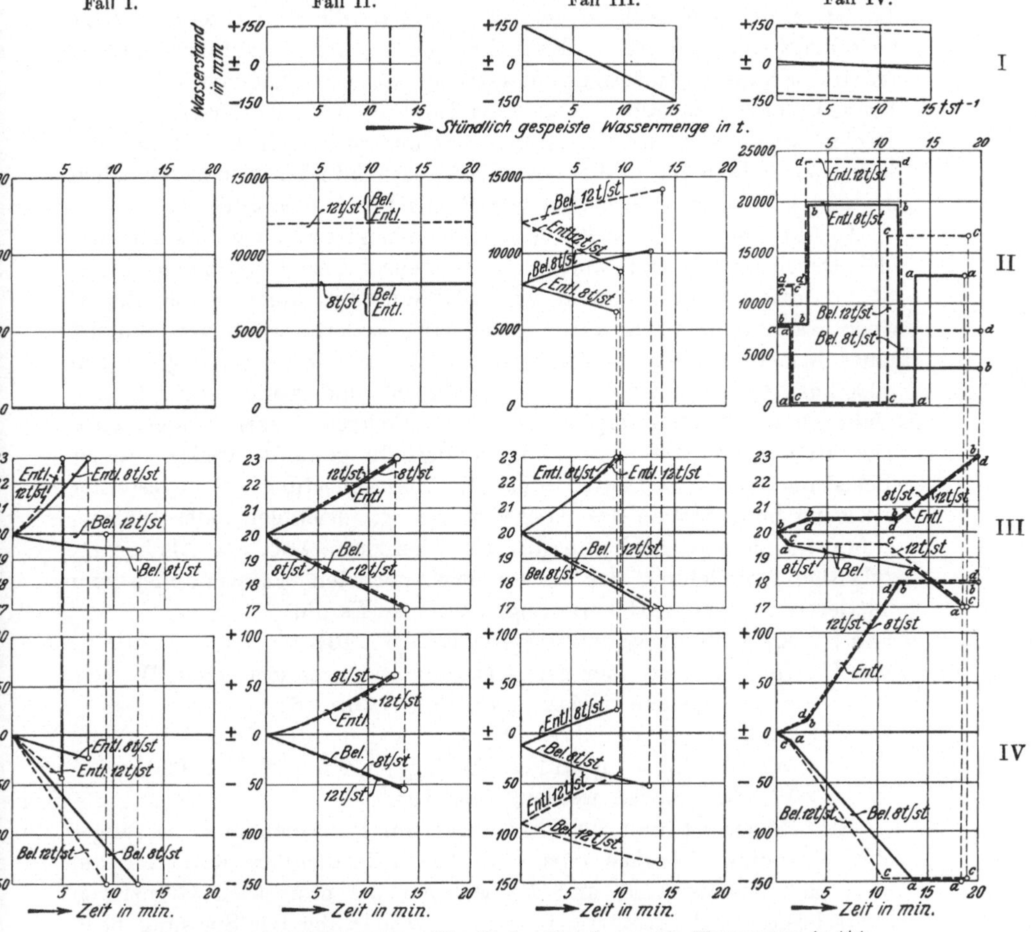

I = Kennlinien der Speisewasserregler. II = In den Kessel gespeiste Wassermenge in t/st.
III = Verlauf des Kesseldruckes. IV = Verlauf des Wasserstandes im Kessel.

Abb. 164 bis 167. Verhalten des Dampfdruckes und des Wasserstandes in einem 500 m² Steilrohrkessel mit Ekonomiser bei Belastungsänderungen und verschiedenartiger Regelung der Speisewasserzufuhr.

- - - - - = stdl. Dampferzeugung vor Belastungsänderung = 12 000 kg,
——— = stdl. Dampferzeugung vor Belastungsänderung = 8 000 kg,
Entl. = Abnahme der Kesselbelastung um 2400 kg st^{-1},
Bel. = Zunahme der Kesselbelastung um 2400 kg st^{-1},
Fall I = Speisung wird nach Belastungsänderung ganz abgestellt,
Fall II = Speisung bleibt nach Belastungsänderung so groß wie vorher,
Fall III = Speisung nimmt mit sinkendem Wasserstand proportional zu,
Fall IV = Speisung wird in Abhängigkeit vom Kesseldruck und den zulässigen Grenzlagen des Wasserstandes (± 150 mm) gebracht.

erfolgt. Nahm z. B. die Beanspruchung des Kessels von D_1 auf D_2 kgst^{-1} zu, so wird bei Regler I der Wasserstand um de, bei Regler II um df abgesenkt. Bei beiden Reglern wird aber die Wasserzufuhr sofort verstärkt. Es ist nun der Vorschlag gemacht worden, die Charakteristik etwa zwischen 40 und 80 v. H. der Kesselleistung sehr steil auszuführen und ihr erst in der Nähe des zulässigen untersten und obersten Wasserstandes einen flachen Verlauf zu geben etwa nach Linie $b\,c\,c'\,b'$, Regler III. Dieser Regler würde aber bei Belastungsabnahme von kleiner und bei Belastungszunahme von großer Grundlast aus sich in den beiden Bereichen $b\,c$ und $b'\,c'$ ebenso verhalten wie Regler I mit Kennlinie $a\,a'$.

In Abb. 164 bis 167 ist für verschiedene Regler näher untersucht, wie sich Druck und Wasserstand in einem Steilrohrkessel von 500 m^2 Heizfläche mit 2 Obertrommeln von 1500 mm Durchmesser bei 120° C Speisewassertemperatur am Kesseleintritt ändern, wenn vor Eintritt eines Belastungswechsels die Rostleistung einer Dampferzeugung von 8000 kgst^{-1}, bzw. 12 000 kgst^{-1} entsprach, und wenn plötzlich eine Mehr- bzw. Minderdampfmenge von 2400 kgst^{-1} entnommen wird. Der Betrag von 2400 kgst^{-1} wurde deshalb gewählt, weil bei einer Belastung von 12 000 kgst^{-1} diese Mehrdampfleistung bei abgestellter Speisung ohne Sinken des Kesseldruckes bei gleichbleibender Wärmezufuhr aus dem Kessel herausgeholt werden kann, Abb. 164. Als höchstzulässige Abweichung des tiefsten bzw. höchsten Wasserstandes vom mittleren wurden $\pm$ 150 mm angenommen. Es gilt

Fall I für völlig abgestellte Speisung, Abb. 164,

Fall II für konstante, der vor Belastungsänderung gespeisten Wassermenge gleiche Speisewasserzufuhr, Abb. 165,

Fall III für linearen Verlauf der Charakteristik derart, daß bei +150mm W.-S. die Speisung aufhört und bei — 150 mm W.-S. 15000 kgst^{-1} Wasser gespeist werden, Abb. 166.

Ein Regler ist nun für Kraftwerke um so brauchbarer, je länger eine bestimmte Überlast oder Unterlast aufgenommen werden kann, ohne daß Wasserstand und Kesseldruck die gesteckten Grenzlagen überschreiten. Bei sofortiger völliger Absperrung der Speisung nach eingetretener Belastungszunahme (Fall I) wird besonders dann, wenn die vorhergegangene Kesselbelastung hoch war, schnell die zulässige untere Grenze des Wasserstandes erreicht, bei Entlastung wächst der Kesseldruck sehr rasch an. Bei konstantem Weiterspeisen, Fall II, ändert sich die Dampfspannung gleichfalls sehr rasch. Bei Fall III steigt bei Entlastungen der Dampfdruck noch schneller als bei Fall II.

Zur Erzielung günstiger Verhältnisse könnte aber auch die Speisewasserzufuhr durch Wasserstand und Kesseldruck beeinflußt werden und zwar derart, daß die Wasserzufuhr bei Unterschreiten eines bestimmten Druckes (bei Fall IV in Abb. 167 z. B. 19,5 at) solange abgestellt wird, bis der Wasserstand dicht an seinen zulässigen unteren Grenzwert herangekommen ist, worauf die Einwirkung des Druckes auf das Speiseventil solange bzw. in solchem Maße aufgehoben wird, daß der Wasserstand die untere Grenzlage nicht überschreiten kann. Bei Entlastungen würde die Wasserzufuhr so verstärkt, daß zunächst ein gewisser Höchstdruck (z. B. 20,5 at) nicht überschritten wird und erst dann, wenn der Wasserstand auf seinem oberen Grenzwert (z. B. + 150 mm) angekommen ist, würde die Wasserzufuhr so geregelt, daß er auf dieser Höhe bleibt und daß der Druck weiter zunimmt.

In Zahlentafel 5 ist für die vier untersuchten Fälle zusammengestellt, wieviel Zeit bei jedem der 4 Regler bis zum Erreichen eines bestimmten Druckes vergeht.

Zahlentafel 5.

A. Kesselleistung vor der Belastungsänderung 8 tst^{-1}.

	Druckänderung at	Zeitdauer bis zum Eintritt der in Kolonne 1 angegebenen Druckänderung min Fall I	min Fall II	min Fall III	min Fall IV
1. Belastung von 8 tst^{-1} auf 10,4 tst^{-1}	− 1,0	12,5[1])	3,75	4,0	7,0
	− 1,5	12,5[1])	6,0	6,25	13,5
	− 2,0	12,5[1])	8,5	8,5	15,25
2. Entlastung von 8 tst^{-1} auf 5,6 tst^{-1}	+ 1,0	3,0	5,0	3,75	13
	+ 1,5	4,25	7,25	5,5	15
	+ 2,0	5,5	9,25	7,0	17

B. Kesselleistung vor der Belastungsänderung 12 tst^{-1}.

	Druckänderung at	Fall I	Fall II	Fall III	Fall IV
1. Belastung von 12 tst^{-1} auf 14,4 tst^{-1}	− 1,0	9,25[1])	3,75	4,75	12,50
	− 1,5	9,25[1])	6,0	7,0	14,00
	− 2,0	9,25[1])	8,5	9,5	16,00
2. Entlastung von 12 tst^{-1} auf 9,6 tst^{-1}	+ 1,0	2,5	5,0	3,75	13,0
	+ 1,5	3,25	7,25	5,5	15,0
	+ 2,0	4,0	9,25	7,0	17,0

Im allgemeinen kann in Kraftwerken eine Druckänderung um $\pm$ 1,0 bis 1,5 at noch zugelassen werden. Nach Zahlentafel 5 erhöht gleichzeitige Beeinflussung der Speisewasserzufuhr durch Wasserstand **und** Druck die aus dem Wärmeinhalt des Kesselwassers erzielbare vorübergehende Mehrdampfleistung beträchtlich und macht den Betrieb wesentlich ruhiger als bei Speisung auf konstanten Wasserstand. Da der Regler so gebaut werden kann, daß er bestrebt ist, den normalen Kesseldruck nach Belastungsänderungen oder bei ungleichmäßiger Feuerführung wieder herzustellen und den Wasserstand wieder in seine Mittel-

[1]) Speicherung infolge Erreichen des tiefsten zulässigen Wasserstandes erschöpft.

lage zurückzuführen, gleichgültig wie hoch die Kesselbelastung ist, steht bei einer neuen Belastungsänderung stets der volle Unterschied zwischen mittlerem und äußerstem Wasserstand zur Verfügung, gleichgültig wie groß die vorangegangene Kesselbelastung war. Aber auch bei dieser Art der Speisung bleibt die insgesamt ausgleichbare Energiemenge recht beschränkt. Ist einmal die zulässige Druck- bzw. Wasserstandsgrenze erreicht, so ist das Speichervermögen erschöpft und eine neue gleichsinnige Belastungsänderung kann erst dann wieder aufgenommen werden, wenn vor ihrem Eintritt Kesseldruck und Wasserstand genügend Zeit zum Rückgang auf ihren Mittelwert hatten. Sollen größere Energiemengen gespeichert werden, so muß die Speicherung aus den Kesseln heraus in besondere Speicher verlegt werden.

Es wird auffallen, daß in Fall IV nach Erreichen des oberen und unteren zulässigen Wasserstandes zur Aufrechterhaltung dieser Wasserstandshöhen eine andere Wassermenge zugeführt werden muß als der neuen Dampfentnahme entspricht, z. B. bei einer Belastungszunahme von 12000 $kgst^{-1}$ auf 14400 $kgst^{-1}$ nicht 14400 $kgst^{-1}$, sondern rd. 17000 $kgst^{-1}$. Bei Belastungsabnahme liegen die Verhältnisse umgekehrt. Dies rührt davon her, daß bei Änderungen des Dampfdruckes sich auch das spezifische Gewicht des Kesselwassers infolge Änderung der Wassertemperatur ändert. Da nun der Wasserinhalt des Kessels im Vergleich zu der in wenigen Minuten gespeisten Wassermenge sehr groß ist, spielen selbst geringfügige Änderungen des spezifischen Gewichts eine starke Rolle und zwar in dem Sinne, daß bei abnehmendem Druck des Kesselwasser sich ausdehnt, bei steigendem zusammenzieht. Im ersten Fall muß daher weniger, im zweiten mehr gespeist werden als der entnommenen Dampfmenge entspricht.

c) Speicherung von Arbeit durch besondere Wärmespeicher.

1. Allgemeines.

In Amerika scheint bisher die Speicherung von Wärme bzw. von Dampf zur Erzielung eines mehr oder weniger vollkommenen Belastungsausgleiches für die Kessel fast keine Beachtung gefunden zu haben im Gegensatz zu Deutschland, wo, veranlaßt durch die Arbeiten von Dr. Ruths, dieser Frage seit etwa drei Jahren große Aufmerksamkeit gewidmet wird. Es haben zwar auch in Amerika Rateau-, Glocken- und Festraumspeicher Eingang gefunden, nicht aber Speicher, die große Energiemengen stapeln und erhebliche Belastungsschwankungen von den Kesseln fernhalten können. Speicher, die den Dampf als solchen speichern, sollen hier nicht näher behandelt werden, sie haben nur für die Verwertung nieder gespannten Dampfes von wenig mehr als Atmosphärendruck und vorzugsweise für intermittierend anfallenden Abdampf aus Fördermaschinen, Schmiedehämmern usw.

Bedeutung und zwar mit Speicherleistungen in der Größenordnung von einigen 100 kg.

Die beiden wesentlichsten Vertreter der uns hier interessierenden, für die Speicherung großer Energiemengen in Frage kommenden Speicherverfahren sind die Wasserraumspeicher und die in letzter Zeit wiederholt in der Fachliteratur behandelten, sog. Speiseraumspeicher. Die Wasserraumspeicher bestehen im wesentlichen aus großen, druckfesten, zu etwa 90 v. H. mit Wasser gefüllten Behältern, in welchen überschüssiger Dampf in geeigneter Weise kondensiert und zum Erwärmen des Wasserinhaltes benutzt wird. In Zeiten von Dampfmangel verdampft ein Teil des Wassers unter Druckabsenkung wieder und wird als gesättigter Dampf seinem Verwendungszweck zugeführt. Der hervorragendste Vertreter dieser Speicherart ist der Ruths-Speicher, der in zahlreichen Werken in jahrelangem Dauerbetriebe ist und sich als eine außerordentlich brauchbare und betriebsichere Einrichtung erwiesen hat[1]).

Unter Speiseraumspeichern im engeren Sinne werden Speicher verstanden, in denen in Schwachlastperioden ein Vorrat heißen Wassers — womöglich von der Sättigungstemperatur des Kesseldampfes — angesammelt wird, das in Überlastperioden an Stelle des mit tieferer Temperatur — 20 bis 40° C bei Anlagen ohne, 100 bis 130° C bei Anlagen mit Ekonomisern — in den Kessel gespeist wird und dadurch die Differenz zwischen der Flüssigkeitswärme des auf Sättigungstemperatur erhitzten und des Wassers von 20 bis 40° C bzw. von 100 bis 130° C zur zusätzlichen Dampfbildung freimacht.

Nachstehend sollen die Hauptunterschiede beider Speicherverfahren kurz untersucht, ihre Anwendungsgebiete umgrenzt und ihre Vor- und Nachteile in technischer und wirtschaftlicher Beziehung miteinander verglichen werden. Vorliegende Arbeit will sich aber nicht mit solchen Punkten beschäftigen, die vielleicht auf die kommerzielle Verwertungsmöglichkeit Einfluß haben, ohne technische Bedeutung zu besitzen. Ferner sollen die Verfahren hier nur insoweit behandelt werden, als es sich um die Speicherung von Wärme zwecks Umformung in Arbeit aber nicht von Wärme als solcher handelt; auch Fälle, in denen zwar Arbeit erzeugt, aber gleichzeitig Dampf zu Heiz- oder Kochzwecken abgegeben wird, scheiden bei den folgenden Betrachtungen aus.

2. Speicherung von Arbeit durch Ruths-Speicher.

Für die Speicherung von Arbeit in Ruths-Speichern kommen besonders folgende drei Anordnungen in Betracht:

1. Schaltung des Speichers zwischen Hochdruck- und Niederdruckstufe einer Zweidruckturbine, Abb. 168. Hierbei arbeitet der Speicher im Niederdruckgebiet.

[1]) Münzinger: Leistungssteigerung S. 139ff.

2. Benutzung einer sog. Pendelturbine, Abb. 169; der Speicher arbeitet gleichfalls im Niederdruckgebiet.

3. Verwendung einer mit 2 Düsensätzen ausgestatteten, im übrigen aber normalen Turbine, von denen der eine mit Kesseldampf von konstantem Druck, der andere mit Speicherdampf, dessen Spannung zwischen Frischdampfdruck und tiefstem Entladedruck schwankt, versorgt wird, Abb. 170.

Der Niederdruckteil einer nach Fall 1 arbeitenden Turbine erhält im Gegensatz zu Anzapf- und Zweidruckturbinen Dampf von verschie-

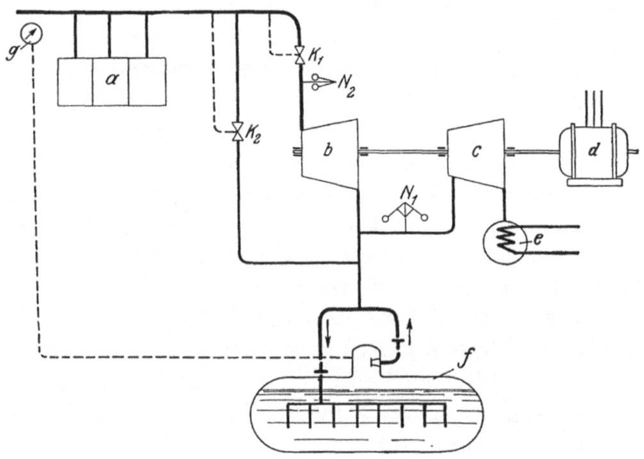

Abb. 168. Schaltung eines Ruths-Speichers zwischen Hochdruck- und Niederdruckstufe einer Turbine.
a = Dampfkessel, b = Hochdruckstufe der Turbine, c = Niederdruckstufe der Turbine, d = Generator, e = Kondensator, f = Ruths-Speicher, g = Speichermanometer, k_1 = Überströmventil für Turbine, k_2 = Überströmventil für Speicher, N_1 und N_2 = Tourenregler.

dener Menge und von wechselndem Druck. Man könnte daher daran denken, den Speicherdampf mit fallendem Druck zur Vermeidung von Drosselverlusten in eine zu dem jeweiligen Druck passende Stufe einzuführen. Praktisch ist dieser Weg im allgemeinen nicht empfehlenswert, weil für jede Anzapfstelle eine besondere Steuerung nötig würde, was die Turbine verwickelt und teuer macht. Man nimmt daher im allgemeinen lieber einen gewissen Drosselverlust in Kauf, um mit einer einzigen Niederdruckregulierung auszukommen. Die Anordnung nach Abb. 168 hat nun in manchen Fällen den Nachteil, daß, falls die Turbine einmal als reine Kondensationsturbine, das andere Mal als Speicherturbine arbeitet, eine Turbine großer Leistung mit einer Zweidrucksteuerung versehen werden muß. Große Einheiten belastet man aber oft lieber nicht mit den für Speicherbetrieb erforderlichen Steuerorganen, zumal die Zweidrucksteuerung nur für die Bewältigung der die mittlere Belastung überschießenden bzw. unterschreitenden Energiemengen nötig ist. Die Niederdrucksteuerung müßte aber für die in der Turbine insgesamt arbeitende Dampfmenge bemessen werden und die Zwischenböden von großem Durchmesser im Niederdruckteil großer Turbinen müßten erheblich verstärkt werden, um die sich gelegentlich einstellenden großen Druckunterschiede auszuhalten. Ferner müßte der gesamte Arbeitsdampf unter wechselndem Druck, d. h. mit verschlechtertem Wirkungsgrad arbeiten, lediglich damit die oft nur

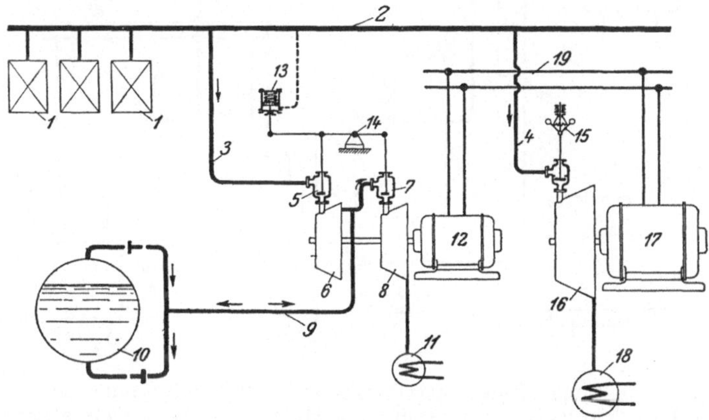

Abb. 169. Schaltschema einer mit Ruths-Speicher zusammen arbeitenden Pendelturbine.
1 = Dampfkessel, *2* = Frischdampfsammelleitung, *3* = Frischdampfleitung nach *6*, *4* = Frischdampfleitung nach *16*, *5* = Einlaßventil für Frischdampf von *6*, *6* = Hochdruckteil der Pendelturbine, *7* = Einlaßventil von *8*, *8* = Niederdruckteil der Pendelturbine, *9* = Speicherdampfleitung, *10* = Ruths-Speicher, *11* = Kondensator von *8*, *12* = Generator von *6* u. *8*, *13* = Druckregler, *14* = festes Drehlager, *15* = Tourenregler von *16*, *16* = normale Turbine, *17* = Generator von *16*, *18* = Kondensator von *16*, *19* = elektrische Sammelschienen.

wenige v. H. der Gesamtdampfmenge betragende Ausgleichsdampfmenge gespeichert werden kann[1]).

Die Anordnung nach Fall II verwendet für den Belastungsausgleich eine besondere Turbine, Pendelturbine genannt, in welcher entweder nur Frischdampf während des Ladens des Speichers oder nur Speicherdampf während der Entladung Arbeit leistet, Abb. 169.

Abb. 171 zeigt die Steuerung einer solchen Turbine, bei welcher der Tourenregler im Prinzip durch ein festes Drehlager ersetzt ist und die Dampfventile mit dem Reguliergestänge so verbunden sind, daß nie

---

[1]) Münzinger: Ruths-Wärmespeicher in Kraftwerken. Berlin: Julius Springer 1922.

beide Ventile gleichzeitig öffnen können. Die Dampfventile im Hochdruck- und Niederdruckteil der Speicherturbine sind nach Abb. 169 u. 171 in Abhängigkeit vom Dampfdruck des Kessels gedacht. Steigt nun die Belastung über die mittlere, so sinkt der Kesseldruck wodurch Ventil 5 schließt und Ventil 7 öffnet und durch Zuführung von Speicherdampf in die Niederdruckstufe der Speicherturbine die Überlast deckt. Sinkt die Belastung unter den Mittelwert, so wird 7 geschlossen und 5 geöffnet und der überschüssige Frischdampf nach Arbeitsleistung im Hochdruckteil in den Speicher geleitet.

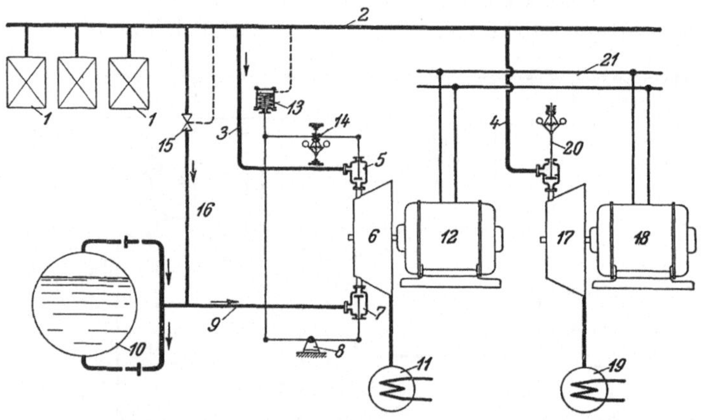

Abb. 170. Schaltungsschema eines Ruths-Speichers im Zusammenarbeiten mit einer Hochdruckspeicherturbine (mit zwei Hochdruckdüsensätzen ausgestattete Turbine), Bahnkraftwerk Altona.
1 = Dampfkessel, *2* = Frischdampfsammelleitung, *3* = Frischdampfleitung nach *6*, *4* = Frischdampfleitung zur normalen Turbine, *5* = Einlaßventil für Frischdampf von *6*, *6* = kombinierte Frischdampfspeicherturbine, *7* = Einlaßventil für Speicherdampf von *6*, *8* = festes Drehlager für Reguliergestänge, *9* = Speicherdampfleitung nach *6*, *10* = Ruths-Speicher, *11* = Kondensator von *6*, *12* = Generator von *6*, *13* = Druckregler, *14* = Tourenregler, *15* = Überströmventil, *16* = Überströmleitung, *17* = Frischdampfturbine, *18* = Generator von *17*, *19* = Kondensator von *17*, *20* = Tourenregler, *21* = elektrische Sammelschienen.

Fall I und Fall II wesentlich überlegen ist die nach Fall III arbeitende, zur Zeit von der AEG für Bahnkraftwerk Altona in Ausführung begriffene Speicheranlage, Abb. 170. Der Speicher arbeitet als Hochdruckspeicher zwischen Kesseldruck und einem zweckmäßig gewählten tieferen Druck, der in Altona z. B. 6 at/abs beträgt. Die im übrigen völlig normale Turbine erhält zwei Düsensätze 5 und 7, dem einen fließt Dampf von konstanter Kesselspannung, dem anderen Speicherdampf zu. Steigt die Belastung des Werkes über die mittlere, so sinkt der Kesseldruck etwas, wodurch Druckregler 13 die Speicherdampfdüsen 7 öffnet. Bei fallender Belastung verläuft der Vorgang umgekehrt. Ist die Belastung so weit gefallen, daß weniger Dampf verbraucht als erzeugt wird, so wird der überschüssige Dampf durch Überströmventil 15 in Speicher 10 geleitet.

Abb. 172 zeigt die auf Grund der Viertelstundenmittelwerte aufgezeichnete Belastungskurve des Werkes. Über diese Kurve lagern sich kurzdauernde Schwankungen, deren Höchstwerte von den Viertelstundenwerten um etwa $\pm$ 1500 kW abweichen. Hauptsächlich aus diesem Grunde mußten bisher dauernd erheblich mehr Kessel gefeuert werden, als wenn die Belastungskurve in Abb. 172 von solchen Überlagerungen, die in Abb. 173 in stark vergrößertem Zeitmaßstab für die Zeit von 8°° bis 9°° dargestellt sind, frei wäre. Die Turbine wurde so

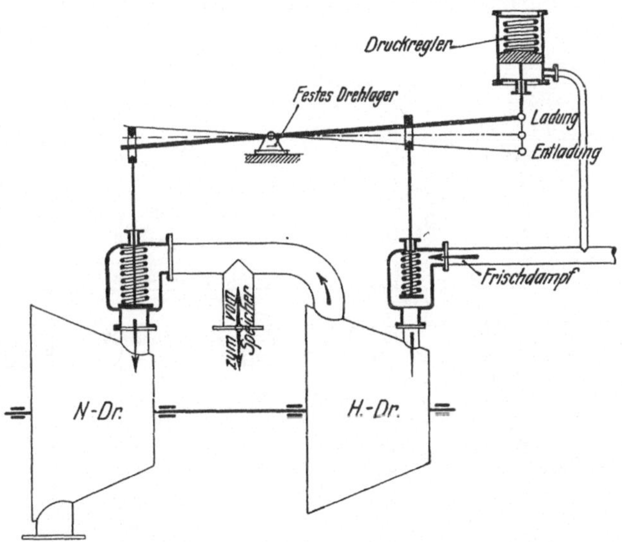

Abb. 171. Steuerungsschema einer Pendelturbine.

Beachte: Die Dampfventile für die Hochdruck- und Niederdruckstufe der Pendelturbine können nie gleichzeitig öffnen.

bemessen, daß sie aus Speicherdampf bei tiefstem Speicherdruck noch 3500 kW hergeben kann und daß sie bei reinem Frischdampfbetrieb 8000 kW leistet. Die aus Speicherdampf deckbare Spitze ist also im Vergleich zur Gesamtlast sehr groß. Die Spitzen von 6°° bis 9°° und von 4°° bis 8°° werden völlig aus Speicherdampf gedeckt, Abb. 172. Während dieser Zeit muß Speicherdampf bis rd. 3000 kW leisten und es sind statt früher 9 Kessel nur noch 6 erforderlich.

Nach Aufstellung des Speichers wird etwa nach dem dünnen Linienzug in Abb. 172 gefeuert (Kurve B). Bei der in Kürze zu erwartenden Erhöhung der Werksbelastung werden die Momentanwerte die Viertelstundenwerte etwa ebenso wie jetzt um $\pm$ 1500 kW überlagern und der Charakter der Viertelstundenwertkurve wird sich voraussichtlich nur insofern ändern, als die konstante Grundlast vergrößert, die Belastungskurve also gewissermaßen nach oben verschoben wird.

Die Anlage hat folgende Hauptabmessungen:

Speicherfähigkeit des Ruths-Speichers	rd. 2600 kWst
Anzahl der Speicherkörper	2
Volumen eines Speicherkörpers	150 m³
Kesseldruck	16 at/abs
Höchster Druck im Speicher	16 at/abs
Tiefster Druck im Speicher	6 at/abs
Leistung der Turbine mit Frischdampf allein	8000 kW
Höchste Leistung aus Speicherdampf bei tiefstem Speicherdruck	3500 kW

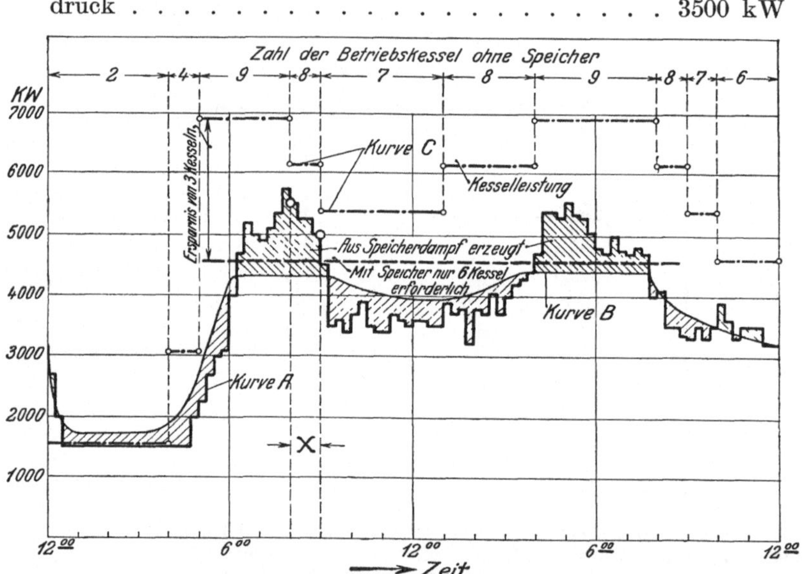

Abb. 172. Belastungskurve des Bahnkraftwerkes Altona aus Viertelstundenmittelwerten aufgezeichnet.

Kurve A = Belastungskurve,
Kurve B = Ungefährer Verlauf der Kesselbelastung (in kW umgerechnet),
Kurve C = Gesamte höchste Dampfleistung der ohne Ruths-Speicher erforderlichen Dampfkessel,
[schräg schraffiert] = Vom Ruths-Speicher aufgespeicherte Arbeit,
[gegenläufig schraffiert] = Vom Ruths-Speicher abgegebene Arbeit.

Die Speicheranlage erzielt also außer gleichmäßigerer Kesselbelastung besonders folgende Vorteile:

a) Während der Morgen- und Abendstunden reichen 6 statt bisher 9 Kessel aus,

b) in Zukunft wird mit einer Morgenspitze von 12 000 kW gerechnet, zu deren Deckung 2 weitere Kessel angeschafft werden müßten, die etwa das 1,5fache des Ruths-Speichers kosten würden und jetzt weggelassen werden können.

c) erhebliche Ersparnisse an Anheiz- und Leerlaufskohle und an Bedienungspersonal,

d) erhebliche Kohlenersparnis der im Betrieb befindlichen Kessel, weil die Feuer im Gegensatz zum jetzigen Betrieb nur noch langsam verstärkt oder abgeschwächt zu werden brauchen,

e) die Hauptdampfmenge arbeitet in Zukunft dauernd mit vollem Druck und voller Überhitzung, also mit günstigstem Wärmeverbrauch.

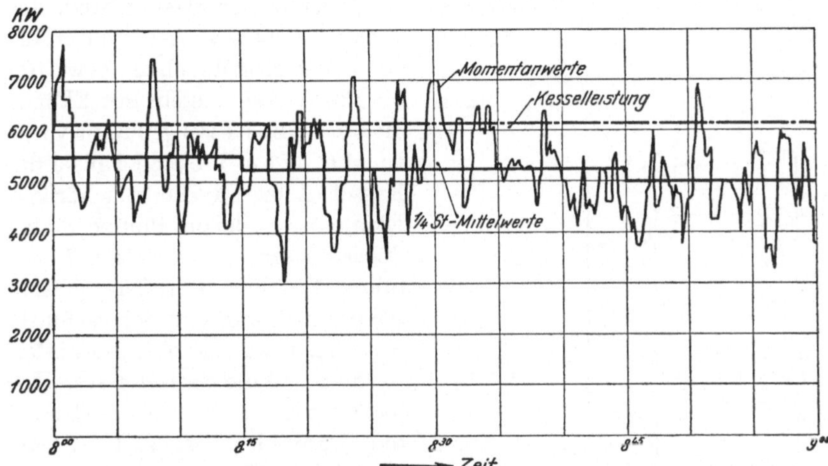

Abb. 173. Belastung des Bahnkraftwerkes Altona von 8^{00} bis 9^{00} in stark vergrößertem Zeitmaßstab aus Momentanwerten aufgezeichnet. Die Länge des Diagrammes entspricht der Strecke X in Abb. 172.

Der Mehrdampfverbrauch, welcher dadurch entsteht, daß die gespeicherte Dampfmenge mit niederem Druck und als Sattdampf verarbeitet wird, ist etwas kleiner als die durch Punkt e) erzielte Ersparnis.

3. Speicherung von Arbeit durch Speiseraumspeicher.

Während bei Ruths-Speicheranlagen Ausführung und Anordnung in allen wesentlichen Einzelheiten bekannt sind und zahlreiche Betriebsergebnisse ihre praktische Brauchbarkeit beweisen, sind Speiseraumspeicher von einigermaßen nennenswerter Leistung meines Wissens bisher nicht zur Ausführung gelangt. Man kann sich daher lediglich an die Angaben in der Fachliteratur über Speiseraumspeicher halten, die jedoch sehr allgemein gehalten sind, auf Einzelheiten nicht eingehen und nicht sagen, wie das selbsttätige Arbeiten der Speicherung erfolgen soll. Die Arbeitsweise von Speiseraumspeichern wird daher an einer schematischen Zeichnung besprochen und die Frage, inwiefern das eine oder andere „System“ sich mit Abb. 174 u. 175 deckt, offen gelassen.

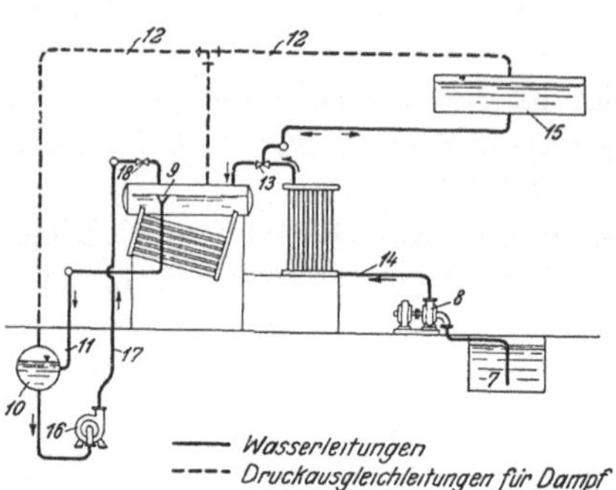

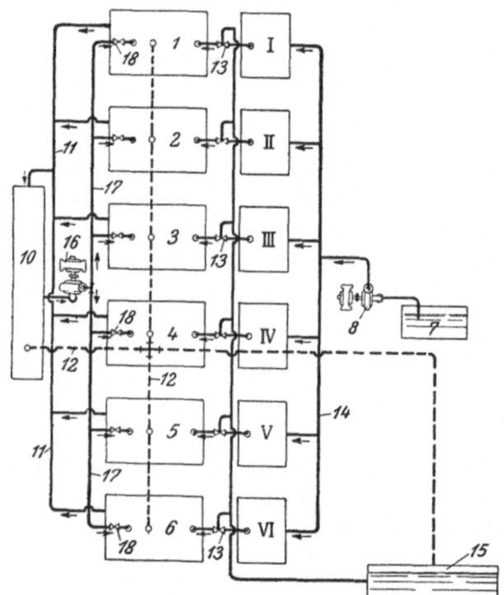

Abb. 174 u. 175. Schaltungsschema einer Speiseraumspeicheranlage (der Speicher wird mit Kesselwasser geladen). *1* bis *6* = Kessel, *I* bis *VI* = Ekonomiser, *7* = Saugbehälter für frisches Speisewasser, *8* = Speisepumpe, *9* = Überlauf, *10* = Speiseraumspeicher, *11* = Überlaufleitung von den Kesseln nach *10*, *12* = Dampfdruckausgleichleitungen, *13* = Umschaltventile zur wahlweisen Führung des Speisewassers in die Kessel oder nach *15*, *14* = Speisewasserdruckleitung, *15* = Vorratsbehälter für das in den Ekonomisern erwärmte Speisewasser, *16* = Pumpe zum Speisen aus dem Speiseraumspeicher in die Kessel, *17* = Druckleitung für *16*, *18* = Speiseregulierventile für das aus *10* gespeiste Wasser.

Wie bereits erwähnt wurde, beruht die Wirkung von Speiseraumspeichern darauf, daß während Schwachlastperioden ein Vorrat heißen Wassers von annähernd Sättigungstemperatur gesammelt wird, der bei Überlast an Stelle des normalen Speisewassers von 30 bis 40° C bei Kesseln ohne, bzw. 100 bis 130° C bei Kesseln mit Ekonomisern in die Kessel gepumpt wird. In Abb. 174 u. 175 sind 1 bis 6 die Kessel, I bis VI die zugehörigen Ekonomiser, denen Pumpe 8 das Speisewasser aus Behälter 7 zuführt. Ein Vorrat heißen Wassers könnte nun während Schwachlastperioden etwa dadurch geschaffen werden, daß die Speisewasserregler bei Überschreiten eines bestimmten Dampfdruckes, z. B. 20 at, durch vom Kesseldruck betätigte Apparate geöffnet werden. Es würde dann, obgleich der „normale“ Wasserstand überschritten ist, weiter gespeist und das über letzteren zuviel zugeführte Wasser würde durch Überläufe 9, die etwas höher liegen als der Wirkungsbereich der selbsttätigen Speisewasserregler, über Leitung 11 nach dem in passender Höhe befindlichen Speicherbehälter 10 abströmen. Speicherbehälter und Kesseldampfraum wären durch Druckausgleichleitung 12 miteinander zu verbinden. Der Dampfdruck könnte aber auch anstatt auf die Speisewasserregler auf ein in Leitung 11 vor Speicher 10 eingebautes Ventil einwirken und dieses Ventil öffnen, sobald z. B. 20 at überschritten werden. Letztere Anordnung, bei der die Überläufe 9 innerhalb des Arbeitsbereiches der selbsttätigen Speisewasserregler sitzen müßten, wäre wohl konstruktiv einfacher und zuverlässiger, aber beide Anordnungen bedingen, daß in allen Kesseln fast völlig gleicher Dampfdruck herrscht. Ein Druckunterschied von nur $^1/_{100}$ at macht nämlich schon 100 mm W.-S. aus, d. h. weit mehr als den Arbeitsbereich normaler Speisewasserregler und es ist wohl sehr zweifelhaft, ob bei einigermaßen großen Kesselhäusern Druckunterschiede von nur einer $^1/_{100}$ at oder noch weniger zwischen den einzelnen Kesseln erreichbar sind. Ein Ausweg könnte vielleicht durch sehr weite Bemessung von Leitung 11 gefunden werden, doch wird dann wohl auf ein dicht vor Speicher 10 eingebautes, für alle Kessel gemeinsames Ablaßventil verzichtet werden müssen, weil sonst bei geringfügigen Druckunterschieden zwischen den Kesseln Wasser durch Leitung 11 von einem Kessel in den anderen geschoben und — von sonstigen Störungen abgesehen — die Speisung der Kessel in Unordnung gebracht werden könnte.

In Überlastperioden würden die Speiseventile 13 unter unmittelbarer oder mittelbarer Einwirkung des Kesseldruckes geschlossen oder so umgeschaltet, daß das von Pumpe 8 durch Leitung 14 geförderte Wasser zum Teil oder ganz einem Hochbehälter 15 zuströmt und daß an seiner Stelle Wasser aus Speicher 10 mittels Pumpe 16 durch Leitung 17 gespeist wird. In diesem Fall müßte jeder Kessel einen zweiten, gleichfalls unmittelbar oder mittelbar beeinflußten Speisewasserregler 18 haben, der auf gleiche Höhe wie Regler 13 einreguliert, sobald der Kesseldruck unter einen gewissen Betrag fallen will. Einfacher und betriebssicherer wäre es aber wahrscheinlich, wenn Pumpe 16 sehr reichlich bemessen werden würde, damit sie unter allen Umständen mehr Wasser liefert als im ungünstigsten Falle gebraucht wird. An Stelle zahlreicher Regler 18 könnte dann hinter Pumpe 16 ein einziger Regler gesetzt werden, indem das zuviel zugeführte heiße Wasser durch die passend angeordneten Überläufe 9 wieder nach Speicher 10 zurückströmt. Aber auch hier stellen sich verschiedene Schwierigkeiten in den Weg, auf die an dieser Stelle nicht näher eingegangen werden soll. Endlich ist es unsicher, ob durch jeden Ekonomiser die der ihn durchströmenden Gasmenge einigermaßen entsprechende Wassermenge fließen würde, wenn die Speisewasserregler an Punkt 13 in der oben erwähnten Weise eingebaut werden würden. Um ein Überfluten oder Leerlaufen von Behälter 15 zu vermeiden, müßte endlich noch Pumpe 8 in Abhängigkeit von einer oberen und unteren Grenzlage seines Wasserstandes gebracht werden.

Es soll mit diesen Ausführungen nicht gesagt sein, daß es unmöglich sei, die vorstehend in großen Zügen geschilderten Schwierigkeiten zu mildern oder vielleicht ganz zu umgehen. Speiseraumspeicher sind aber Ruths-Speichern offenbar insofern grundsätzlich unterlegen, als bei einer aus mehreren Kesseln bestehenden, mit Ekonomisern ausgerüsteten Anlage bei Speiseraumspeichern sehr zahlreiche Organe in gegenseitige Abhängigkeit gebracht und von Druck, Wasserstand- und Menge beeinflußt werden müssen. Diese Schwierigkeiten sind in einem Werke mit einem oder zwei Kesseln naturgemäß kleiner, spielen vielleicht auch bei den in Amerika üblichen Einzelheizflächen eines Kessels von 1500—3000 m² nicht ganz die große Rolle, da dann nur $^1/_5$ bis $^1/_{10}$ der in deutschen Werken benötigten Regulierapparate gebraucht werden. Je größer aber bei gleicher Gesamtdampfleistung die Kesselzahl ist, um so mehr fallen die Kosten für die Regler und die zahlreichen Leitungen ins Gewicht und um so stärker werden gutes Arbeiten, Betriebssicherheit, Einfachheit und Übersichtlichkeit der ganzen Anlage in Frage gestellt.

Der in Abschnitt XVI, c 2 beschriebene Belastungsausgleich durch Ruths-Speicher, insbesondere nach Fall III greift in Speisung und Arbeiten einer Kesselanlage überhaupt nicht ein, sein sicheres Funktionieren hängt nur von wenigen Regelapparaten ab, die infolge ihrer geringen Zahl mit mäßigen Kosten auf das sorgsamste durchgebildet werden können. Bei einer unvorhergesehenen und aus irgendwelchen Gründen nicht sofort behebbaren Störung könnte die gesamte Speicheranlage in kürzester Frist ausgeschaltet werden, ohne daß stockende Speisung oder Überflutung einiger Kessel, deren Ursachen vielleicht erst nach längerem Suchen festgestellt und behoben werden können, schwere Gefahren heraufbeschwört.

Es soll nun das wärmetechnische Verhalten von Speiseraumspeichern untersucht und geprüft werden, wie groß die mittels Speiseraumspeichern ausgleichbaren Über- und Unterschreitungen der mittleren Belastung höchstens sein dürfen und welchen Beschränkungen der Verlauf einer Belastungskurve unterworfen ist, wenn mit Speiseraumspeichern völliger Belastungsausgleich erreicht werden soll.

Es bedeutet:

t_0 = Temperatur des Speisewassers am Ekonomisereintritt in ° C,
t' = desgl. am Kesseleintritt in ° C,
t_s = desgl. bei der dem Druck p a/tabs entsprechenden Sättigungstemperatur in ° C,
t'''_B = Dampftemperatur hinter Überhitzer bzw. vor Turbine in ° C, wenn der Kessel im Beharrungszustand ist,
$t'''_{\ddot{U}}$ = desgl., wenn der Kessel mehr Dampf abgibt als im Beharrungszustand, aber nur ebensoviel Kohle wie im Beharrungszustand verfeuert wird,
p = Dampfdruck im Kessel (und vor Turbine) in at/abs,
i_0 = Wärmeinhalt des Speisewassers in WEkg^{-1} bei t_0 ° C,
i' = desgl. bei t' ° C in WEkg^{-1},
i_s = desgl. bei der dem Druck p at/abs entsprechenden Sättigungstemperatur t_s ° C in WEkg^{-1},
i'' = Wärmeinhalt von Sattdampf von p at/abs in WEkg^{-1},
i'''_B = Wärmeinhalt von überhitztem Dampf von p at/abs und t'''_B ° C in WEkg^{-1},
$i'''_{\ddot{U}}$ = desgl. von p at/abs und $t'''_{\ddot{U}}$ ° C in WEkg^{-1},
K = stündlich verfeuerte Kohlenmenge in kgst^{-1},

$\mathfrak{D}_B$ = stündlich im Beharrungszustand eines Kessels aus Speisewasser von t' °C bei einer entsprechenden Kohlenmenge K kgst^{-1} verdampftes Wassergewicht in kgst^{-1},

$\mathfrak{D}_U$ = stündlich aus Speisewasser von t_s °C bei derselben Kohlenmenge K kgst^{-1} verdampftes Wassergewicht in kgst^{-1},

$\mathfrak{D}$ = bei beliebiger Werksbelastung erzeugtes und von der Turbine verarbeitetes Dampfgewicht in kgst^{-1},

$\mathfrak{d}$ = Dampfverbrauch der Turbine für 1 kWst bei einem verarbeiteten Dampfgewicht von $\mathfrak{D}$ kgst^{-1} von beliebigem Wärmeinhalt zwischen i'' WEkg^{-1} und i_U''' WEkg^{-1} in kgst^{-1},

a = Konstante abhängig von Nennleistung und Bauart der Turbine,

V = Luftleere im Kondensator der Turbine in v. H.,

$\varepsilon_{\mathfrak{D}} = \dfrac{\mathfrak{D}_U - \mathfrak{D}_B}{\mathfrak{D}_B} \cdot 100$ = maximale verhältnismäßige Steigerung der stündlich ohne Veränderung des verfeuerten Kohlengewichtes K kgst^{-1} erzeugbaren Dampfmenge ausgedrückt in v. H. von $\mathfrak{D}_B$, wenn Speisewasser von t_s °C statt von t' °C gespeist wird,

N_B = Leistung der Turbine in kW mit dem Dampfgewicht $\mathfrak{D}_B$ kgst^{-1} vom Druck p at und der Temperatur t_B''' °C,

N_U = desgl. mit dem Dampfgewicht $\mathfrak{D}_U$ kgst^{-1} vom Druck p at/abs und der Temperatur t_U''' °C,

$\varepsilon_N = \dfrac{N_U - N_B}{N_B} \cdot 100$ = maximale verhältnismäßige Steigerung der stündlich ohne Veränderung des verfeuerten Kohlengewichtes K kgst^{-1} erzeugbaren Leistung ausgedrückt in v. H. von N_B, wenn Speisewasser von t_s °C statt von t' °C gespeist wird,

c_p = (mittlere) spezifische Wärme des überhitzten Dampfes bei p at/abs Druck und t''' °C Temperatur in WEkg^{-1},

$\mathfrak{J}$ = Konstante für überhitzten Dampf abhängig von der Temperatur t''' °C.

Wenn bei gleichbleibender Wärmeentwicklung in der Feuerung den Kesseln plötzlich Wasser von der Sättigungstemperatur t_s °C statt einer tieferen Temperatur, wie z. B. t' °C oder t_0 °C, zugeführt wird, so wird mehr Sattdampf entwickelt, da die dem Unterschied der beiden Flüssigkeitswärmen $i_s - i'$ bzw. $i_s - i_0$ entsprechende Wärmemenge zur zusätzlichen Dampfentwicklung frei wird. Da dem Kessel in den Rauchgasen aber eine unveränderte Wärmemenge zuströmt (denn K ändert sich ja nach unserer Voraussetzung nicht), und da auch die Temperatur der Rauchgase vor Überhitzer dieselbe bleibt, muß die Überhitzung zurückgehen, denn den Überhitzer durchfließt eine um die zusätzliche Dampferzeugung größere Dampfmenge vom selben Zustand (p at/abs und t_s °C) am Eintritt in die Überhitzerheizfläche.

Es wurde nun untersucht, wie sich bei gleichbleibendem Kohlengewicht Dampferzeugung und Überhitzung ändern, wenn plötzlich Wasser von anderer Eintrittstemperatur als der, für welche der Kessel bemessen und bis zur Belastungsänderung betrieben wurde, gespeist wird. Hierbei wurde ein Wasserrohrkessel normaler Abmessungen zugrunde gelegt und angenommen, daß die Dampftemperatur 400° C beträgt, wenn das Wasser im Beharrungszustand mit beispielsweise 35° C (bei einem Kessel ohne Ekonomiser) oder 105° C (bei einem Kessel mit Ekonomiser) eintritt. Auf die Einzelheiten der sehr umständlichen Rechnungen soll hier nicht näher eingegangen, sondern nur soviel gesagt werden, daß für ihre Durchführung die gesamte Heizfläche in 3 Teile unterteilt wurde: die Kesselheizfläche vor Überhitzer, die Überhitzerheizfläche und die Kesselheizfläche nach Überhitzer. Für jeden dieser Teile wurde für normale Kesselbelastung und die Temperatur des Speisewassers, welche der Bemessung des Kessels zugrunde gelegt worden war, der Wärmedurchgangskoeffizient ermittelt und mit Hilfe dieser Werte wurde weiter errechnet, wie sich die Rauchgastemperaturen hinter Überhitzer und am Kesselende, die Dampftemperatur und die Dampferzeugung ändern, wenn unter sonst gleichbleibenden Verhältnissen und bei derselben Kohlenmenge die Temperatur des Speisewassers erhöht wird. Die gefundenen Werte für die Dampftemperaturen sind für 20 at Kesseldruck in Abb. 177 eingetragen (gestrichelte Kurve *A*).

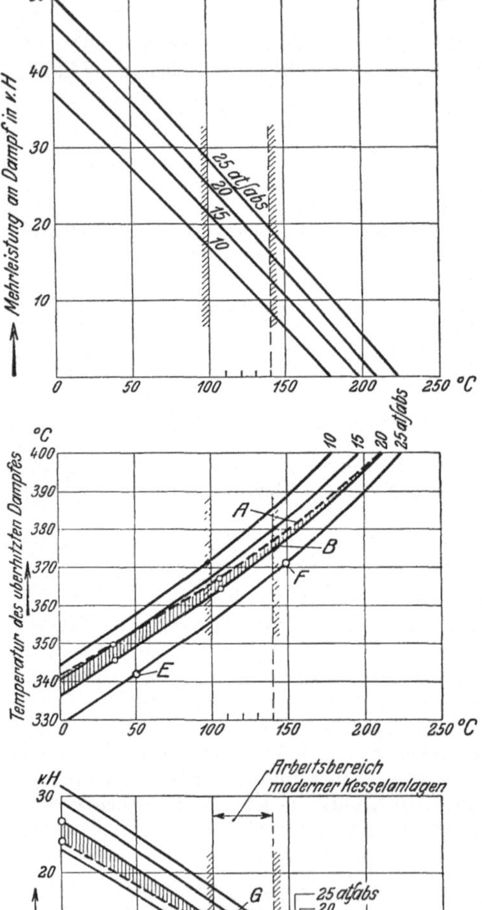

Abb. 176 bis 178. Bei Speiseraumspeichern höchstens erzielbare Mehrleistung an Dampf und an Leistung in v. H. der der Belastungszunahme vorausgegangenen Leistung für verschiedene Temperaturen des Speisewassers am Eintritt in den Kessel (hinter Ekonomiser).

Eine Nachrechnung zeigt nun, daß die bei anderen Speisewassertemperaturen als der normalen verdampfte Wassermenge mit sehr guter Annäherung gefunden werden kann, wenn man annimmt, daß die Wärmeaufnahme in der Kesselheizfläche (ohne Überhitzerheizfläche) bei verschiedener Temperatur des Speisewassers dieselbe bleibt.

Man darf also schreiben

$$(1)\quad \left\{ \begin{aligned} \mathfrak{D}_B \cdot (i'' - i') &= \mathfrak{D}_U \\ &\cdot (i'' - i_s) \text{ WEst}^{-1}. \end{aligned} \right.$$

Die verhältnismäßige Steigerung der ohne Veränderung des verfeuerten Kohlengewichtes erzeugbaren Dampfmenge ist

$$(2)\quad \varepsilon_{\mathfrak{D}} = 100 \cdot \frac{\mathfrak{D}_U - \mathfrak{D}_B}{\mathfrak{D}_B} \text{ v. H.,}$$

$$(2\text{a})\quad = 100 \cdot \left(\frac{\mathfrak{D}_U}{\mathfrak{D}_B} - 1\right) \text{ v. H.,}$$

$$\mathbf{(3)}\quad \boldsymbol{\varepsilon_{\mathfrak{D}} = 100 \cdot \left(\frac{i'' - i'}{i'' - i_s} - 1\right)} \textbf{ v. H.}$$

Mit Gleichung (3) wurde die verhältnismäßige Mehrleistung an Dampf bei Ändern der Speisewassertemperatur errechnet und in Abb. 176 eingetragen.

Würde bei veränderter Eintrittstemperatur des Speisewassers auch der Wirkungsgrad von Kessel und Überhitzer gleichbleiben, so wäre

$$(4)\quad \left\{ \begin{aligned} \mathfrak{D}_B \cdot (i_B''' - i') &= \mathfrak{D}_U \\ &\cdot (i_U''' - i_s) \text{ WEkg}^{-1}. \end{aligned} \right.$$

Indem man nun die Größe i_B''' und i_U''' entweder nach der bekannten Formel von Mollier

(5) $$i''' = 594{,}7 + 0{,}477\, t''' - \mathfrak{J} \cdot p \text{ WEkg}^{-1},$$

oder nach

(6) $$i''' = i'' + c_p \cdot (t''' - t_s) \text{ WEkg}^{-1}$$

durch die Dampftemperatur ersetzt, kann man die Abhängigkeit der Dampftemperatur von der Speisewassertemperatur verhältnismäßig schnell ermitteln.

Tatsächlich bleibt der Wirkungsgrad von Kessel und Überhitzer nicht ganz gleich, wenn bei konstanter Kohlenmenge die Speisewassertemperatur geändert wird, wie eine einfache Überlegung ergibt und wie auch eine genaue Rechnung gezeigt hat.

In Abb. 177 sind die aus der genauen Nachrechnung gefundenen (gestrichelte Kurve A) und die aus Gleichung (6) ermittelten Dampftemperaturen (Kurve B) für 20 at Dampfdruck einander gegenübergestellt. Man sieht, daß erst bei Speisewassertemperaturen unter 80° C ein fühlbarer Unterschied herauskommt. Da aus noch näher zu erörternden Gründen dieses Gebiet hier nur wenig interessiert, wurden in Abb. 177 für verschiedene Dampfdrücke die aus Gleichung (6) errechneten Dampftemperaturen eingetragen, die durchweg etwas zu niedrig sind. Die Überhitzung geht also um ganz beträchtliche Beträge und zwar um so stärker zurück, je größer der Unterschied zwischen der Speisewassertemperatur im normalen Betriebe und der Sättigungstemperatur ist. Beträgt z. B. bei 25 at/abs Kesseldruck im normalen Betriebe die Temperatur des Speisewassers 50° C und wird statt dessen mit Wasser von Sättigungstemperatur gespeist, so fällt die Dampftemperatur von 400° C auf 342° C (Punkt E). Betrug die normale Speisewassertemperatur aber 150° C, so fällt die Dampftemperatur nur auf 371° C (Punkt F). Infolge des Rückganges der Dampftemperatur wird weniger Arbeit erzeugt als der verhältnismäßigen Mehrleistung an Dampf entspricht, weil erstens mit der Dampftemperatur das in der Turbine ausnutzbare Wärmegefälle als solches und weil zweitens der thermodynamische Wirkungsgrad der Turbine abnimmt.

Nach Dr. Forner ist der spezifische Dampfverbrauch einer Turbine bei Vollast

(7) $$\mathfrak{d} = a \cdot \left(1 + \frac{2}{p}\right) \cdot \left(1 - \frac{t'''}{900}\right) \cdot \left(1 - \frac{V}{148}\right) \text{kg (KWst)}^{-1}.$$

Diese Gleichung gilt zwar streng nur unter der Voraussetzung, daß die Turbine für die Werte von p, t''' und V bemessen wird, für welche man den spezifischen Dampfverbrauch berechnen will. Sie gibt also etwas zu günstige Werte, wenn, wie im vorliegenden Falle, die Turbine unter anderen Verhältnissen arbeiten muß, als denjenigen, für welche sie gebaut wurde. Mit Hilfe von Gleichung (7) läßt sich die verhältnismäßige Mehrleistung an Energie ausdrücken durch

(8) $$\varepsilon_N = 100 \cdot \left(\frac{\mathfrak{D}_{\ddot{U}}\,(900 - t'''_B) \cdot (148 - V_B)}{\mathfrak{D}_B\,(900 - t'''_{\ddot{U}}) \cdot (148 - V_{\ddot{U}})} - 1\right) \text{ v. H.}$$

Sieht man von der Veränderung des Vakuums zunächst ab, so erhält man für ε_N die Kurvenschar in Abb. 178. Die verhältnismäßige Mehrleistung an Arbeit ist also bei Speiseraumspeichern ganz erheblich geringer als die verhältnismäßige Mehrleistung an Dampf und es ist ein schwerer Fehler zahlreicher Veröffentlichungen, daß sie diesen Umstand nicht erkennen oder wenigstens nicht erwähnen. Da bei Deckung der Überlast aus Speiseraumspeichern der spezifische Dampf- und der Wärmeverbrauch für 1 kWst und infolgedessen das in der Turbine arbeitende Dampfgewicht merklich steigen, geht das Vakuum zurück. Der Rückgang an Vakuum wurde für verschiedene Verhältnisse errechnet und daraus mit Hilfe von Gleichung (8) für 20 at/abs Kesseldruck die weitere Abnahme von ε_N ermittelt, die je nach den vorliegenden Verhältnissen (Bemessung von Turbine und Kondensator) Beträge bis zum Unterschied zwischen Kurve G und H erreichen kann.

Fast sämtliche neuzeitliche deutsche Kraftwerke arbeiten mit Ekonomisern und Wassertemperaturen am Kesseleintritt von 100—140° C. Dieser Temperaturbereich, der in Abb. 176 bis 178 besonders hervorgehoben ist, hat daher für den Ausgleich von Belastungsschwankungen der Kraftmaschinen durch Wärmespeicherung mittels Speiseraumspeicher in erster Linie Interesse. Die Frischdampfdrücke in solchen Anlagen liegen fast durchweg zwischen 12 und 15 at.

Abb. 176 bis 178 zeigen für Kesselanlagen mit Dampfspannungen von 10 bis 20 at, die mit Ekonomisern und Überhitzern ausgerüstet sind und zusammen mit Speiseraumspeichern arbeiten, daß

1. die erzielbare Mehrleistung an Dampf höchstens 9—25 v. H. der der Überlast vorausgehenden konstanten Dampferzeugung beträgt,
2. hierbei die Überhitzung um 15—40° C zurückgeht,
3. die erzielbare Mehrleistung an Kilowatt höchstens 8—15 v. H. der der Überlastung vorausgehenden Leistung beträgt,
4. die vielfach geäußerte Ansicht, bei Energiespeicherung mittels Speiseraumspeichern trete keine Verschlechterung des thermodynamischen Wirkungsgrades und keine Zunahme des Dampfverbrauches für 1 kW st ein, in allen den Fällen falsch ist, wo mit überhitztem Dampf gearbeitet wird, d. h. in nahezu sämtlichen Kraftwerken.

Die Berechnungen haben also das sehr interessante Ergebnis gezeitigt, daß Speiseraumspeicher höchstens 8—15 v. H. zusätzliche Energie herzugeben vermögen. Hierzu kommt als weiterer, ihre praktische Verwendbarkeit einschränkender Punkt, daß die durch Speiseraumspeicher erzielbare Mehrleistung sowohl an Kilogramm Dampf als auch an Kilowattleistung von der Rostbelastung abhängt, die der Spitze vorausging. Beträgt z. B. die volle Kesselleistung eines Werkes 10 000 kW, so könnten mit entsprechend bemessenen Speiseraumspeichern 800—1500 kW zusätzliche Energie gedeckt werden, wenn die Roste vor Auftreten der Spitze mit einer 10 000 kW entsprechenden Belastung arbeiteten. Waren sie aber z. B. nur entsprechend 5000 kW belastet, so geben Speiseraumspeicher höchstens 400—750 kW her, wenn nicht die Feuer gleichzeitig verstärkt werden. In sehr vielen Werken liegen die Verhältnisse aber so, daß die Größe der die Viertelstundenmittelwerte übersteigenden Spitzen bei sehr verschiedenen Werksbelastungen annähernd konstant bleibt. Der Wert eines Wärmespeichers wird für solche Werke natürlich stark beeinträchtigt, wenn der Speicher nicht zu jeder Zeit und unabhängig von der zufälligen Belastung des Werkes eine ganz bestimmte, der Größe nach genau bekannte Leistung mit Sicherheit hergeben kann.

Man könnte nun daran denken, den schädlichen Einfluß der fallenden Überhitzung bei Dampflieferung aus Speiseraumspeichern durch sog. Temperaturregler zu beseitigen (siehe S. 90). Dadurch würde aber die ohnehin vielgliedrige Anordnung noch verwickelter, denn außer den

Temperaturreglern selber wären noch Vorrichtungen nötig, die die Regelung selbsttätig bewirken, und das sichere und zuverlässige Zusammenarbeiten der Regler wird mit ihrer zunehmenden Zahl und der Verschiedenartigkeit der Impulse, wie Druck, Temperatur, Wassermenge, Wasserstand immer illusorischer. Endlich würde während der Zeit, während welcher der Speicher nicht entladen wird, die Dampftemperatur hinter Überhitzer um 20—60° C höher als an der Turbine liegen müssen, d. h. die Überhitzer müßten durchweg überdimensioniert werden, die entsprechenden Kosten kämen gleichfalls der Speicheranlage zu Lasten. Bei den heute üblichen Dampftemperaturen von 375—400° C am Überhitzeraustritt ist aber eine weitere Steigerung unerwünscht, weil sie bei derart hohen Temperaturen schon von merkbarem Einfluß auf die Lebensdauer des Überhitzers wäre.

Auch beim Ruths-Speicher werden Vakuum und spezifischer Dampfverbrauch schlechter, wenn eine Spitze aus dem Speicher gedeckt wird. Im Gegensatz zu Speiseraumspeichern wird dadurch aber die Höhe der ausgleichbaren Spitze nicht beeinträchtigt, sondern bei gegebenem Speichervolumen ebenso wie bei Speiseraumspeichern lediglich die Zeit, während welcher die volle Spitzenleistung hergegeben werden kann.

Fast alle in der Fachliteratur bisher über Ruths-Speicher und Speiseraumspeicher veröffentlichten, vergleichenden Berechnungen beschränken sich auf die Ermittlung, wie groß bei beiden Speicherarten Volumen und Gewicht der Speicher für einen bestimmten Fall werden.

Bei Ruths-Speichern wird zwar in Anlagen ohne Ekonomiser oder ohne Speisewasservorwärmung durch Dampf und für den Fall, daß nicht heiße Kondensate gespeist werden, kurz überall da, wo das Wasser mit nur 30 bis 50° C in die Kessel eintritt, das Speichervolumen wohl u. U. größer als bei Speiseraumspeichern. Es gibt aber wohl nur ganz vereinzelte größere Kraftwerke, deren Kessel Wasser von weniger als 80 bis 100° C zugeführt wird, so daß diese wenigen Ausnahmefälle für einen allgemeinen Vergleich beider Speicherverfahren unbeachtet bleiben dürfen. Bei allen modernen Kraftwerken aber sind die Speichervolumen zweckmäßig ausgeführter Ruths-Speicher bei weitem nicht so viel größer als bei Speiseraumspeichern, wie in Veröffentlichungen zuweilen errechnet wird.

Für Bahnkraftwerk Altona (siehe S. 150) ergeben sich z. B. folgende Verhältnisse:

a) Speiseraumspeicher. 1 m³ auf Sättigungstemperatur erhitztes Wasser von 16 at hat einen Wärmeinhalt von 176 000 WE. Wird dem Kessel also 1 m³ Wasser dieses Zustandes statt im Ekonomiser auf 100° C erwärmtes Wasser zugeführt, so werden für die zusätzliche Dampferzeugung 176 000 — 86 250 WE = 89 750 WE frei. 1 m³ Speichervolumen leistet somit 89 750 WE.

b) Ruths-Speicher. Wird 1 m³ auf Sättigungstemperatur erhitztes Wasser von 16 at durch Druckentlastung zum teilweisen Verdampfen gebracht, so werden 50 000 WE frei, 1 m³ Speichervolumen leistet somit 50 000 WE.

Die verhältnismäßige Speicherungsfähigkeit von 1 m³ Speichervolumen verhält sich somit

$$\frac{\text{Speiseraumspeicher}}{\text{Ruths-Speicher}} = \frac{89\,750}{50\,000} = 1{,}8.$$

Tatsächlich ist aber der Unterschied noch kleiner. Entweder sitzt nach Abb. 174 u. 175 hinter Ekonomiser ein Gefäß 15 zur zeitweisen Aufnahme des im Ekonomiser erwärmten Speisewassers, dann muß auch dieses Gefäß für vollen Kesseldruck und etwa ebenso groß bemessen werden wie der eigentliche Speicher 10. In diesem Falle brauchen also Speiseraumspeicheranlagen mehr Volumen von hohem Druck als Ruths-Speicher.

Oder aber wird die Anordnung nach Abb. 179 getroffen. Die Wasservorwärmung im normalen Betrieb darf dann nicht über etwa 90° bis höchstens 95° C getrieben werden. Die Ekonomiser arbeiten unter wechselnden Drücken, zum mindesten werden sich größere rhythmische Druckschwankungen, die gußeisernen Ekonomisern sehr gefährlich werden können, nicht sicher vermeiden lassen. Endlich aber wird die Temperatur in Behälter 1 während der Spitzenperioden steigen und außer anderen naheliegenden Unannehmlichkeiten eine unzulässige Erwärmung des von neuem in den Ekonomiser gespeisten Wassers und einen Rückgang an Speicherungsfähigkeit überhaupt zur Folge haben, da ja die Mischung aus Frischwasser und aus über Leitung 7 nach Behälter 1 zurückgeführtem Wasser heißer als die „normale" Temperatur hinter Ekonomiser wird, die der Ermittlung der Speicherfähigkeit zugrunde gelegt worden ist. Aber auch wenn Ruths-Speicher mehr Speichervolumen brauchten, wäre der Schluß, daß Speiseraumspeicher für die Speicherung von Arbeit überlegen sein, falsch, denn der Preis der Speicherkörper ist nur ein Teil des Preises des gesamten, für eine Speicheranlage erforderlichen Zubehörs, wie Rohrleitungen, Ventile, Hilfsapparate und Regulierorgane. Daß die Kosten dieser Teile einen sehr erheblichen, ja entscheidenden Einfluß auf den Gesamtpreis ausmachen können, zeigt Abb. 174 u. 175 deutlich.

Die Speicherung eines Vorrates heißen Wassers könnte statt durch Überleiten von Kesselwasser in den Speicher auch durch Niederschlagen des überschüssigen Dampfes durch kaltes, in den Speicher eingeführtes Wasser erfolgen. Hierbei wird es voraussichtlich besser sein, den Dampf durch Einspritzen des Wassers als durch seine Einleitung in den kompakten Wasserinhalt des Speichers niederzuschlagen und zwar u. a. deshalb, weil es schwierig werden dürfte, das erforderliche Druckgefälle zwischen Kesseldruck und Speicherdruck ausreichend und doch klein aufrecht zu erhalten. Ferner wäre dann eine besondere Pumpe zum Überführen des Speicherwassers in den Kessel nötig.

Man wird daher wohl vorziehen, etwa nach Abb. 179 zu arbeiten. Bei einer mit der Kesselleistung übereinstimmenden Dampfentnahme speist Pumpe 2 durch Ekonomiser 3 unmittelbar in Kessel 4. Nimmt die Dampfentnahme ab, so wird durch den steigenden Kesseldruck Ventil 9 in solchem Maße geöffnet, daß das in den Dampfraum des Speichers 5 eingespritzte Wasser eine Zunahme des Dampfdruckes über einen bestimmten Betrag hinaus verhindert. Bei Überlast wird Ventil 9 geschlossen und Ventil 6 so umgestellt, daß das im Ekonomiser erwärmte Wasser nach 1 zurückfließt, ferner wird Ventil 12 geöffnet, wodurch Wasser von Sättigungstemperatur aus Speicher 5 in den Kessel strömt. Es sind also für jeden Kessel drei vom Kesseldruck betätigte Organe nötig und es erscheint zweifelhaft, ob eine Anordnung nach Abb. 179 wesentlich einfacher ist als nach Abb. 174 u. 175. An den durch physikalische Gründe bedingten Grenzen der Leistungsfähigkeit der Speicherung, wie sie in diesem Kapitel untersucht wurden, ändert auch eine Schaltung nach Abb. 179 nichts, und es erfolgt auch hier derselbe Abfall der Überhitzung, wenn dem Speicher Wasser entnommen wird, wie er weiter oben ganz allgemein für Speiseraumspeicher errechnet wurde. Lediglich beim Laden des Speichers während Schwachlastperioden wird ein der Anordnung nach Abb. 174 u. 175 anhaftender Übelstand vermieden. So wie nämlich bei Überlast die Dampftemperatur unter ihren normalen Wert fällt, ebenso übersteigt sie ihn, wenn bei Schwachlast dem Überhitzer weniger Sattdampf zugeführt wird als der verfeuerten Kohlenmenge entspricht. Man ist daher gezwungen, bei normaler Belastung mit einer unter der günstigsten Dampftemperatur liegenden Temperatur zu arbeiten, weil eine gewisse Höchsttemperatur aus zwingenden betriebstechnischen Rücksichten auf die Turbinen nicht überschritten werden darf. Entweder muß also während des überwiegenden Teiles der Zeit unter ungünstigen Verhältnissen gearbeitet werden oder aber sind

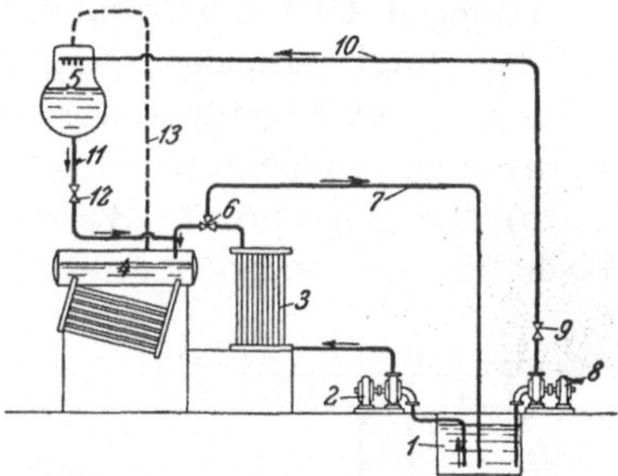

Abb. 179. Schaltungsschema einer Speiseraum-Speicheranlage (der Speicher wird mit Kesseldampf geladen). *1* = Saugbehälter für Speisewasser, *2* = Speisepumpe, *3* = Ekonomiser, *4* = Kessel, *5* = Speiseraum-Speicher, *6* = Umschaltventil für Speisewasser, *7* = Rückflußleitung für Speisewasser nach *1*, *8* = Pumpe zum Füllen von *5* (und zum Niederschlagen des in *5* eingeleiteten, überschüssigen Dampfes), *9* = Regulierventil, *10* = Einspritzleitung, *11* = Abflußleitung aus *5* nach *4*, *12* = Regulierventil, *13* = Dampfverbindungsleitung.

Temperaturregler und die für ihre Betätigung erforderlichen Organe nötig. Da aber die Überhitzer aus den angegebenen Gründen bei Speiseraumspeichern ohnehin überdimensioniert werden müssen, steigt die Dampftemperatur und damit die Temperatur der Überhitzerschlangen bei Schwachlastperioden erst recht hoch und stellt an die Haltbarkeit des Überhitzers große Ansprüche. Dieser Nachteil fällt bei einer Schaltung nach Abb. 179 weg, da Leitung 13 an den Überhitzer angeschlossen werden kann, so daß ihn auch bei Unterlast eine dem verfeuerten Kohlengewicht entsprechende Dampfmenge durchfließt.

Dagegen tritt bei Abb. 179 insofern eine neue Schwierigkeit auf, als das durch Leitung 10 in den Speicher 5 eingespritzte Wasser in solchem Maße zugeführt werden muß, daß

a) der normale Kesseldruck erhalten bleibt,

b) das eingespritzte Wasser gerade auf Sättigungstemperatur oder doch tunlichst so hoch erwärmt wird.

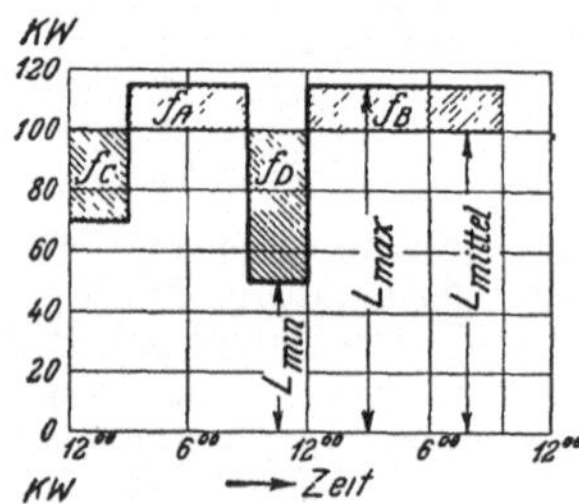

Abb. 180. Schema eines Belastungsdiagrammes zur Beurteilung des Verhaltens verschiedener Arten von Wärmespeichern.

Während bei Ruths-Speichern völliger Belastungsausgleich stets technisch möglich, wenn auch nicht immer wirtschaftlich vorteilhaft ist, ist er bei Speiseraumspeichern an gewisse Voraussetzungen geknüpft. In Abb. 180, die das Belastungsdiagramm eines Werkes in beliebigem kW-Maßstab zeigt, müssen, damit die Kesselanlage dauernd mit derselben mittleren Belastung L_{mittel} betrieben werden kann, bei Speiseraumspeichern folgende Bedingungen erfüllt werden:

a) $f_A + f_B \backsim f_C + f_D$[1]),

b) $L_{max} \leqq 1{,}1$ bis $1{,}2\, L_{mittel}$.

L_{min} kann an sich eine beliebige Größe haben.

Die weitere Beschränkung bei Speiseraumspeichern, nämlich der von der jeweiligen Kesselbelastung abhängige, absolute Betrag für die vom Speicher deckbare Überlast ist in Abb. 181 sinnfällig dargestellt. Der untere Kurvenzug stellt den Belastungsverlauf in beliebigem kW-Maßstab dar, die schraffierten Flächen und die eingeschriebenen Zahlen geben an, um wieviel die Spitze die jeweilige „mittlere Belastung" höchstens übersteigen darf, wenn Speiseraumspeicher sie noch sollen decken können. Man sieht, daß auch dann, wenn durch Wärmespeicher kein völliger Belastungsausgleich erzielt werden soll, Speiseraumspeicher für die Kraftwerke nicht geeignet sind, bei denen, wie z. B. bei Bahnkraftwerken, bei vielen Kraftwerken für Hütten- und Bergwerksbe-

---

[1]) Im kW-Maßstab gemessen stimmt diese Gleichung u. a. deshalb nicht ganz genau, weil der Dampfverbrauch für 1 kWst mit der Turbinenleistung sich etwas verändert und weil die Dampftemperatur auch nicht ganz konstant bleibt.

triebe usw. die Spitze größer als 10 bis 15 v. H. der jeweiligen durchschnittlichen Belastung ist. Bei einem Belastungsdiagramm nach Abb. 172 und 173 wären also Speiseraumspeicher nicht geeignet. Das gleiche trifft für alle die Fälle zu, wo der Speicher bei vorübergehendem Versagen der Dampflieferung aus den Kesseln den Betrieb eine Zeitlang soll aufrecht erhalten können.

Die derzeitigen Aussichten beider Speicherarten können vielleicht am einfachsten folgendermaßen kurz gekennzeichnet werden: Vom rein wärmetechnischen Standpunkt aus arbeitet der Belastungsausgleich von modernen Kraftwerken mittels Speiseraumspeichern theoretisch anscheinend verlustlos, in Wirklichkeit aber ist dies wegen des Rückganges der Überhitzung nicht der Fall. Die Spitzenleistung darf die jeweilige mittlere Leistung um höchstens 10 bis 15 v. H. überschreiten. Bei Kraftwerken, wo der absolute Betrag für den Unterschied zwischen Spitze und jeweiliger Werksbelastung annähernd konstant ist, wie in Bahnkraftwerken, vielen Hütten-, Walzwerks- und Bergwerksbetrieben, kann mit Speiseraumspeichern auch teilweiser Belastungsausgleich nur unvollkommen erreicht werden. Bei gelegentlichem, kurzzeitigem Ausbleiben der Dampfzufuhr aus dem Kesselhaus sind Speiseraumspeicher nicht imstande, eine, wenn auch beschränkte Energiemenge weiter herzugeben. Ihr Betrieb greift tief in das Arbeiten der ganzen Kesselanlage ein und ist von zahlreichen Regelorganen abhängig. Die Dampftemperatur ist je nach der besonderen Durchbildung des Speiseraumspeichers bei Über- und bei Unterlast starken Schwankungen unterworfen. Während der Entladung des Speichers arbeitet die gesamte, nicht nur die aus dem Speicher kommende Dampfmenge unter verschlechterten Bedingungen.

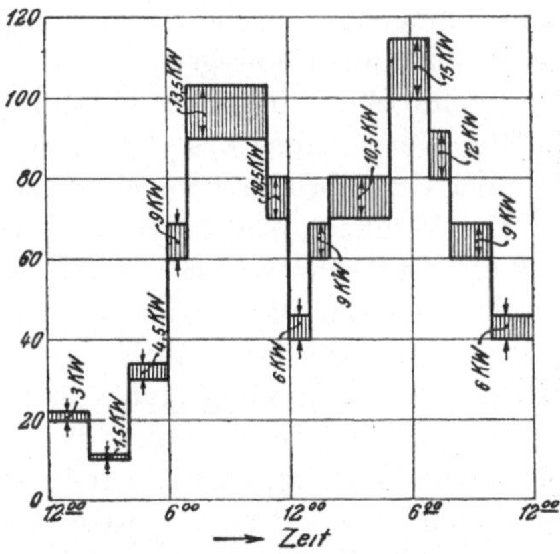

Abb. 181. Höchstzulässige Spitzenbelastungen für verschiedene Grundbelastungen (Belastung der Roste im Beharrungszustand) bei Speiseraum-Speichern.

Ruths-Speicher brauchen zwar da, wo keine Ekonomiser vorhanden sind und mit Wasser von nur 50° C gespeist wird, größere Speichervolumen, greifen aber in den eigentlichen Kesselbetrieb überhaupt nicht ein, und ihr selbsttätiges Arbeiten hängt nur von wenigen Regelorganen ab. Sie können Spitzen beliebiger Größe ganz unabhängig von der jeweiligen Kesselbelastung nehmen. Während der Entladung arbeitet nur die aus dem Speicher kommende Dampfmenge unter verschlechterten Bedingungen. Ruths-Speicher können auch dann noch Arbeit liefern, wenn die Dampferzeugung im Kesselhaus plötzlich ausfällt.

Die Praxis wird nun zu zeigen haben, ob das selbsttätige Arbeiten von Speiseraumspeichern so sicher gestaltet oder ob ihre Schaltung so vereinfacht werden kann, daß sie den Zufälligkeiten des normalen Betriebes gewachsen sind und ob es gelingt, ihre übrigen, oben gekennzeichneten Schwächen zu beseitigen. Man könnte ja die Schwierigkeit der völlig selbsttätigen Regelung von Speiseraumspeichern dadurch zu umgehen versuchen, daß man sie vom Heizer vornehmen läßt. Bei kleinen Anlagen wäre dies vielleicht möglich. Wollte man aber in Werken mit einer größeren Kesselzahl vom Heizer verlangen, daß er die Füllung des Speichers und womöglich auch noch den Speicherdruck nach Gutdünken einregelt, so wäre ein Mißerfolg ziemlich wahrscheinlich, denn eben in seiner Befreiung von den durch die schnell wechselnden Verhältnisse des praktischen Betriebes bedingten Eingriffen ist ja einer der Vorteile von Wärmespeichern zu suchen.

Der Vergleich beider Speicherarten bietet ein schönes Beispiel dafür, daß in der Technik fast nie ein einziger, willkürlich herausgegriffener Punkt über die Brauchbarkeit einer Maschine oder einer Vorrichtung entscheidet und zwar auch dann nicht, wenn es sich um besseren „thermischen Wirkungsgrad“ handelt. Maßgebend allein ist nahezu immer ein ganzer Komplex von Punkten, deren Einfluß sorgfältig gegeneinander abgewogen werden muß. Hierbei wird sich, wie im vorliegenden Falle, oft zeigen, welche überragende Rolle Betriebssicherheit, Einfachheit, Zuverlässigkeit und andere Dinge spielen, die mit „Wirkungsgrad“ nichts zu tun haben, und wie sehr sie oft die Bedeutung thermischer Überlegenheit überwiegen, besonders wenn letztere nur während verhältnismäßig kurzer Zeit sich geltend machen kann.

XVII. Die wissenschaftliche Durchforschung des Dampfkesselwesens.

Wie Verfasser schon früher dargelegt hat[1]), sind unsere Kenntnis und die wissenschaftliche Durchforschung selbst verhältnismäßiger einfacher Vorgänge in Dampfkesseln noch recht unvollkommen, obgleich es sich hierbei um Fragen von größter Bedeutung für Bau und Betrieb von Kesseln handelt. Hieran sind mehrere Umstände schuld: langjährige Unterschätzung der Wichtigkeit dampfkesseltechnischer Fragen auf den technischen Lehranstalten, unzulängliche Initiative der Dampfkessel-

[1]) Münzinger: Leistungssteigerung S. 157ff.

industrie und ungenügende Mitarbeit der Besitzer von Kesselanlagen; der Umstand, daß Kessel von vielen kleineren Fabriken gebaut werden, die für die Unterhaltung eigener Laboratorien bzw. die Durchführung eigener Untersuchungen nicht genügende Mittel haben, sich zu gemeinsamem Vorgehen auf diesem Gebiete aber nicht entschließen konnten, u. a. m. Durch den während des Krieges und kurz nachher erfolgten Zusammenschluß zahlreicher interessierter Stellen zu Verbänden und Vereinigungen und durch das in den letzten Jahren stark gestiegene Interesse an wärmetechnischen Dingen sind indes jetzt in mehrfacher Beziehung recht günstige Voraussetzungen für ein Nachholen von Versäumtem und eine Förderung des Dampfkesselbaues durch wissenschaftliche Forschung geschaffen. Hierzu zwingen aber auch geradezu die gesteigerten Kosten für Löhne und Baustoffe, der verschärfte Wettbewerb auf fremden Märkten und die im Vergleich zur Leistung großer Turbinen in ein immer ungünstigeres Verhältnis geratende Leistung eines Kessels. Der starke Mangel an flüssigen Mitteln in Deutschland ist nun Versuchsarbeiten zweifellos nicht günstig. Es dürfte aber wenige Fälle geben, bei denen sich die aufgewendeten Kosten durch die erzielten Ergebnisse und die durch sie ermöglichten fabrikatorischen und betriebstechnischen Verbesserungen so sicher bezahlt machen, wie auf diesem Gebiete, falls eben solche Fragen untersucht werden, die für die Praxis positives Interesse und nicht vorwiegend abstrakt wissenschaftlichen Wert haben.

Nach Ansicht des Verfassers sollten sich die Arbeiten etwa nach folgenden Hauptrichtungen erstrecken:

1. Systematisches Sammeln von Erfahrungen über das Verhalten der verschiedenartigsten — in erster Linie deutschen — Brennstoffe,

2. Untersuchung der Vorgänge bei der Verbrennung in Dampfkesselfeuerungen unter besonderer Berücksichtigung mechanischer Roste,

3. Untersuchung der Wärmeübertragung durch Strahlung und durch Berührung in Dampfkesseln, Überhitzern und Ekonomisern,

4. Untersuchung der Vorgänge im Kesselwasser und -dampf bei der Wärmeaufnahme,

5. Untersuchung des Einflusses fester und gasförmiger, im Speisewasser gelöster Körper auf die Baustoffe von Kesseln, Überhitzern und Ekonomisern.

Dazu käme als weiterer, mehr auf konstruktivem, fabrikatorischem Gebiete liegender Punkt:

6. Normung von Rosten, vorzugsweise größerer mechanischer Roste wenigstens insoweit, als hierdurch z. B. der Einbau eines beliebigen Wanderrostes unter einem Kessel anderer Herkunft ohne umständliche Rückfragen ermöglicht wird; Normung gewisser wichtiger Einzelheiten von Kesseln, wie z. B. der Abmessungen der Kesseltrommeln,

der Wasserrohre usw.; Versuch der Festlegung der äußeren Hauptabmessungen von Kesseln bestimmter Heizfläche und der tunlichsten Beseitigung solcher Bauformen, die ohne Schaden vereinfacht oder ganz weggelassen werden können; Schaffung einiger „normaler“ gangbarer Kesselgrößen zwecks Vermeidung überflüssiger zeichnerischer Arbeiten und zwecks Ermöglichung rascher Entwürfe ganzer Anlagen.

Zu diesen 6 Hauptpunkten, die auf Vollständigkeit keinen Anspruch machen, ist etwa folgendes zu sagen:

Punkt 1. Von den bei Abnahmeversuchen verfeuerten Kohlen werden in Deutschland meist nur Heizwert, Asche- und Wassergehalt untersucht, der Gehalt an flüchtigen Bestandteilen wird häufig nicht ermittelt trotz seiner Bedeutung für die Beurteilung einer Kohle; der Schmelzpunkt der Asche und der Schwefelgehalt werden fast nie festgestellt. Über das Verhalten einer Kohle auf dem Rost, wie es etwa in ihrer Zündfähigkeit, in der Schlackenbildung, der Einwirkung der Schlacke auf die feuerfeste Ausmauerung und die Roststäbe, der Neigung zusammenzubacken oder als Flugkoks wegzufliegen und der bei verschiedenen Zugstärken erreichbaren Rostbelastung zum Ausdruck kommt, werden keine Aufzeichnungen gemacht, oder, wo dies ausnahmsweise doch geschieht, sind sie unvollständig und gelangen nicht zu allgemeiner Kenntnis. Dadurch geht eine Fülle wertvoller und ohne Mühe sammelbarer Erfahrungen nutzlos verloren. Dies ist auch der Hauptgrund, weshalb vor Vergebung neuer Aufträge vielfach erst umständliche, oft teure und zeitraubende Verbrennungsversuche angestellt werden müssen, um die Bauart oder Abmessungen eines passenden Rostes feststellen zu können und weshalb die Abgabe brauchbarer und gerechter Garantien nicht selten Gegenstand unliebsamer Auseinandersetzungen ist.

Dabei wäre es ein Leichtes, einer Zentralstelle von allen Versuchen die erforderlichen Angaben an Hand sorgfältig ausgearbeiteter Vordrucke zu machen. Auf diese Weise könnten mit wenig Kosten in verhältnismäßig kurzer Zeit wichtige Unterlagen gesammelt und der Öffentlichkeit in geeigneter Form zugänglich gemacht werden. Erzeugern und Bestellern von Kesseln würden dadurch sehr wertvolle Dienste geleistet und eine Unsumme von Ärger, unnützer Arbeit, Kosten und Unsicherheit erspart werden.

Punkt 2. Hier würde es sich besonders um die Feststellung handeln, wieviel Brennstoff in einem bestimmten Raum bei bestimmtem Wirkungsgrad verbrannt werden kann, welchen Einfluß die Gestaltung des Feuerraumes, die Verwendung von Unterwind und von vorgewärmter Verbrennungsluft, die Höhe der Feuerraumtemperatur usw. auf die Verbrennung haben.

Die Einführung von Kohlenstaubfeuerungen wird eine Reihe weiterer interessanter Probleme stellen. Eine schöne, in dieses Gebiet fallende, den Bedürfnissen der Praxis vorzüglich Rechnung tragende und als Vorbild geeignete Arbeit ist z. B. die von Professor Loschge ausgeführte Untersuchung über die zweckmäßigste Anordnung von Feuergewölben bei Wanderrosten[1]).

Punkt 3. Hier herrscht die größte Unsicherheit und hier wären Untersuchungen besonders dringend und wertvoll. Es kann als eine der brennendsten Aufgaben auf dampfkesseltechnischem Gebiete bezeichnet werden, in einigen neuzeitlichen, großen, mit mechanischen Rosten ausgestatteten Kesseln die Rauchgastemperaturen im Feuerraum und an einigen wichtigen Stellen in den Zügen bei verschiedener Kesselbelastung einwandfrei zu messen. Solche Messungen, die auf den Unbefangenen zum Teil den Eindruck großer Genauigkeit machen, von denen aber fast mit Sicherheit behauptet werden kann, daß sie wegen Nichtbeachtung der Abstrahlung der Thermometer nach der kalten Heizfläche zu mit erheblichen Fehlern behaftet sind, sind zwar wiederholt ausgeführt worden. Sie haben aber schon der großen Meßfehler wegen keinen gesetzmäßigen Aufschluß bringen können und unserer Erkenntnis nicht viel genützt. Man stößt daher auf die größten Schwierigkeiten, wenn z. B. vorausbestimmt werden soll, welchen Einfluß eine Änderung von Größe oder Lage des Überhitzers, eine andere Bemessung der „Vorheizfläche“, der Übergang zu einem anderen Brennstoff u. a. m. hat. Sieht man von den an sich vorzüglichen, aber nur an kleineren Versuchsapparaten durchgeführten Untersuchungen von Wamsler und von Reutlinger ab, so liegt meines Wissens keine experimentelle Feststellung über die in Großdampfkesseln durch Strahlung übertragene Wärmemenge vor. Wie eine solche Untersuchung erfolgen könnte, hat Verfasser bereits an anderer Stelle ausgeführt[2]).

Aus den an der betreffenden Stelle gebrachten Darlegungen geht hervor, daß es aus praktischen und experimentellen Rücksichten nicht möglich oder doch in den meisten Fällen nicht empfehlenswert sein dürfte, die durch Strahlung übertragenen Wärmemengen am Kesselkörper selbst zu messen, sondern am eigentlichen Kessel nur einige wichtige Werte festzustellen, wie z. B. Wirkungsgrad, Feuerraum- und einige Gastemperaturen in den Zügen usw. Die durch Strahlung aufgenommene Wärme wird aber zweckmäßigerweise mittelbar dadurch gemessen, daß ein besonderes, von Wasser durchflossenes Rohr an verschiedenen Stellen des Feuerraumes eingebracht und seine Wärmeaufnahme bestimmt wird. Zwischen Versuchskörper und Kessel wäre auf diese Weise ein voraussichtlich genügend enger Zusammenhang

[1]) Z. V. d. I. 1917, S. 721 ff.

[2]) Münzinger: Leistungssteigerung S. 157.

gewahrt und störende Einflüsse könnten wahrscheinlich besser ausgeschaltet werden, als wenn die Messung unmittelbar und ausschließlich am Kessel selbst erfolgte.

Da es fast nie möglich sein wird, die von den verschiedenen Teilen der Heizfläche eines Kessels aufgenommene Wärme anders als aus dem Wärmeinhalt der Rauchgase zu bestimmen, die Wirksamkeit von in derselben Temperatur liegenden Kesselteilen aber sehr verschieden sein kann, je nachdem, ob sie von den Gasen wirksam bespült werden oder nicht, erscheint es vorteilhaft, für ähnliche Versuchszwecke ein besonderes Instrument zu schaffen, das aus einem kugel- oder zylinderförmigen Blechgefäß von beispielsweise 0,01 bis 0,03 m^2 Heizfläche bestehen und so beschaffen sein müßte, daß es bequem an irgendeine Stelle in den Rauchgaszügen eingebracht werden kann. Durch geeignete Vorrichtungen würde ihm eine passende, leicht regelbare Wassermenge zugeführt, deren Erwärmung durch Thermoelemente gemessen wird. Die Berücksichtigung des Einflusses verschiedener Wassertemperatur auf die Wärmeaufnahme und die Umrechnung der gewonnenen Werte auf die Temperatur des Kesselwassers wären voraussichtlich einfach. Es ist anzunehmen, daß durch solche „Wärmesonden" Untersuchungen über den Wärmedurchgang an Dampfkesseln wirksam unterstützt werden würden und daß man mit ihrer Hilfe die Zweckmäßigkeit bestimmter konstruktiver Maßnahmen und den Wert verschiedenartig angeordneter Kesselheizflächen besser beurteilen könnte als dies zurzeit möglich ist.

Endlich sollte das von Thoma angegebene Verfahren[1]) für die Bestimmung des Wärmedurchganges mittels leicht herstellbarer Modelle unter Verwendung von Luft von Zimmertemperatur und ohne Vornahme von Temperaturmessungen auf seine Brauchbarkeit nachgeprüft werden. Es erscheint zwar fraglich, ob die Erwartungen von Thoma sich ganz erfüllen werden, da seine Methode den Einfluß der Strahlung überhaupt nicht berücksichtigt und da die Gasströmung bei verschiedener Temperatur von Wärmeträger und Wärmeaufnehmer und dauernd abnehmender Temperatur des Wärmeträgers eine andere sein dürfte, als bei der durchweg gleichen und konstanten Temperatur aller dieser Teile in der Versuchsanordnung nach Thoma. Die neuartige Methode würde aber auch dann schon nützen können, wenn sie lediglich Vergleichswerte ergeben und gestatten würde, die Zweckmäßigkeit einer bestimmten Anordnung zunächst an einem leicht herstellbarem Versuchsmodell zu prüfen und erst dann eine Entscheidung über die endgültige Ausführung zu treffen.

Punkt 4. Über den Wasserumlauf in Wasserrohrkesseln wurden meines Wissens bisher Versuche nur von Fuchs an einem Zweikammerkessel und vom Amerikaner Bancel an dem Modell eines solchen

[1]) Thoma: Hochleistungskessel. Berlin: Julius Springer 1921.

Kessels durchgeführt. Ein Zusammenhang zwischen Heizflächenbelastung, Rohrabmessungen, Dampfdruck und Wasserumlauf ist bisher experimentell nicht festgestellt worden. Versuche von Dr. Hoefer an einem ähnlich arbeitenden Apparat, nämlich einem Druckluftwasserheber, gestatten gewisse Rückschlüsse auf Dampfkessel. Ihr Studium zeigt aber, wie schwierig entsprechende, gründliche Untersuchungen an den unter hohem Druck und hoher Temperatur arbeitenden Wasserrohren von Kesseln sein werden. Untersuchungen über den Wasserumlauf sollten übrigens an einem Steigrohr und nicht, wie dies schon geschehen ist, an einem Fallrohr gemacht werden, ferner wäre darauf zu achten, daß die eingebauten Meßinstrumente die Strömungsverhältnisse nicht merklich beeinflussen. Voraussichtlich wird es besser sein, wenn zunächst an einem besonderen Modell oder an einem lediglich rauchgasseitig mit dem Kessel in Verbindung stehenden Rohr die Untersuchungen vorgenommen werden, weil dann wahrscheinlich kleinere experimentelle Schwierigkeiten entstehen und störende Einflüsse leichter ferngehalten werden können.

Im übrigen haben Versuche über den Wasserumlauf meines Erachtens nicht so unmittelbares und dringendes Interesse, wie einige der bereits erwähnten Untersuchungen. Die vielfachen Veröffentlichungen über diese Frage, die vielleicht den gegenteiligen Eindruck erwecken könnten, verraten nur zum Teil einigermaßen genügende Vertrautheit ihrer Verfasser mit der Materie, werfen nicht selten die heterogensten Dinge durcheinander und sind oft nichts anderes, als mit Behagen und Wichtigkeit vorgetragene Gemeinplätze. Dies gilt in besonderem Maße für manche Propagandaschriften.

Von den eigentlichen wissenschaftlichen Untersuchungen zu unterscheiden und vielfach anders zu beurteilen sind Versuche, die mit dem Wasserumlauf zwar zusammenhängen, ohne besondere Schwierigkeiten durchgeführt werden können und denen unmittelbarer praktischer Wert zukommt, wie z. B. Versagen selbsttätiger Speisewasserregler infolge Aufschäumens der Soda oder anderer Beimengungen des Speisewassers usw.

Punkt 5. Auf diesem Gebiet haben in Deutschland u. a. Bauer und Wetzel[1]) im Jahre 1915 Untersuchungen angestellt, auch im europäischen Ausland und in Amerika wurde fleißig gearbeitet. Es würde sich zunächst darum handeln, das vorhandene Material zu sichten und sich dann darüber klar zu werden, in welcher Richtung weiter gearbeitet werden soll. Ein großer Teil der erforderlichen Arbeiten wird in Laboratorien mit verhältnismäßig bescheidenen Mitteln durchgeführt werden können. Schon eine Beantwortung der Frage, weshalb anscheinend dasselbe Speisewasser in einem Fall Eisen angreift, im anderen nicht und

[1]) Mitteilungen aus dem Kgl. Materialprüfungsamt in Lichterfelde 1915, Heft 1.

durch welche Mittel der Angriff aufgehoben werden könnte, hätte für Erbauer und Besitzer von Kesselanlagen außerordentlichen Wert und würde den Bau von Ekonomisern und unter Umständen ganzer Kesselhäuser in andere Bahnen leiten können.

Die Frage der vorteilhaftesten Aufbereitung und Aufbewahrung des Speisewassers, das chemische Verhalten von Wasser und Dampf bei sehr hohen Drücken und anderes mehr hängt hiermit eng zusammen und eröffnet der Forschung ein weites Feld.

Punkt 6. Die Normung wichtiger Teile ist für die Wirtschaftlichkeit von Kesseln insofern von großem Werte, als sie folgerichtig durchgeführt, eine erhebliche Ersparnis an Zeit und Geld sowohl während des Entwurfes und Baues eines Kessels, als auch während der Projektierung ganzer Kesselanlagen, sowie später im Betrieb bedeutet.

Es sollte z. B. unschwer möglich sein, daß verschiedene Fabriken, die einen ähnlichen Kesseltyp, z. B. Viertrommel- oder Fünftrommel-Steilrohrkessel bauen, für einige Heizflächengrößen die Außenabmessungen des Kesselblockes gemeinsam festlegen, wenigstens für Kessel größerer Leistung von beispielsweise 750 m^2, 1000 m^2, 1250 m^2, 1500 m^2 usw. Dadurch würden Projektierungsarbeiten großer Anlagen sehr erleichtert, der Besteller hätte bis zur endgültigen Erteilung der Aufträge freie Hand, welche Kesselfirma er heranziehen will, und die Entwürfe des ganzen Kesselhauses brauchten nicht wieder von Grund aus geändert werden, weil vielleicht ein anderes Fabrikat gewählt wird als das, mit dem die Entwürfe zufällig ausgearbeitet wurden. Genormte Teile können in größeren Mengen und daher billiger hergestellt werden, ermöglichen später mit einem kleineren Vorrat von Reserveteilen auszukommen, begünstigen kürzere Lieferzeit und setzen insbesondere die Gesamtbaukosten großer Anlagen dadurch herunter, daß das Kesselhaus mehr als bisher unter bester Ausnutzung der bebauten Grundfläche und der Eisenkonstruktion für den Hochbau ausgeführt werden kann, ohne befürchten zu müssen, daß bei späteren Erweiterungen nur die bereits vorhandenen Fabrikate wieder verwendet werden können, weil andere Systeme nicht genügend Platz haben. Eine Normung wirkt auch insofern günstig, als sie den Bau von Kesseln, deren Vorteile mehr in Propagandaschriften und den Köpfen ihrer Erfinder als in der rauhen Wirklichkeit existieren, erschweren würde. Alles ohne Nachteil Entbehrliche, jedes Mehr an Arbeit, Baustoffen und Bauformen, das nicht durch entsprechende Vorteile gegenüber dem Einfacheren gerechtfertigt ist, schädigt die Entwicklung gesunder Konstruktionen, und man kann in ganz ähnlicher Weise von einer „Wirtschaftlichkeit“ von Bauformen und Baustoffen sprechen, wie etwa von einer Wirtschaftlichkeit der Ausnutzung von Brennstoffen.

Eine einzelne Firma und eine ganze Industrie können ebenso wie jede Betätigungsform schöpferischen, menschlichen Geistes nur dann lebensfähig bleiben, wenn sie sich andauernd mit fremden Arbeiten und Bestrebungen auseinandersetzen und wenn sie in fortwährendem Kampfe mit fremden Erzeugnissen über enge staatliche Grenzen hinaus auf dem freien Weltmarkt sich zu erproben Gelegenheit haben. Auf dem Weltmarkt wird aber, von anderen Umständen abgesehen, eine Industrie einen um so leichteren Stand haben, je mehr sie es im eigenen Lande versteht, Überflüssiges auszuschalten und in regem, aber diszipliniertem Wettbewerbe ihre ganze Kraft auf solche Dinge zu konzentrieren, die dem technischen Fortschritt dienen.

Bei der schwierigen wirtschaftlichen Lage Deutschlands kommt besonders viel darauf an, Doppelarbeit zu vermeiden, wichtige und in absehbarer Zeit finanzielle Vorteile versprechende Untersuchungen vor weniger wichtigen durchzuführen und mit möglichst geringen Mitteln und unter peinlicher Beachtung praktischer Bedürfnisse zu arbeiten. Bestehende technische und wirtschaftliche Verbände, wie z. B. die Vereinigungen der Hersteller von Kesseln, von Rosten usw., der Elektrizitätswerke und anderer Besitzer großer Kesselanlagen einerseits, die Laboratorien staatlicher und privater Untersuchungs- und Lehranstalten andererseits könnten bei planmäßiger Teilung der Einzeluntersuchungen und zweckentsprechender Zusammenfassung ihrer Ergebnisse außerordentlich wertvolle Dienste leisten.

Tatkräftiger und verständnisvoller Unterstützung durch die Besitzer von Kesselanlagen bedarf aber die Dampfkesselindustrie unbedingt, wenn sie den heutigen Anforderungen gerecht werdende Erzeugnisse liefern und auf dem Weltmarkte wettbewerbsfähig bleiben soll. Eine solche Mitarbeit der Besitzer von Dampfkesseln wird sich außer durch die für ihre eigenen Betriebe gewonnenen Erkenntnisse und erzielten Ersparnisse auch mittelbar dadurch lohnen, daß sie den Bedürfnissen des praktischen Kesselbetriebes mehr Geltung und den Wünschen der Kesselbesitzer mehr Nachdruck verschaffen wird als es bisher der Fall war.

Sachregister.